"十四五"职业教育国家规划教材

"十二五"职业教育国家规划教材
经全国职业教育教材审定委员会审定
高等职业院校精品教材系列

院级精品课
配套教材

先进制造技术
（第2版）

孙燕华　芦　敏　主　编

任乃飞　主　审

电子工业出版社
Publishing House of Electronics Industry
北京·BEIJING

内容简介

本书第 1 版得到了广大院校师生的认可与使用，在认真听取一线教师和国家"十二五"规划教材评审专家的意见与建议基础上，结合我国机械制造行业技术的新发展进行修订编写，主要介绍各种先进制造技术和先进制造理念，论述了先进制造技术的特点、构成、技术内涵及其应用。全书共分为 5 章：第 1 章介绍先进制造技术的定义、特点、构成及发展趋势等；第 2 章介绍计算机辅助设计 CAD 技术、有限元分析、并行设计、反求工程、绿色设计等现代设计方法；第 3 章介绍精密与超精密加工技术、超高速加工技术、特种加工技术、微细加工技术；第 4 章介绍制造自动化技术的定义及发展、自动化制造设备、CAD/CAPP/CAM 一体化技术、柔性制造系统、计算机集成制造系统、物联网技术、智能制造系统、虚拟制造等；第 5 章介绍企业资源计划、准时生产、精益生产、敏捷制造、网络制造，绿色制造等现代生产与管理模式。

本书结构体系清晰，论述深入浅出，图文并茂，配有"职业导航"、"教学导航"、"知识分布网络"、"知识梳理与总结"，便于教师教学和学生高效率地学习先进制造技术。

本书为高等职业本专科院校机械制造类、机电设备类、自动化类、电子工程类等专业的教材，也可作为开放大学、成人教育、自学考试、中职学校、培训班的教材，以及工程技术人员的参考工具书。

本书配有免费的电子教学课件和习题参考答案，详见前言。

图书在版编目（CIP）数据

先进制造技术/孙燕华，芦敏主编. —2 版. —北京：电子工业出版社，2015.8（2025 年 1 月重印）
高等职业院校精品教材系列
ISBN 978-7-121-25480-2

Ⅰ. ①先⋯ Ⅱ. ①孙⋯②芦⋯ Ⅲ. ①机械制造工艺－高等职业教育－教材 Ⅳ. ①TH16

中国版本图书馆 CIP 数据核字（2015）第 024371 号

策划编辑：陈健德（E-mail：chenjd@phei.com.cn）
责任编辑：徐　萍
印　　刷：北京捷迅佳彩印刷有限公司
装　　订：北京捷迅佳彩印刷有限公司
出版发行：电子工业出版社
　　　　　北京市海淀区万寿路 173 信箱　邮编　100036
开　　本：787×1 092　1/16　印张：16.75　字数：428.8 千字
版　　次：2009 年 6 月第 1 版
　　　　　2015 年 8 月第 2 版
印　　次：2025 年 1 月第 13 次印刷
定　　价：48.00 元

凡所购买电子工业出版社图书有缺损问题，请向购买书店调换。若书店售缺，请与本社发行部联系，联系及邮购电话：（010）88254888，88258888。

质量投诉请发邮件至 zlts@phei.com.cn，盗版侵权举报请发邮件至 dbqq@phei.com.cn。

本书咨询联系方式：chenjd@phei.com.cn。

第2版前言

《先进制造技术》第 1 版写在国家"十一五"规划期间，如今将要绘制催人奋进的国家"十三五"规划。在这短短的几年间，世界科学技术的发展日新月异，我国 GDP 总量也跃升到世界排名第二。

当今世界，制造业依然是全球经济发展与提升国家竞争力不可动摇和难以替代的重要支柱，也是科技创新的主要领域。美国、日本、德国之所以成为三大经济强国，根本动力就是拥有领先的制造业。各国以先进制造技术 AMT（Advanced Manufacturing Technology）为研发重点，不断对机械制造业进行强化与创新。在 2012 年，美国推出《国家先进制造战略规划》后，各发达国家也纷纷把发展先进制造策略提升到保障国家安全和推进国民经济的国家战略层面。为实现我国走向经济强国之梦，国务院制订了《国家中长期科学和技术发展规划纲要（2006～2020 年)》；科学技术部制订了《国家"十二五"科学和技术发展规划》，明确了以科技促进传统制造业转型和战略性新兴产业发展的目标与计划；国务院 2015 年 5 月发布的《中国制造 2025 规划》，为我国制造业转型升级指明了方向，促使我国先进制造技术的研发与应用不断追赶世界发达国家的步伐。

中国工程院院士杨叔子先生指出：先进制造技术就是"制造技术"加"信息技术"加"管理科学"，再加上有关的科学技术交融而形成的制造技术。本书第 1 版得到了广大院校师生的认可与使用，在近年来机械制造技术的快速发展背景下，认真听取一线教师和国家"十二五"规划教材评审专家的意见与建议，在保持教材第 1 版原有特色的基础上进行修订编写，补充和更新发达国家先进制造业发展新动态、发展模式，重点扩展对现代制造业产生重大影响的新技术、新工艺的研发及应用，如 3D 打印技术、数控多轴加工技术、物联网技术等内容。

本书由无锡职业技术学院孙燕华教授、芦敏副教授主编。内容共分为 5 章，其中第 1～2 章、第 3.4 节由孙燕华编写，第 3 章、第 5 章由芦敏编写，第 4 章由王骏编写。全书由江苏大学博士生导师任乃飞教授主审，并提出了不少宝贵的建议和意见；在修订编写过程中，参阅了大量的文献与资料，限于篇幅没有一一罗列，在此一并表示衷心的感谢！

由于先进制造技术飞速发展，加之编者资料及水平所限，修订版仍有不足甚至错误之处，敬请读者批评指正！

为了方便教师教学，本书还配有免费的电子教学课件与习题参考答案，请有此需要的教师登录华信教育资源网（www.hxedu.com.cn）免费注册后进行下载，有问题时请在网站留言或与电子工业出版社联系（E-mail:hxedu@phei.com.cn）。

编者

第1版前言

制造业是国家经济和综合国力的基础，制造业的发达与先进程度是国家工业化的重要表征。制造技术是制造业赖以生存和发展的主体技术，是制造业持续发展的根本动力。

先进制造技术 AMT（Advanced Manufacturing Technology）的概念源自于 20 世纪 80 年代。当时，美国为了加强其制造业的竞争力和促进国民经济增长而提出了先进制造技术的概念。此后，各发达国家纷纷投入巨资与人力，扶持与推动先进制造技术的发展，并取得显著效果。我国现在已成为世界性制造业大国，但在先进制造技术方面和国外有较大的差距，必须大力发展和应用先进制造技术，用其改造传统产业，形成高技术产业，提升我国制造业的产业结构、产品结构，使我国早日成为世界性制造业强国。

为了更好地适应现代制造业的发展需要，我们按照教育部最新的职业教育教学改革要求，结合多年开展的校企合作经验组织编写了本书，旨在将当前的先进制造技术和理念介绍并传授给广大学生，使学生了解现代制造技术的范畴，关注制造技术的发展及前沿，拓宽学生的知识面，培养学生探究新技术与不断创新的意识，逐步成为某项先进技术的实践者。

本书力求反映当前机械行业的先进制造技术及先进制造理念，在编写过程中，我们特别注重：

（1）理论知识与实际应用的融通。注意理论知识的精简通俗，并结合工程领域的应用实例，对所涉及的每一项技术的基本概念、关键技术、发展水平和应用技术有一个清晰阐述，使读者通过实际应用来领悟和理解技术理论。

（2）技术传承与发展的连续。在介绍各种先进制造技术的同时，注重制造技术的历史改革与发展轨迹的介绍，保证了制造领域技术的连贯与延续性，体现了制造领域技术的先进性。

（3）系统性与典型性的兼顾。教材体系按现代制造技术的范畴与分类进行组织，反映了制造领域的系统性和先进制造技术体系的完整性。各种技术以独立章节先进行归类介绍，并选择典型的、运用较广的先进技术案例以突出重点。

本书共分为 5 章。第 1 章介绍先进制造技术的定义、特点、构成及发展趋势等；第 2 章介绍计算机辅助设计 CAD 技术、有限元分析、并行设计等现代设计方法；第 3 章介绍成型制造技术、精密与超精密加工技术、超高速加工技术、特种加工技术、微细加工技术；第 4 章介绍制造自动化技术的定义及发展，自动化制造装备，CAD/CAPP/CAM 一体化技术，柔性制造系统，计算机集成制造系统，智能制造系统，虚拟制造等；第 5 章介绍制造资源计划、企业资源计划、准时生产、精益生产、敏捷制造等现代生产与管理模式。

本书配有"职业导航"，说明本课程能力的应用岗位；在各章正文前配有"教学导航"，为本章内容的教与学提供指导；正文中的"知识分布网络"，便于读者掌握本节内容的重点；每章结尾有"知识梳理与总结"，便于读者高效率地学习、提炼与归纳。

　　本书由无锡职业技术学院孙燕华教授主编。其中第 1～2 章、第 3.4 节由孙燕华编写，第 3 章、第 5 章由芦敏编写，第 4 章由王骏编写。在编写过程中，机械学院领导与同事以及合作企业专家提供不少可贵的建议，同时参阅了大量的文献与资料，限于篇幅，没有一一罗列，在此一并表示衷心的感谢。

　　由于先进制造技术的迅猛发展，加之编者水平及资料所限，书中难免有不足之处，敬请读者批评指正！

　　为了方便教师教学，本书还配有免费的电子教学课件与习题参考答案，请有此需要的教师登录华信教育资源网（www.hxedu.com.cn）免费注册后进行下载，有问题时请在网站留言或与电子工业出版社联系（E-mail:hxedu@phei.com.cn）。

编者

目 录

第1章

绪 论

学习目标	了解机械制造业在国民经济中的地位和任务、机械制造技术的发展、现代制造技术的内涵
建议学时	2
知识点	先进制造技术的定义、主要特点、构成、分类、关键技术、应用及发展趋势
重点与难点	先进制造技术的定义、分类、发展趋势

1.1 先进制造技术及其主要特点

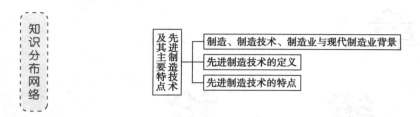

1.1.1 制造、制造技术、制造业与现代制造业背景

制造（Manufacturing）是利用制造资源（设计方法、工艺、设备和人力等）将材料"转变"为有用的物品的过程。制造是一个很大的概念。按制造的连续性可分为连续制造（如化工产品的制造）和离散制造（如家电产品的制造）；按行业又可分为机械制造、食品制造、化工制造、IT 产品制造等。当今，人们对制造的概念又加以扩充，将体系管理和服务等也纳入其中。制造是人类所有经济活动的基石，是人类历史发展和文明进步的动力。

制造技术（Manufacturing Technology）是指制造活动所涉及的一系列技术总称，是提高产品竞争力的关键，也是制造业赖以生存和发展的主体技术。传统的制造技术仅强调工艺方法和加工设备。现代的制造技术不仅重视工艺方法和设备，还注重设计方法、生产组织模式、制造与环境和谐统一、制造的可持续性，以及制造技术与其他科学技术的交叉和融合，甚至还涉及制造技术与制造全球化、贸易自由化、军备竞争等。

制造业（Manufacturing Industry）是将可用资源（包括能源）通过制造过程，转化为可供人们使用和利用的工业品或生活消费品的产业。根据国际通行的产业分类原则和我国的具体国情，2011 年中国国家统计局公布的《国民经济行业分类与代码（GB/T 4754—2011）》，将我国制造业划分为 31 个行业。它们分别是：①农副食品加工业；②食品制造业；③酒、饮料和精制茶制造业；④烟草制造业；⑤纺织业；⑥纺织服装、服饰业；⑦皮革、毛皮、羽毛及其制品和制鞋业；⑧木材加工及木、竹、藤、棕、草制品业；⑨家具制造业；⑩造纸及纸制品业；⑪印刷和记录媒介复制业；⑫文教、工美、体育和娱乐用品制造业；⑬石油加工、炼焦和核燃料加工业；⑭化学原料及化学制品制造业；⑮医药制造业；⑯化学纤维制造业；⑰橡胶和塑料制品业；⑱非金属矿物制品业；⑲黑色金属冶炼和压延加工业；⑳有色金属冶炼和压延加工业；㉑金属制品业；㉒通用设备制造业；㉓专用设备制造业；㉔汽车制造业；㉕铁路、船舶、航空航天和其他运输设备制造业；㉖电气机械及器材制造业；㉗计算机、通信和其他电子设备制造业；㉘仪器仪表制造业；㉙其他制造业；㉚废弃资源综合利用业；㉛金属制品、机械和设备修理业。而这只是大的行业分类，如果再细分的话，制造业小的行业类别有 300 多个，而真正细分的行业超过 1 000 个。

制造业按照生产驱动方式分为 4 种：面向库存生产 MTS（Make To Stock），面向订单生产 MTO（Make To Order），面向订单装配 ATO（Assemble To Order），根据订单设计 ETO（Engineering To Order）。

制造业按照生产批量区分为：单品小批量生产、大量重复生产。制造业按照生产形态

区分为：离散型生产、连续性生产。除此之外，还有一种就是按制造业的复杂度（Complex Manufacturing）来区分。

自第一台计算机诞生至今，特别是近二三十年，科学技术以前所未有的速度突飞猛进，世界进入了一个以信息科学为主导的全球化经济发展时代。特别是国际信息互联网络的发展和广泛应用，给世界制造业带来了翻天覆地的变化。在强大的因特网（Internet）的支持下，国际合作已成为科技发展和推动各国制造业前进的强大动力。如果说以前是一个对抗性的竞争时代，现在则正在形成一个既竞争又合作的新时代。这就是现代制造业所面临的时代背景。

1.1.2　先进制造技术的定义

先进制造技术 ATM（Advanced Manufacturing Technology）一词出现于 20 世纪 80 年代末，它是美国的学者根据当时国内制造业面临的挑战和机遇，对其制造业中存在的问题进行深刻的反省，重新认识到制造业在国民经济中的地位和作用后提出的一个新概念。由于以计算机为主体的信息技术迅速发展，全面推动了制造技术的飞跃提升，使现代制造技术与传统制造技术有了本质上的区别，先进制造技术的思想正是在这种背景下一步步形成的。先进制造技术的概念提出以后，就得到了日本和欧洲各国的普遍认同和响应，纷纷制定了多种发展计划，以支持发展先进制造技术。而我国近几年才充分认识到发展、应用先进制造技术的重要性和必要性。

先进制造技术是一个相对的、动态的概念，是为了适应时代要求、提高竞争能力、对制造技术不断优化所形成的。虽然目前对先进制造技术仍没有一个明确的、一致公认的定义，但经过对其内涵和特征的分析研究，可以定义为："先进制造技术是制造业不断吸收机械、电子、信息（计算机与通信、控制理论、人工智能等）、能源及现代系统管理等方面的成果，并将其综合应用于产品设计、制造、检测、管理、销售、使用、服务乃至回收的全过程，以实现优质、高效、低耗、清洁、灵活生产，提高对动态多变的产品市场的适应能力和竞争能力并取得理想经济效果的制造技术总称。"

1.1.3　先进制造技术的特点

与传统制造技术比较，先进制造技术有以下特点。

1．系统性

传统制造技术一般只能驾驭生产过程中的物质流和能量流，先进制造技术由于微电子、信息技术的引入，使制造技术成为一个能驾驭生产过程的物质流、信息流和能量流的系统工程。例如，柔性制造系统（FMS）、计算机集成制造系统（CIMS）是先进制造技术全过程控制物质流、信息流和能量流的典型应用案例。

2．集成性

传统制造技术的学科，专业单一、界限分明，而现代制造技术使各专业、学科间不断交叉、融合，其界限逐渐淡化甚至消失，发展成为集机械、电子、信息、材料和管理技术为一体的新型交叉学科。例如，加工中引入声、光、电、磁等特种切削工艺，并与机械加工复合组成复合加工工艺（超声磨削、激光辅助切削等）。还有，生产技术与管理模式相结合产生新的生产方式：敏捷制造 AM（Agile Manufacturing）、并行工程 CE（Concurrent Engineering）、精益生产 LP（Lean Production）等。集成技术显示出高效率、多样化、柔性化、自动化、资源共享等特点。

3．广泛性

传统制造技术一般单指加工制造过程的工艺方法，而现代制造技术则贯穿了从产品设计、加工制造到产品销售及用户服务等整个产品生命周期全过程，成为"市场—产品设计—制造—市场"的大系统。

4．高精度

现代制造对产品、零件的精度要求越来越高，飞机、潜艇等军事设施中使用的精密陀螺、大型天文望远镜及大规模集成电路中的硅片等高新技术产品，都需要超精密加工技术的支持。这些需求使激光加工、电子束加工、离子束加工、纳米制造、微机械制造等新方法迅速发展。

5．实现优质、高效、低耗、清洁、灵活生产

先进制造技术的核心是优质、高效、低耗、清洁、灵活生产等基础制造技术，它是从传统的制造技术发展起来的，并与新技术实现了局部或系统集成。先进制造技术除了通常追求的优质、高效外，还要针对 21 世纪人类面临的有限资源与环保压力，实现低耗、清洁。此外，还要应对人类消费观念的改变，满足多样化市场需求，实现灵活生产。

1.2　先进制造技术的构成及关键技术

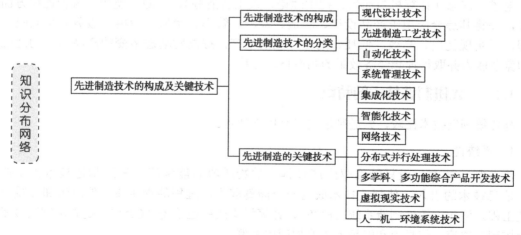

1.2.1　先进制造技术的构成

先进制造技术在不同发展水平的国家和同一国家的不同发展阶段，有着不同的技术内涵，对我国而言，它是一个多层次的技术群。先进制造技术的内涵和层次及其技术构成如图 1-1 所示。图中从内层到外层分别为基础技术、新型单元技术、集成技术，下面将分别论述。

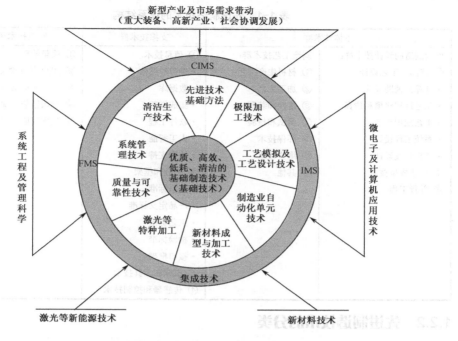

图 1-1　先进制造技术的内涵、层次及其技术构成

1. 基础技术

第一层次是优质、高效、低耗、清洁的基础制造技术。铸造、锻压、焊接、热处理、表面保护、机械加工等基础工艺，至今仍是生产中大量采用、经济适用的技术，这些基础工艺经过优化而形成的基础制造技术是先进制造技术的核心及重要组成部分。这些基础技术主要有精密下料、精密成型、精密加工、精密测量、毛坯强韧化、无氧化热处理、气体保护焊、埋弧焊及功能性防护涂层等。

2. 新型单元技术

第二个层次是新型的先进制造单元技术。它是在市场需求及新兴产业的带动下，制造技术与电子、信息、新材料、新能源、环境科学、系统工程、现代管理等高新技术结合而形成的崭新的制造技术。例如，制造业自动化单元技术、极限加工技术、质量与可靠性技术、系统管理技术、清洁生产技术、新材料成型与加工技术、激光与高密度能源加工技术、工艺模拟及设计优化技术、现代设计基础与方法等。

3. 集成技术

第三个层次是先进制造集成技术。它是应用信息、计算机和系统管理技术对上述两个层次的技术局部或系统集成而形成的先进制造技术的高级阶段，如 FMS、CIMS、IMS 等。

国际上，美国联邦科学、工程和技术协调委员会（FCCSET）下属的工业和技术委员会先进制造技术工作组在 1994 年提出将先进制造技术分为三个技术群：①主体技术群；②支撑技术群；③制造技术环境。这三个技术群相互联系、相互促进，组成一个完整的体系。表 1-1 给出了先进制造技术的体系结构。

表 1-1　先进制造技术的体系结构

主体技术群		支撑技术群	制造技术环境
面向制造的设计技术群： ① 产品、工艺设计 ·计算机辅助设计 ·工艺过程建模和仿真 ·工艺规程设计 ·系统工程设计 ·工作环境设计 ② 快速成型技术 ③ 并行工程	制造工艺技术群： ① 材料生产工艺 ② 加工工艺 ③ 连接和装配 ④ 测试和检验 ⑤ 环保技术 ⑥ 维修技术 ⑦ 其他	① 信息技术 ·接口和通信 ·数据库 ·集成框架 ·软件工程 ·人工智能 ·决策支持 ② 标准和框架 ·数据标准 ·产品定义标准 ·工艺标准 ·检验标准 ·接口框架 ③ 机床和工具技术 ④ 传感器和控制技术	① 质量管理 ② 用户/供应商交互作用 ③ 工作人员培训和教育 ④ 全国监督和基准评设 ⑤ 技术获取和利用

1.2.2　先进制造技术的分类

将目前各国掌握的制造技术系统化，对先进制造技术的研究分为下述四大领域，它们横跨多个学科，并组成一个有机整体。

1. 现代设计技术

现代设计技术是根据产品功能要求，应用现代技术和科学知识，制定方案并使方案付诸实施的技术。它是一门多学科、多专业相互交叉的综合性很强的基础技术。现代设计技术所包含的内容有：

（1）现代设计方法。现代设计方法包括产品动态分析和设计、摩擦学设计、防蚀设计、可靠性和可维护性及安全设计、优化设计及智能设计等。

（2）设计自动化技术。设计自动化技术指应用计算机技术，进行产品造型和工艺设计、工程分析计算与模拟仿真、多变量动态优化，从而达到整体最优功能目标，实现设计自动化。

（3）工业设计技术。工业设计技术指开展机械产品色彩设计和中国民族特色与世界流派相结合的造型设计，增强产品的国际竞争力。

2. 先进制造工艺技术

现代制造工艺技术包括精密和超精密加工技术、精密成型技术及特种加工技术等。

（1）精密和超精密加工技术。精密和超精密加工技术是采用去除加工（精密切削、磨削、研磨等）、结合加工（离子镀、晶体生长、激光焊接、快速成型等）、变形加工（精锻、精铸等）的加工方法使工件的尺寸、表面性能达到极高的精度。现在的精密和超精密加工已经向纳米技术发展。

（2）精密成型技术。精密成型技术是生产局部或全部无余量或少余量半成品的工艺方法的统称。包括精密凝聚成型技术、精密塑性加工技术、粉末材料构件精密成型技术、精

密焊接技术及复合成型技术等。其目的在于使成型的制品达到或接近成品形状的尺寸，并达到提高质量、缩短制造周期和降低成本的效果，其发展方向是精密化、高效化、强韧化和轻量化。

（3）特种加工技术。特种加工技术是指那些不属于常规加工范畴的加工，如高能束流（电子束、离子束、激光束）加工、电加工（电解和电火花加工）、超声波加工、高压水加工，以及多种能源的组合加工。特种加工技术由于其各自的独特性能，在机械、电子、化工、轻工、航空、建筑、国防等行业，以及材料、能源和信息等领域得到了广泛的应用。

（4）表面改性、制膜和涂层技术。表面改性、制膜和涂层技术是采用物理、化学、金属学、高分子化学、电学、光学和机械学等技术及其组合技术对产品表面进行改性、制膜和涂层，赋予产品耐磨、耐蚀、耐（隔）热、抗疲劳、耐辐射，以及光、热、磁、电等特殊功能，从而达到提高产品质量、延长使用寿命和赋予新性能的新技术统称，是表面工程的重要组成部分。

3．自动化技术

制造自动化是指用机电设备取代或放大人的体力，甚至取代和延伸人的部分智力，自动完成特定的作业，包括物料的存储、运输、加工、装配和检验等各个生产环节的自动化。其目的在于减轻劳动强度、提高生产效率、减少在制品数量、节省能源消耗及降低生产成本。

自动化技术主要包括数控技术、工业机器人技术、柔性制造技术、计算机集成制造技术、传感技术、自动检测及信号识别技术、过程设备工况监测与控制技术等。

4．系统管理技术

系统管理技术是指企业在市场开发、产品设计、生产制造、质量控制、销售服务等一系列的生产经营活动中，为了使制造资源（材料、设备、能源、技术、信息及人力）得到总体配置优化和充分利用，使企业的综合效益（质量、成本、交货期）得到提高而采取的各种计划、组织、控制及协调的方法和技术的总称。它是现代制造技术体系中的重要组成部分，对企业的最终效益提高起着重要的作用。

系统管理技术包括工程管理、质量管理、管理信息系统，以及现代制造模式（如精益生产、CIMS、敏捷制造、智能制造等）、集成化的管理技术、企业组织结构与虚拟公司等生产组织方法。

1.2.3 先进制造的关键技术

实现21世纪制造模式所涉及的关键技术主要有：

（1）集成化技术。在过去制造系统中仅强调信息的集成，这是不够的。现在更强调技术、人和管理的集成。在开发制造系统时强调"多集成"的概念，即信息集成、智能集成、串并行工作机制集成、资源集成、过程集成及人员集成。

（2）智能化技术。应用人工智能技术实现产品生命周期（包括产品设计、制造、发货、支持用户到产品报废等）各个环节智能化，实现生产过程（包括组织、管理、计划、调度、控制等）各个环节智能化，并实现人与制造系统的融合及人的智能的充分发挥。

（3）网络技术。网络技术包括硬件与软件的实现。各种通信协议及制造自动化协议、

信息通信接口、系统操作控制策略等，是实现各种制造系统自动化的基础。

（4）分布式并行处理技术。该技术实现制造系统中各种问题的协同求解，获得系统的全局最优解，进而实现系统的最优决策。

（5）多学科、多功能综合产品开发技术。机电产品的开发设计不仅涉及机械科学的理论与知识，而且还涉及电磁学、光学、控制理论等。不仅要考虑技术因素，还必须考虑经济、心理、环境、人文及社会等方面因素。机电产品的开发要进行多目标、全性能的优化设计，以追求机电产品动静特性、效率、精度、使用寿命、可靠性、制造成本与制造周期的最佳组合。

（6）虚拟现实技术。利用虚拟现实技术、多媒体技术及计算机仿真技术，实现产品设计制造过程中的几何仿真、物理仿真、制造过程仿真，采用多种介质来存储、表达、处理多种信息，融文字、语音、图像、动画于一体，给人一种真实感及身临其境感。

（7）人—机—环境系统技术。将人、机器和环境作为一个系统来研究，发挥系统的最佳效益。研究的重点是：人机环境的体系结构及集成技术、人在系统中的作用及发挥、人机柔性交互技术、人机智能接口技术、清洁制造等。这些关键技术体现了21世纪制造技术对CAD/CAM集成系统的要求，表达了CAD/CAM集成发展的方向。

1.3　先进制造技术的发展趋势

在21世纪中，随着电子、信息等高新技术的不断发展，随着市场需求个性化与多样化，未来先进制造技术发展的总趋势是向精密化、柔性化、网络化、虚拟化、智能化、清洁化、集成化、全球化的方向发展。

先进制造技术的发展趋势大致包括以下几个方面。

1. "数"是发展的核心

"数"指"数字化"，数字化制造就是制造领域的数字化，以信息技术为支撑，它包含了三大部分：以设计为中心的数字制造，以控制为中心的数字制造和以管理为中心的数字制造。

对以设计为中心的数字制造，现代设计技术在实现了计算机计算、绘图的基础上，当前突出反映在数值仿真或虚拟现实技术在设计中的应用，以及现代产品建模理论的发展上，并且向智能化设计方向发展。新的设计思想和方法不断出现，如并行设计、面向"X"的设计（Design For X）、健壮设计（Robust Design）、优化设计（Optimal Design）、反求

工程技术（Reverse Engineering）等。设计过程由单纯考虑技术因素转向综合考虑技术、经济和社会因素，并通盘考虑包括设计、制造、检测、销售、使用、维修、报废等阶段的产品的整个生命周期，向全寿命周期设计发展。

数字化制造对制造设备而言，其控制参数均为数字化信号。对制造企业而言，各种信息（如图形、数据、知识和技能等）均以数字形式通过网络在企业内传递，以便根据市场信息，迅速收集资料信息，在虚拟现实、快速原型、数据库、多媒体等多种数字化技术的支持下，对产品信息、工艺信息与资源信息进行分析、规划与重组，实现对产品设计和产品功能的仿真，对加工过程与生产组织过程的仿真或完成原型制造，从而实现生产过程的快速重组与对市场的快速响应，以满足客户要求。还应指出，制造知识（包括技能、经验）的获取、表达、存储、推理乃至系统化、公理化等，是使制造技术发展到制造科学的关键，而这又与数字化密不可分。各种先进生产模式的发展，如 CIMS、并行工程、精益生产、敏捷制造、虚拟企业与虚拟制造，也无不以信息技术的发展为支撑。

2．"精"是发展的关键

"精"是"精密化"，一方面是指对产品、零件的精度要求越来越高，另一方面是指对产品、零件的加工精度要求越来越高。

20 世纪初，超精密加工的误差是 10 μm，30 年代达 1 μm，50 年代达 0.1 μm，70～80 年代达 0.01 μm，至今达 0.001 μm，即 1 nm，已进入纳米级加工时代。超精切削厚度由目前的红外波段向可见光波段甚至更短波段发展；超精加工机床向多功能模块化方向发展；超精加工材料由金属扩大到非金属。再由以下一组数据可以看到微电子产品对加工精度的依赖程度，电子元件制造误差为：一般的晶体管为 50 μm，一般的磁盘为 5 μm，一般的磁头磁鼓为 0.5 μm，集成电路为 0.05 μm，超大型集成电路为 0.005 μm，而合成半导体为 1 nm。

3．"极"是发展的焦点

"极"即极端条件，就是指在极端条件下工作的或者有极端要求的产品，从而也是指这类产品的制造技术有"极"的要求。

"极"主要指在高温、高压、高湿、强磁场和强腐蚀等条件下工作，或有高硬度、大弹性等要求的，或在几何形体上极大、极小、极厚、极薄和奇形怪状的。显然，这些产品都是科技前沿的产品。其中之一就是"微机电系统"MEMS，MEMS 可以完成特种动作与实现特种功能，乃至可以沟通微观世界与宏观世界，其深远意义难于估量。可以说，"极"是前沿科技或前沿科技产品发展的一个焦点。例如，在信息领域中的分子存储器、原子存储器；生命领域中的克隆技术、基因操作系统；军事武器中的精确制导技术、精确打击技术；航空航天领域中的微型飞机、微型卫星、"纳米"卫星（0.1 kg 以内）；微型机器人领域中的脑科手术等。

4．"自"是发展的条件

"自"就是自动化，即减轻人的劳动，强化、延伸、取代人的有关劳动的技术或手段。自动化是先进制造技术发展的前提条件。

自动化总是伴随有关机械或工具来实现的，可以说，机械是一切技术的载体，也是自动化技术的载体。据统计，从 1870～1980 年，加工过程的效率提高了 20 倍，体力劳动得

到了有效的解放；但管理效率只提高了 1.8～2.2 倍，设计效率只提高了 1.2 倍，这表明脑力劳动远没有得到有效的解放。"自动化"从自动控制、自动调节、自动补偿、自动辨识等，发展到自学习、自组织、自维护和自修复等更高的自动化水平，而且今天自动控制的内涵与水平已今非昔比，控制理论、控制技术、控制系统、控制元件都有着极大的发展。

5. "集"是发展的方法

"集"就是集成化，包括技术的集成、管理的集成、技术与管理的集成，其本质是知识的集成，专业、学科间的界限逐渐淡化。

技术的集成，如机电一体化等；加工技术的集成，特种加工技术及其装备是个典型，如增材制造（即快速原型）、激光加工、高能束加工和电加工等；企业集成，即管理的集成、全生命周期过程的集成等。当然，管理的集成不可能不包含管理与技术的集成。

先进制造技术的不断发展，在冷热加工之间，加工、检测、物流、装配过程之间，设计、材料应用、加工制造之间，其界限均逐渐淡化，逐步走向一体化。例如，CAD、CAPP、CAM 的出现，使设计、制造成为一体；精密成形技术的发展，使热加工可能直接提供接近最终形状、尺寸的零件，它与磨削加工相结合，有可能覆盖大部分零件的加工，淡化了冷热加工的界限；快速原型/零件制造 RPM（Rapid Prototyping/Parts Manufacturing）技术的产生，是近 20 年制造领域的一个重大突破，它可以自动而迅速地将设计思想物化为具有一定结构和功能的原型或直接制造零件，淡化了设计、制造的界限；机器人加工工作站及 FMS 的出现，使加工过程、检测过程、物流过程融为一体；现代制造系统使得自动化技术与传统工艺密不可分；很多新材料的配制与成型是同时完成的，很难划清材料应用与制造技术的界限。这种趋势表现在生产上是专业车间的概念逐渐淡化，将多种不同专业的技术集成在一台设备、一条生产线、一个工段或车间里的生产方式逐渐增多。

工艺由技艺发展为工程科学，工艺模拟技术得到迅速发展，工艺设计由经验判断走向定量分析。热加工过程的数值模拟与物理模拟是一个重要的发展方向，是使热加工工艺由技艺走向科学的重要标志。应用数值模拟于铸造、锻压、焊接、热处理等工艺设计中，并与物理模拟和专家系统相结合，来确定工艺参数，优化工艺方案，预测加工过程中可能产生的缺陷及应采取的防止措施，控制和保护加工工件的质量。采用这种科学的模拟技术并与少量的实验验证结合，以代替过去一切都要通过大量重复实验的方法，不仅可以节省大量的人和物力，而且还可以通过数值模拟来解决一些目前无法在实验室进行直接研究的复杂问题。工艺模拟也发展并应用于金属切削加工过程、产品设计过程。最新的进展是在并行工程环境下，开展虚拟成形制造，使得在产品的设计完成时，成形制造的准备工作（如铸造）也同时完成。

集成制造催生了新的生产模式。制造业在经历了少品种小批量——少品种大批量——多品种小批量生产模式的过渡后，七八十年代开始采用计算机集成制造系统 CIMS 进行制造的柔性生产模式，逐步向智能制造技术 IMT 和智能制造系统 IMS 的方向发展。精益生产 LP、灵捷制造 AM 等先进制造模式相继出现，21 世纪先进制造模式必将获得不断发展。

6. "网"是发展的道路

"网"就是网络化，制造技术的网络化是先进制造技术发展的必由之路，制造业走向整体化、有序化，这同人类社会的发展是同步的。

虚拟现实技术（Virtual Reality Technology）在制造业中获得越来越多的应用。虚拟现实技术主要包括虚拟制造技术和虚拟企业两个部分。虚拟制造技术将从根本上改变了设计、试制、修改设计、规模生产的传统制造模式。在产品真正制作出来之前，首先在虚拟制造环境中生成软产品原型（Soft Prototype）代替传统的硬样品（Hard Prototype）进行试验，对其性能和可制造性进行预测和评价，从而缩短产品的设计与制造周期，降低产品的开发成本，提高系统快速响应市场变化的能力。

虚拟企业是为了快速响应某一市场需求，通过信息高速公路，将产品涉及到的不同企业临时组建成为一个没有围墙、超越空间约束、靠计算机网络联系、统一指挥的合作经济实体。虚拟企业的特点是企业的功能上的不完整、地域上的分散性和组织结构上的非永久性，即功能的虚拟化、组织的虚拟化、地域的虚拟化。

7. "智"是发展的前景

"智"就是智能化。智能化制造模式的基础是智能制造系统，它既是智能和技术的集成而形成的应用环境，也是智能制造模式的载体。

与传统的制造系统相比，智能制造系统具有以下特点：人机一体化、自律能力、自组织与超柔性、学习能力与自我维护能力、在未来具有更高级的类似人脑思维的能力。可以说，智能制造作为一种模式，是集自动化、集成化和智能化于一身，并具有不断向纵深发展的高技术含量和高技术水平的先进制造系统，也是一种由智能机器和人类专家共同组成的人机一体化系统。当然，目前还只能算初步，但潜力极大，前景广阔。

8. "绿"是发展的必然

"绿"就是"绿色"，制造业的产品从构思开始，到设计阶段、制造阶段、销售阶段、使用与维修阶段，直到回收阶段、再制造各阶段，都必须充分涉及环境保护，制造必然要走向"绿色"制造。

日趋严格的环境与资源的约束，使绿色制造业显得越来越重要，它将是 21 世纪制造业的重要特征，与此相应，绿色制造技术也将获得快速的发展。主要体现在：绿色产品设计技术，使产品在生命周期符合环保、人类健康、能耗低、资源利用率高的要求。

绿色制造技术使得在整个制造过程中对环境的负面影响最小，废弃物和有害物质的排放最小，资源的利用效率最高。绿色制造技术主要包含绿色资源、绿色生产过程和绿色产品三方面的内容。

产品的回收和循环再制造，例如，汽车等产品的拆卸和回收技术，以及生态工厂的循环式制造技术，它主要包括生产系统工厂——致力于产品设计和材料处理、加工及装配等阶段，恢复系统工厂——主要对产品（材料使用）生命周期结束时的材料处理循环。

成形及改性制造技术，向精密、精确、少能耗、无污染方向发展。成形制造技术是铸造、塑性加工、连接、粉末冶金等单元技术的总称。展望 21 世纪，成形制造技术正在从制造工件的毛坯、从接近零件形状（Near Net Shape Process），向直接制成工件精密成形或称净成形（Net Shape Process）的方向发展。据国际机械加工技术协会预测，到下世纪初，塑性成形与磨削加工相结合，将取代大部分中小零件的切削加工。改性技术主要包括热处理及表面工程各项技术，主要发展趋势是通过各种新型精密表面（涂）层，大大减少能耗及完全消除对环境的污染。

1.4 先进制造业的发展现状与模式

在经济全球化和信息技术革命的推动下，以美国、日本和德国为主的发达国家主导着世界制造业发展的新潮流，加快了传统制造业向先进制造业的转变。

1.4.1 主要发达国家先进制造业的发展现状

美国、日本和德国是世界上制造业最发达的制造大国，也是先进制造业发展最快的国家。根据联合国工业发展组织公布的《工业发展报告 2002/2003 年》的数据，美国、日本和德国的制造业增加值，占世界制造业增加值比重分别为 25.4%、15.9%和 8.5%，高居世界的前三位。

1. 美国先进制造业发展策略

从 20 世纪初开始，美国制造业就稳居世界霸主地位。到上世纪 80 年代，美国制造业的国际竞争力曾被严重削弱，在汽车、钢铁、消费类电子等工业领域的国际市场占有份额大幅度下降，工业品进出口额产生了巨大逆差。

为了重振霸主雄风和确保国际竞争优势，美国政府推出了一系列促进先进制造业发展的计划。先后于 1990 年、1993 年和 1997 年分别实施了"先进技术计划"、"先进制造技术计划"和"下一代制造——行动框架"。1998 年，美国进一步制订了"集成制造技术路线图计划"，提出未来制造业面临的六大时代特征，即全球化市场竞争、环境保护和资源有限、科学技术发展加速、信息大量广泛分布、用户需求高及个性化、产品与技术的知识含量高。2004 年 2 月，布什总统发布了"鼓励制造业创新"的总统行政令。2004 年 5 月，美国国会通过了《2004 年制造技术竞争能力法》，强调要通过财政支持发展新的制造技术，提高美国的制造能力；每年投入 1 500 亿美元，把制造业信息化技术列入"影响美国安全和经济繁荣"的 22 项技术之一，加以重点研究开发。

奥巴马政府执政以来，提出了以技术创新为核心的各种政策措施，引导和促进制造业回归美国，主要包括以下几方面：

（1）发起"先进制造合作伙伴"计划，集聚产学研创新资源；政府分期投入 10 亿美元与产业界共建国家制造业创新研究院体系。

（2）加大联邦政府对先进制造的研发投入，从 2011 财年的 14 亿美元、2012 的 18.5 亿美元，到 2013 财年计划投入 22 亿美元，预算逐年增加。主攻智能制造、工业机器人、生物制造、新材料等前沿尖端领域。

（3）发起设立 80 亿美元的教育基金，促进高校与产业界合作，培养高技能制造业人才和高层次复合型人才。

（4）完善支持制造业发展法律法规。白宫成立制造业政策办公室，协调联邦的制造业政策和各种创新计划；把对先进制造研发投入的税收优惠率从 14%提高到 17%。

2012 年 2 月 22 日，美国国家科学技术委员会发布《国家先进制造战略规划》，该战略规划基于总统科学技术顾问委员会（PCAST）在 2011 年 6 月发布的《确保美国先进制造领导地位》白皮书，响应了《美国竞争再授权法案》的相关精神，用于指导联邦政府支持先进制造研究开发的各项计划和行动。该战略规划明确了先进制造对美国确保经济优势和国家安全的重要基础作用，分析了美国先进制造的现有模式、未来走势以及所面临的机遇与挑战，提出了 5 个战略目标。该战略规划披露，2013 财年美国先进制造研发预算为 22 亿美元，国家科学基金会、能源部、国家标准与技术研究院及其他机构的预算增幅超过 50%。其主要内容如下。

1）强调先进制造对国家安全和国民经济的重要意义

在该战略规划中，先进制造是指运用和调度（coordinate）信息、自动装置、计算、软件、传感、网络，以及运用基于物理、化学和生物学等众多学科而实现的新材料和新功能，如纳米技术、化学和生物学的一系列活动，包括制造现有产品的新方法和制造由新型先进技术催生的新产品等两个方面。先进制造能够提供高质量的就业岗位，是出口的重要来源和技术创新的关键，也为军方、情报界和国土安全机构提供必需品和装备。

2010 年美国制造业产值 1.7 万亿美元，占美国国内生产总值的 11.7%；制造业就业人数为 1 150 万，制造业雇员的平均每小时薪金比私营部门服务业（private-sector service industries）雇员高 21%；在主要的经济领域，制造业具有很大的倍增效应，即在制造业中每花费 1 美元可获得 1.35 美元的效益；制造业对美国的出口贡献最大，2010 年制造业成品出口额超过 1.1 万亿美元，占美国成品出口总额的 86%、商品出口总额的 60%。当今，制造业提供了大量的就业岗位，催生了许多新的企业。在私营机构研发费用中，制造业占 72%的份额；在美国工业研发人员中，制造业占 60%的份额。未来，制造业作为经济增长最强有力的驱动器，将在促进整个经济领域增长方面起到更重要的作用。

在美国，因其制造能力的不足，已给美国经济利益造成了实际损失。美国发明的工业机器人，在亚洲和欧洲已有大规模生产。在能量存储、功率生成等许多技术领域存在同样情况。美国也不再生产计算机、电视或 Kindle 电子阅读器等手持设备的显示器件。生产能力的降低不仅影响美国的经济利益，也给国家安全带来损害。国防生产法案委员会认为，美国当前在很多方面不能提供安全、可靠的国内生产能力，其中包括网络路由器件和开关、光学数据传输器件、先进功率电子器件、低成本复合材料及传输导线等。

2）通过资源共享与协调合作推进创新与研发

全球研发、创新和贸易的新趋势，引起了美国政府对先进制造竞争能力的关心。该战略规划分析了美国实现先进制造持续、健康发展所面临的挑战。过去十年，尽管美元对主要国际货币的汇率下降了 34%，但先进技术产品在美国贸易平衡中的作用却急剧下滑。美国人口调查局（Census Bureau）的统计数据显示：上世纪 90 年代，美国在高技术产品领域始终处于贸易顺差，但到 2010 年这一数据变为 810 亿美元的逆差。

2009 年经济合作和发展组织（OECD）公布工业化国家研发投资强度排行（以研发费用占 GDP 的份额来确定），美国排在第八位；2011 年信息技术和创新基金会公布了全球基

础创新竞争力排行，美国在全球 44 个工业国家和地区中排第四位，当前，德国、韩国和日本制造业的研发投资强度都比美国高，且国际贸易为顺差。

战略规划指出美国当前的先进制造创新系统还有许多不足，这些不足成为美国在高技术产品领域贸易失衡的主要因素。加快先进制造创新，亟需填补目前研发能力不能满足本土生产所需的不足。因此，该战略规划提出的核心原则是：采取公私紧密结合的方式对先进制造技术的研发与应用进行投资，使联邦政府能将关注重点放在研发活动上。该战略规划倡导通过创造良好的创新环境，协调进入先进制造技术基础领域的公私投资，推动创新技术在本土快速发展，促进先进制造技术的推广应用。

3）提出五大战略目标

"先进制造国家战略规划"提出了五个方面的战略目标，这些目标相互关联，任何一个方面的进步将带动其余几个目标的进步。众多联邦政府机构，通过国家科学技术委员会的统筹协调，将在实现这五大战略目标的过程中发挥重要作用。

目标一：促进中小企业投资。通过实施联邦机构对前沿产品的早期采办等相关举措，促进联邦职能和设施的有效使用，加速对先进制造技术研发的投资，促进中小制造企业的投资。

目标二：增强劳动力技能。提高教育和培训系统的针对性，扩大有技能劳动者的规模。

目标三：建立创造性的合作关系。促进公共机构与私人组织合作，增强政府、工业界、学术界之间的合作，加速先进制造技术的投资与应用。

目标四：协调联邦投资。以投资组合的视角来进行分析和调整，实现联邦政府各机构对先进制造投资的优化。

目标五：增加国家对先进制造研发的投资。增加先进制造研发的公共和私人投资总量。

2．日本先进制造业发展的特点

在第二次世界大战后日本的制造业迅猛发展，上世纪 60 年代的工业年均增长率高达13%，在 70 年代日本基本实现了工业现代化，到 80 年代日本已经超越欧洲几大工业国，而且在汽车、半导体等产业超过美国，成为了世界第二大制造国。其制造业发展的特点主要表现在以下 5 个方面：一是以耐用消费品产业为先导，大力发展重工业和新兴产业；二是大力引进先进技术，并强调技术的消化和创新，技术产品市场化速度迅速，能对市场变动作出快速反应；三是自动化大规模生产，而且强调低耗、节能、环保；四是推行专业化协作和产业集群化，以几家大型企业为中心，形成联系紧密的产业群；五是强调管理科学化，不断创新生产管理模式。

90 年代后，日本经济进入了长达 10 多年衰退停滞期，但这并没有影响到其先进制造业的发展。日本政府历来主张通过政府干预、用产业政策来引导和鼓励高新技术产业的发展。早在 1980 年，就颁布了《推进创造性科学技术规划》，1985 年又制定了《促进基础技术开发税制》，实行税金扶待政策。1995 年，日本政府提出"科技创新立国"战略，颁布了日本有关科技的根本大法，即《科学技术基本法》。这使得日本政府和地方机构在制定高新技术产业政策时有法可依，具有很强的法律制度保证，依靠法律的强制性和激励性来推动先进制造业的发展。

限于自身实力和条件，日本在"高、精、尖"科技开发上难以与美国竞争。因此，日本通产省在选择鼓励发展高新技术产业时，采取务实和有针对性的产业政策，一般避免对该产业中最尖端、可能也是最著名的项目的扶持，其发展高新技术产业的典型策略是从相对简单的高新技术产品开始，然后设法比其他国家做得更好、更有效率。只有在掌握了相对简单的技术后，日本企业才试图转向更加尖端的领域。

日本在发展先进制造业方面最为成功之处，是生产模式的创新，创建了诸如精益生产模式、作业站生产模式和以人为本的经营管理模式等。作为生产模式的一种革命性创新，精益生产模式打破了传统的福特生产模式，综合了单件生产与大量生产的优点，既避免了前者的高成本，又避免了后者的僵硬化。

3. 德国先进制造业的发展战略

德国是老牌的制造业大国，其支柱产业是机械、汽车、仪器设备、电子和化学业，制造业综合实力排名居世界第三位。受世界制造业竞争加剧的影响，德国制造业上世纪 90 年代出现了一定程度的衰退，1992~2002 年德国制造业占全球的比例从 10.3%下降到 7.6%。在此背景下，德国政府出台了名为"生产 2000"的制造业战略计划，以促进先进制造业的发展。

该计划的主要目标是：①推进制造业的发展，确保和增加就业机会；②确保德国的研究水平；③确保和提高德国在国际竞争中的地位；④提高制造业对市场的快速适应能力；⑤利用信息和通信技术，促进制造业的现代化；⑥采用充分考虑人的需求和能力的生产方式；⑦"清洁制造"，改善对环境的负面影响；⑧促进和改善中小企业的竞争能力。

该计划的研究重点是：①产品开发方法和制造方法，特别要研究如何缩短产品开发和产品制造的周期，以便对新的市场需求作出快速响应；②产品制造过程中的经济学，即开发可重复利用的材料并制订新材料的标准，开发可重复利用的产品，开发能进行"清洁制造"的制造过程；③面向制造的后勤学，特别是研究加速产品制造过程和减少运输费用的方法，同时也应考虑减少对环境的负面影响；④面向制造的信息技术，特别要研究通信技术，开发面向制造的高效、可控的系统；⑤在"动荡"环境中的生产，即研究开放的、具有学习能力的生产组织结构，提高对市场变化的响应速度；⑥其他热门课题，如全球制造，企业协作和与其有关的标准。

在此计划的执行下，德国制造业出现较好的复苏趋势，并加快了传统制造业向先进制造业的转变。近年来，德国技术密集型产品出口持续增长，占世界总额的比值仅次于美国，稳居第二位。

1.4.2　我国先进制造业的发展现状

制造业一直是我国经济发展的强劲动力，经过近 10 年的快速发展，就总量和规模而言，中国目前已是世界第二大经济体和制造业大国，但制造业的总体自主创新能力薄弱、先进装备贸易逆差较大、高端装备与智能装备依赖进口，严重制约制造产业的健康发展。

我国的制造业不断采用先进制造技术，但与工业发达国家相比，仍然存在一个阶段性、整体上的差距。

（1）设计方面：工业发达国家不断更新设计数据和准则，采用新的设计方法，广泛采用计算机辅助设计技术 CAD/CAM，大型企业开始无图纸的设计和生产。但在我国采用 CAD/CAM 技术的企业比例较低。

（2）制造工艺方面：工业发达国家较广泛的采用高精密加工、精细加工、微细加工、微型机械和微米/纳米技术、激光加工技术、电磁加工技术、超塑加工技术，以及复合加工技术等新型加工方法，但在我国的普及率不高，多在开发、掌握中。

（3）管理方面：工业发达国家广泛采用计算机管理，重视组织和管理体制、生产模式的更新发展，推出了准时生产 JIT、敏捷制造 AM、精益生产 LP、并行工程 CE 等新的管理思想和技术。我国只有少数大型企业局部采用了计算机辅助管理，多数小型企业仍处于经验管理阶段。

（4）自动化技术方面：工业发达国家普遍采用数控机床、加工中心及柔性制造单元FMC、柔性制造系统 FMS、计算机集成制造系统 CIMS，实现了柔性自动化、知识智能化、集成化。我国尚处在单机自动化、刚性自动化阶段，柔性制造单元和系统仅在少数企业使用。

未来的 10 年，中国将迎来发展先进制造业的最佳战略机遇期。据预测，中国汽车产量2015 年将完成 3 000 万辆以上，2020 年达到 4 000 万辆；未来 20 年，中国需新增 5 260 架飞机，总价值达 6 700 亿美元。与此同时，航空、汽车、高铁、工程机械等行业对中高端数控机床的需求也在不断提升，到 2020 年中国中高档数控机床年需求量或将达 12 万台。

当前，我国先进制造业大致由两部分构成，一部分是传统制造业吸纳、融入先进制造技术和其他高新技术尤其是信息技术后，提升为先进制造业，例如数控机床、海洋工程装备、航天装备、航空装备等；另一部分是新兴技术成果产业化后形成的新产业，并带有基础性和引领性的产业，例如增量制造、生物制造、微纳制造等。未来 10 年我国制造业的制造将更加个性化，更加凸显服务特色，制造过程更加趋于友好和开源，基于网络的制造更加活跃和普遍，制造将成为效率更高和质量更好的经济活动。

1.4.3　世界先进制造业的发展模式

在先进制造技术的强劲推进下，世界先进制造业的发展模式主要表现在如下五个方面。

1．由一国制造向全球制造转变

与以往的跨国公司分散在国外投资设厂进行生产不同。首先，全球制造以发达国家一些产业的整体转移为前提。随着经济全球化趋势越来越强劲，发达国家由于劳动力成本不断上涨，不得不放弃传统产业，转向高科技产业和现代服务业。而发展中国家利用自己低的成本优势，接纳发达国家的产业转移，从事劳动密集型的加工装配生产；其次，全球制造是一种全面的全球化。制造业的资源配置，不仅仅由一国范围扩大到世界范围，而且制造业正向生产全球化、营销全球化、融资全球化、服务全球化和研发全球化方向发展。例如，以往制造的技术研发多是在封闭状态下独自进行，现在，为了提高新技术产品的生命周期，减少研发风险，提高竞争力，制造业跨国公司逐渐加强了研究开发的全球化合作；最后，制造业的集群化也扩展到了全球。集群发展是现代制造业提升国际竞争力的重要手段。在全球经济中，大跨国制造公司欲获得竞争优势，仅靠本国的企业是不够的，还需要与全球的中小企业合作，形成全球性的产业集群，也使国际产业链细分化。

2．由实体制造向虚拟制造转变

在信息技术充分发展的条件下，虚拟制造成为可能并开始盛行。虚拟制造是凭借先进的信息传播手段、组织方法、控制工具和无形资产，去整合别人的资源和力量，以其独有的核心能力进行整体策划或资源调配，以达到产品研究开发和生产的周期缩短，并以低成本和高市场灵敏度参与国际竞争。

3．由完全制造向总装制造转变

网络提供了制造商和加工厂之间的最短路径连接和最快速度成交的现实可能性。利用这一优势，制造业在全球范围内建立零部件的加工基地，自己负责产品的总装与营销。这种经营模式近年来获得了飞速发展。总装制造不仅重视发展制造业技术，而且强调全面提高基础零部件技术水平。零部件、元器件是制造业发展的重要领域，没一个强大的零部件产业的存在，制造业就难以发展。

4．由单纯制造向服务制造转变

由于制造业的利润从总体上来说呈递减趋势，而知识密集型服务业则呈利润递增趋势。跨国制造公司出于追逐利润的需要，纷纷调整其战略，将竞争重点从产品制造转向客户服务，以提高制造业的获利能力。今天的制造业所考虑的绝不只是产品设计和制造，而应包括从市场调研开始到售后服务、直到产品报废回收的全过程，体现全方位为客户服务。同时，技术革命改变了传统的生产方式和生活方式，主要表现为市场的多样化、分散化和个性化，产品的内涵从单一扩展到为客户提供全面解决方案。跨国制造企业调整其战略，将竞争重点从产品制造转向客户服务，从而加强了制造业服务业化趋势。

5．由粗放制造向绿色制造转变

传统制造业是一种牺牲环境、片面追求眼前经济效率的粗放型生产。而先进制造业强调清洁生产和资源的循环利用，所提供的产品必须具有全寿命周期无污染、资源低耗及可回收、可重用的特征，它涉及到环境、社会、经济综合性等问题；向绿色制造和可持续发展方向转变，既是最新的发展趋势，也是 21 世纪先进制造业发展的必由之路。通过对制造业从设计、制造、营销到报废处理的整个产业生产过程的绿色革命，实现制造业的可持续发展。

1.5　工业 4.0

1．工业 4.0 的概念

"工业 4.0"是德国联邦教研部与联邦经济技术部在 2013 年汉诺威工业博览会上提出的概念。它描绘了制造业的未来愿景，提出继蒸汽机的应用、规模化生产和电子信息技术等三次工业革命后，人类将迎来以信息物理融合系统 CPS（Cyber Physical Systems）为基础，以生产高度数字化、网络化、机器自组织为标志的第四次工业革命。"工业 4.0"概念在欧洲乃至全球工业业务领域都引起极大的关注和认同。西门子公司作为德国最具代表性的工业企业以及全球工业业务领域的创新先驱，也是"工业 4.0"概念的积极推动者和实践者。

前三次工业革命的发生，分别源于机械化、电力和信息技术。如今，随着物联网及服务的引入，制造业正迎来第四次工业革命（见图 1-2），使制造业向智能化转型。不久的将来，企业能以 CPS 的形式建立全球网络，整合其机器、仓储系统和生产设施。

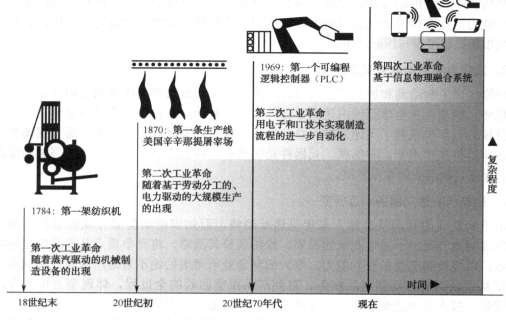

图 1-2　四次工业革命

　　迈向工业 4.0，将是一个渐进的过程。为了适应制造工程的特殊需求，现有的基本技术和经验必须加以改变，还必须探索针对新地点和新市场的创新解决方案。

　　"工业 4.0"概念包含了由集中式控制向分散式增强型控制的基本模式转变，目标是建立一个高度灵活的个性化和数字化的产品与服务的生产模式。在这种模式中，传统的行业界限将消失，并会产生各种新的活动领域和合作形式。创造新价值的过程正在发生改变，产业链分工将被重组。

2．工业 4.0 的三大主题

　　（1）智能工厂：重点研究智能化生产系统及过程，以及网络化分布式生产设施的实现；

　　（2）智能生产：主要涉及整个企业的生产物流管理、人机互动以及 3D 技术在工业生产过程中的应用等。该计划将特别注重吸引中小企业参与，力图使中小企业成为新一代智能化生产技术的使用者和受益者，同时也成为先进工业生产技术的创造者和供应者；

　　（3）智能物流：主要通过互联网、物联网、物流网，整合物流资源，充分发挥现有物流资源供应方的效率，而需求方则能够快速获得服务匹配，得到物流支持。

3．工业 4.0 的目标

　　德国制造业是世界上最具竞争力的制造业之一，在全球制造装备领域拥有领头羊的地位。这在很大程度上源于德国专注于创新工业科技产品的科研和开发，以及对复杂工业过程的管理。德国拥有强大的设备和车间制造工业，在世界信息技术领域拥有很高的能力水平，在嵌入式系统和自动化工程方面也有很专业的技术，这些因素共同奠定了德国在制造工程工业上的领军地位。通过工业 4.0 战略的实施，将使德国成为新一代工业生产技术（即信息物理系统）的供应国和主导市场，会使德国在继续保持国内制造业发展的前提下再次

提升它的全球竞争力

4．工业 4.0 的关键点

工业 4.0 有一个关键点，就是"原材料（物质）"＝"信息"。具体来讲，就是工厂内采购来的原材料，被"贴上"一个标签：这是给 A 客户生产的××产品、××项工艺中的原材料。准确来说，是智能工厂中使用了含有信息的"原材料"，实现了"原材料（物质）"＝"信息"，制造业终将成为信息产业的一部分。

5．中国的工业 4.0 发展

在国家的升级战略中，让企业进行智能化、工业化相结合的改进升级，是中国企业更好提升和发展的一条重要途径。去年 10 月，中德政府在第三轮磋商后发表《中德合作行动纲要》，宣布两国将开展"工业 4.0"合作，该领域的合作有望成为中德未来产业合作的新方向。分析认为，工业 4.0 有望推动国内相关行业和企业进一步发展和进步，而在资本市场上，工业 4.0 相关题材与上市公司亦是资金热烈追逐的对象之一。其中，工业互联网、工业自动化和工业机器人细分领域颇受关注与期待。

知识梳理与总结

先进制造技术是制造业不断吸收机械、电子、信息（计算机与通信、控制理论、人工智能等）、能源及现代系统管理等方面的成果，并将其综合应用于产品设计、制造、检测、管理、销售、使用、服务乃至回收的全过程，以实现优质、高效、低耗、清洁、灵活生产，提高对动态多变的产品市场的适应能力和竞争能力并取得理想经济效果的制造技术总称。

先进制造技术的特点为系统性、集成性、广泛性、高精度，实现优质、高效、低耗、清洁、灵活生产。在不同发展水平的国家和同一国家的不同发展阶段，先进制造技术有着不同的技术内涵，对我国而言，它是一个多层次的技术群。先进制造技术的内涵和层次及其技术构成为基础技术、新型单元技术、集成技术。先进制造技术的研究分为现代设计技术、先进制造工艺技术、自动化技术、系统管理技术四大领域，它们横跨多个学科，并组成一个有机整体。实现 21 世纪制造模式所涉及的关键技术主要有：集成化技术，智能化技术，网络技术，分布式并行处理技术，多学科、多功能综合产品开发技术，虚拟现实技术，人—机—环境系统技术。

以美国、日本和德国为主的发达国家主导着世界制造业发展的新潮流，加快了传统制造业向先进制造业的转变。我国的制造业不断采用先进制造技术，但与工业发达国家相比，在设计、制造工艺、管理、自动化技术上仍然存在一个阶段性、整体上的差距。在 21世纪，随着电子、信息等高新技术的不断发展，随着市场需求个性化与多样化，未来先进制造技术发展的总趋势是向精密化、柔性化、网络化、虚拟化、智能化、清洁化、集成化、全球化的方向发展。

思考与练习题 1

1-1 论述先进制造技术及其主要特点。

1-2 叙述先进制造技术的构成及分类。

1-3 叙述先进制造的关键技术。

1-4 先进制造技术的发展趋势。

1-5 世界先进制造业的发展模式。

第2章

现代设计技术

教学导航

学习目标	掌握现代设计技术，了解计算机辅助设计、有限元分析、并行设计、反求工程、绿色产品设计
建议学时	4
知识点	现代设计技术、计算机辅助设计、有限元分析、并行设计、反求工程、绿色产品设计
重点与难点	计算机辅助设计、有限元分析

2.1 现代设计技术的特点与体系结构

知识分布网络

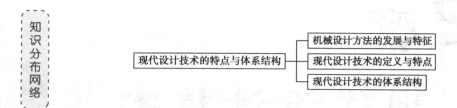

2.1.1 机械设计方法的发展与特征

机械设计的思想和方法一方面不断地影响着人类的生活与生产，推动社会进步；另一方面又受社会发展的反作用，不断变化和更新。为了反映设计思想和方法随社会发展的变化，人们通常用"传统设计"和"现代设计"这两个术语来说明，如图 2-1 所示。"传统设计"和"现代设计"都只是相对的概念，人们把当前认为先进的那部分系统称为现代的，而其余的都称为传统的，若干年后目前的现代部分又被新发展的东西所取代，成为传统的。当前，

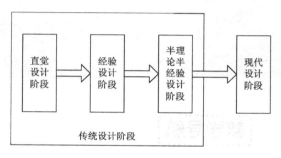

图 2-1 机械设计发展历程

随着电子计算机及相关技术的发展和广泛应用，极大推动了 CAD（Computer Aided Design）及 CAE（Computer Aided Engineering）技术的发展及应用，并在此基础上形成了有限元分析和并行设计技术等。

传统设计是以经验总结为基础，运用长期设计实践和理论计算而形成的经验、公式、图表等作为设计的依据，通过经验公式、近似系数或类比等方法进行设计。传统设计首先凭借设计者的直觉或间接经验，通过类比分析或经验公式来确定方案，由于方案在很大程度上取决于设计人员的个人经验，因此难以获得最优方案。由于分析计算受人工计算条件的限制，只能用静态、近似的方法，参考数据偏重于经验的概括和总结，因而造成设计结果的近似性较大，有时不符合客观实际。总之，传统设计方法是一种以静态分析、近似计算、经验设计、手工劳动为特征的设计方法。

随着设计理论的发展及科学技术的进步，特别是计算机技术的高速发展，使设计过程产生了质的飞跃。现代设计方法实质上是科学方法论在设计中的应用，是以满足市场产品的质量、性能、时间、成本、价格综合效益最优为目的，以计算机辅助设计技术为主体，以知识为依托，以多种科学方法及技术为手段，研究、改进、创造产品活动过程所用到的技术群体的总称。现代设计方法的特征主要表现在以下两个方面。

1. 以计算机技术为核心

以计算机技术为核心的现代设计过程首先推动了设计手段从"手工"向"自动"的转变。传统设计以图板、直尺、铅笔等作为工具，效率低、人工强度大。CAD 技术的出现和

发展，甩掉图板的"无纸设计"成为现代设计的主流，显著提高了设计效率。

在产品表示方式上实现了从"二维"向"三维"的转变。传统设计利用二维投影图表示产品结构，这种二维表示，数据单一，数据量少，不便于产品的进一步分析和制造。随着 CAD 技术的发展，三维图形得到越来越广泛的应用。这种表示不仅包括反映产品形状和尺寸的几何信息，还可以包括分析、加工、材料、特性等数据，存在于计算机内的产品模型可直接进入计算机辅助工艺计划 CAPP 系统进行工艺规划和数控加工编程，进而加工代码可直接传入数控机床、加工中心进行加工。产品模型加强了设计与制造两个环节的连接，提高了产品开发的效率，从而可直接用于分析和制造，实现设计与制造一体化。

2．以设计理论为指导

现代设计方法是基于理论形成的方法，利用这种方法指导设计可减小经验设计的盲目性和随意性，提高设计的主动性、科学性和准确性。因此，现代设计是以理论指导为主、经验为辅的一种设计。在设计理论和方法上，高性能的计算机硬件和先进的软件技术的发展推动了有限元分析、优化设计、模态分析、并行设计、虚拟设计、计算机仿真等设计方法的发展和应用。

自 20 世纪 60 年代以来，设计方法的研究引起了工业发达国家的重视，加大了在人力、物力上的投入，使得其工业产品的设计方法及手段得到迅速发展，特别是德国、英国、美国及日本等国家已形成了各自的研究体系和风格。

德国在发现由于产品质量下降导致竞争能力减弱后，意识到问题出于设计过程，随即在 1963 年到 1964 年间举行了"薄弱环节在于设计"的研讨会，制定了一批有关设计工作的指导性文件，着重研究设计的进程、步骤和规律，进行系统化的逻辑分析，并将成熟的设计模式、解法等编成规范和资料供设计人员参考。

英国自 1963 年开始提出工程设计思想后，广泛开展了设计竞赛，加强在设计过程中的创造性开发、技术可行性、可靠性、价值分析及计算机在设计中的应用等方面的研究。

美国是创造性设计的首倡者，在 CAD 方面做出了较大贡献。1985 年 9 月由美国机械工程师协会组织、国家科学基金会发起召开了"设计理论和方法研究的目标和优先项目"研讨会。会后成立了"设计、制造和计算机一体化"工程分会，制定了一项设计理论和方法的研究计划。

日本由于受到美国提出的 CAD 及实现设计自动化可能性的冲击，自 20 世纪 60 年代以来，开始进行有关 CAD 和设计方法的研究，目前日本在产品开发中的更新速度已受到全世界的关注。

我国现代设计方法的研究开始于 20 世纪 80 年代前后，目前的发展距世界先进水平尚有一段距离，随着经济和科学技术的发展，必将步入一个高速发展阶段。

2.1.2　现代设计技术的定义与特点

1．现代设计技术的定义

现代设计技术是以满足市场产品的质量、性能、时间、成本、价格综合效益最优为目的，以计算机辅助设计技术为主体，以知识为依托，以多种科学方法及技术为手段，研究、改进、创造产品活动过程所用到的技术群体的总称。

2．现代设计技术的特点

从现代设计技术的内涵分析，现代设计技术具有如下一系列特点：

（1）系统性。现代设计技术强调用系统的观点处理设计问题，从整体上把握设计对象，考虑对象与外界（人、环境）的联系。

（2）动态性。不仅要考虑产品的静态特性，还要考虑产品在实际工作状态下的动态特征，考虑产品与周围环境的物质、能量及信息的交互。

（3）创造性。现代设计技术建立在先进的设计理论及设计工具基础上，能充分发挥设计者的创造性思维能力和集体智慧，运用各种创造方法和手段，开发出具有创新性的产品。

（4）计算机化。计算机技术的产生和发展给人类社会带来了深远而广泛的影响。目前，计算机已经渗透到产品设计开发的各个环节，甚至到了离开计算机就难以实现产品开发的地步。事实上，很多现代设计技术的实现都依赖于计算机，如优化设计、有限元分析、系统仿真等。它们充分利用计算机快捷的数值计算功能、严密的逻辑推理能力和巨大的信息存储及处理能力，弥补自然人存在的天生不足，实现人机优势的互补。

（5）并行化、最优化、虚拟化和自动化。现代设计技术强调设计过程的并行化、最优化、虚拟化和自动化。在产品的设计阶段就综合考虑产品全生命周期中的所有因素，强调对产品设计及其相关过程并行地、集成地、一体化地进行设计。在设计过程中，通过优化的理论与技术，对产品进行方案优选、结构优选和参数优选，力争实现系统的整体性能最优化，以获得功能全、性能好、成本低、价值高的产品。设计过程自动化的实现主要依托于各种不同的计算机辅助设计技术、自动建模技术，以及一批功能强大的商品化 CAD 软件的支持。

设计手段虚拟化，是以虚拟现实的设计系统进行三维建模，使设计者能在虚拟的设计环境下观察 CAD 设计内容，从而实现设计的可视化，评估设计产品的性能及其可实现性，灵活方便地修改设计，大大提高设计效果与质量。

（6）主动性。科学技术的发展使得在产品设计的早期，就可对产品全生命周期的各种性能做出准确预测，有利于及早发现产品的潜在缺陷，将各种失误、可能发生的故障减少到最低程度，体现了主动性的特征，也有利于缩短开发周期、降低生产成本、提高产品质量。

2.1.3 现代设计技术的体系结构

现代设计技术的整个体系好比一棵大树，由基础技术、主体技术、支撑技术和应用技术四个层次组成，如图 2-2 所示。

（1）基础技术。基础技术是指传统的设计理论与方法，特别是运动学、静力学与动力学、材料力学、结构力学、热力学、电磁学、工程数学的基本原理与方法等。

（2）主体技术。现代设计技术的诞生和发展与计算机技术的发展息息相关、相辅相成。计算机科学与设计技术结合产生了计算机辅助设计、智能 CAD（Intelligent CAD，ICAD）、优化设计、有限元分析程序、模拟仿真、虚拟设计和工程数据库等。运用现代设计技术的多种理论与方法（如优化设计、可靠性设计、模糊设计等理论）构造的数学模型，来编制计算机应用程序，可以更广泛、更深入地模拟人的推理与思维，从而提高计算机的"智力"。而计算机辅助设计技术正是以它对数值计算和对信息与知识的独特处理能力，成为现代设计技术群体的主干。

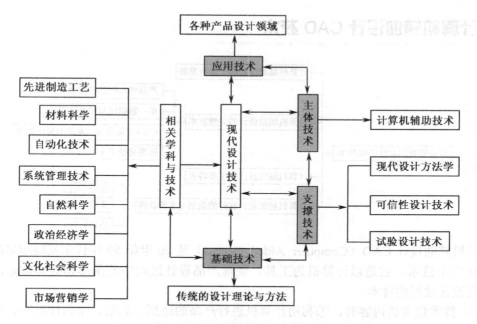

图 2-2 现代设计技术的体系及与其他学科的关系

（3）支撑技术。支撑技术主要指现代设计方法学、可信性设计技术、试验设计技术。现代设计方法学涉及内容很广，如并行设计、系统设计、功能设计、模块化设计、价值工程、质量功能配制、反求工程、绿色产品设计、模糊设计、面向对象的设计、工业造型设计等。可信性设计是广义的可靠性设计扩展，主要指可靠性与安全性设计、动态分析与设计、防断裂设计、健壮设计、耐环境设计等。试验设计技术包括可靠性试验、环保性能试验与控制，以及运用计算机技术的数字仿真试验和虚拟试验等。

（4）应用技术。应用技术是针对使用目的解决各类具体产品设计领域的技术，如机床、汽车、工程机械、精密机械的现代设计内容，可以看做是现代设计技术派生出来的具体技术群。

现代设计已扩展到产品规划、制造、营销、运行、回收等各个方面，除了必要的传统设计理论与方法的基础知识外，相关的学科与技术，尤其是制造工艺、自动化技术、系统管理技术、材料知识与经验及广泛的自然科学知识等也是十分必要的。此外，设计产品总是以满足社会需求为目的，因此，设计人员还应具备政治、经济、法律、人文社会、艺术等方面的知识与素养。

值得一提的是，现代设计技术体系框架的划分只是相对的，而不是绝对的，主体技术、支撑技术、应用技术、基础技术之间并不存在截然的界限，技术之间相互融通，主体技术所包含的计算机辅助设计的有关技术本身往往就是应用技术，在特定情况下，某些支撑技术也可以成为主体技术。

限于篇幅，本书选编介绍部分应用较广的现代设计技术。

2.2　计算机辅助设计 CAD 技术

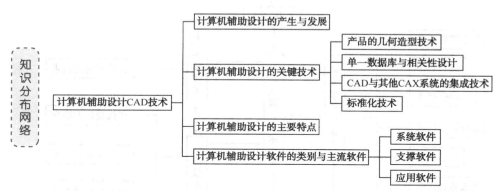

计算机辅助设计 CAD（Computer Aided Design）是 20 世纪 50 年代末发展起来的综合性计算机应用技术。它是以计算机为工具，处理产品设计过程中的图形和数据信息，辅助完成产品设计过程的技术。

CAD 技术包含的内容有：①利用计算机进行产品的造型、装配、工程图绘制，以及相关文档的设计；②进行产品渲染、动态显示；③对产品进行工程分析，如有限元分析、优化设计、可靠性设计、运动学及动力学仿真等。

2.2.1　计算机辅助设计的产生与发展

20 世纪 50 年代，以美国为代表的工业发达国家出于航空和汽车等工业的生产需要，开始将计算机技术应用于产品的设计过程，逐渐发展形成具有重大影响力的计算机辅助设计技术。其发展过程大致经历了如下几个发展阶段。

1）20 世纪 50 年代——CAD 技术的萌芽期

1950 年美国麻省理工学院（MIT）研制出旋风型（WhirlWind）图形显示设备，可以显示简单图形；50 年代后期推出了图形输入装置——光笔。1958 年美国 Calcomp 公司研制出滚筒式绘图仪，Gerber 公司研制出平板绘图仪。上述图形处理设备的问世，标志着 CAD 技术已处于交互式计算机图形系统的初期萌芽和诞生阶段。

2）20 世纪 60 年代——CAD 技术的成长期

1962 年由美国 E.SutherMland 博士开发的 SketchPAD 图形系统问世，并首次提出了计算机图形学、分层存储、交互设计等技术思想，成为计算机辅助设计技术发展史上的重要里程碑。20 世纪 60 年代中期，CAD 概念开始为人们所接受，它超越了计算机绘图的范畴而强调了利用计算机进行设计的思想。1965 年美国洛克希德飞机公司推出第一套基于大型机的商用 CAD/CAM 软件系统——CADAM 软件系统；1966 年贝尔公司开发了价格低廉的实用型交互式图形显示系统 GRAPHIC1。许多与 CAD 技术相关的软硬件系统走出了实验室而逐渐趋于实用化，大大促进了计算机图形学和 CAD 技术的迅速发展。至 60 年代末，美国安装的 CAD 工作站已达 200 多套。

3）20 世纪 70 年代——CAD 技术的发展期

进入 20 世纪 70 年代后，存储器、光笔、光栅扫描显示器、图形输入板等形式的图形输入设备开始进入商品化；出现了面向中小企业的 CAD/CAM 商品化软件，可提供基于线框模型（Wireframe Mold）的三维建模及绘图工具；曲面模型（Surface Mold）得到初步应用；1979 年，图形交换标准 IGES 的发表，为 CAD 系统的标准化和可交换性创造了条件。20 世纪 70 年代是 CAD 技术发展的黄金时代，各种 CAD 功能模块已基本形成，各种建模方法及理论得到了深入研究。但是，此时 CAD 各功能模块的数据结构尚不统一，集成性较差。

4）20 世纪 80 年代——CAD 技术的普及期

在这个时期，基于 PC 微机和工作站的 CAD 系统得到广泛使用；CAD 的新算法、新理论不断出现并迅速商品化，如基于 Coon（昆氏曲面）、Bezier（贝赛尔曲面）、NURBS（Non-Uniform Rational B-Splines，非统一有理 B 样条）等复杂曲面描述技术；实体建模（Solid Molding）技术趋于成熟，提供统一和确定的几何形体描述方法，并成为 CAD 软件系统的核心功能模块；采用统一的数据结构和工程数据库已成为 CAD 软件开发的趋势和现实；此时，CAD 系统的应用已开始从大型骨干企业向中小企业扩展，从发达国家向发展中国家扩展。

5）20 世纪 90 年代——CAD 技术集成化期

PC 微机加微软的 Windows 操作系统、工作站加 UNIX 操作系统、以太网（Ethernet）为主体的网络环境，构成了 CAD 系统的主流平台；CAD 系统图形功能日益增强，图形接口趋于标准化，GKS（Graphical Kernel System，图形核心系统）、IGES（the Initial Graphics Exchange Specification，初始化图形交换规范）、CGI（Common Gateway Interface，通用网关接口）、STEP（Standard for the Exchange of Product Model Data，产品模型数据交换标准）等标准及规范得到广泛的应用，实现了 CAD 系统之间、CAD 与 CAM 之间，以至 CAD 与其他计算机辅助集成 CAX 系统的信息兼容和数据共享；CAD 软件系统由单一功能向集成功能转变，软结构和软总线技术得到普遍应用，并与企业其他计算机辅助技术有机结合，构成计算机集成制造系统（CIMS）。

2.2.2　计算机辅助设计的关键技术

计算机辅助设计技术的特点和功能已被人们所接受，并广泛地应用于产品的设计和开发。而就 CAD 系统而言，其技术的实现涉及如下的关键技术。

1. 产品的几何造型技术

CAD 的几何造型过程也就是对被设计对象进行描述，并用合适的数据结构存储在计算机内，以建立计算机内部模型的过程。被设计对象的造型建模技术的发展，经历了线框模型、表面（曲面）模型、实体模型、特征模型、特征参数模型、产品数据模型的演变过程，主要模型类型如图 2-3 所示。

1）线框模型

线框模型由一系列空间直线、圆弧和点组合而成，用来描述产品的轮廓外形，如图 2-3（a）所示。这种模型曾广泛应用于工厂或车间布局、三视图生成、运动机构的模拟和有限元网络的自动生成等方面。但无法产生剖面图、消除隐藏线，以及求解两个形体间的交线，

也无法根据线框模型进行物性计算和数控加工指令的编制等作业。

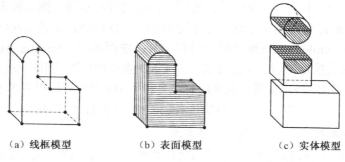

（a）线框模型　　　　（b）表面模型　　　　（c）实体模型

图 2-3　主要模型类型

2）表面模型

表面模型的数据结构是在线框模型的基础上，增加了面的信息和棱边的连接方向等内容。表面造型又分为"多边平面造型"和"曲面造型"两种。多边平面造型只能构建平面主体，描述能力不强，故较少采用，如图 2-3（b）所示。曲面造型则发展非常迅速，它可以用于构建具有复杂自由曲面和雕塑曲面的物体模型，如图 2-4 所示，因此广泛应用于汽车、飞机、船舶等制造工业中。常用的建模方法有贝塞尔（Beizer）曲面技术和 B 样条（B-Spline）曲面技术。表面模型能求解两个形体的交线、消除隐藏线等，但无法定义厚度及内部几何体，故无法生成形体的剖面图，以及进行物性计算。

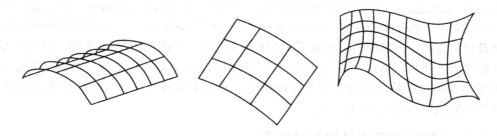

图 2-4　曲面造型典型模型

3）实体模型

实体模型较完整地反映了三维实体的几何信息，如图 2-3（c）所示，它既能消除隐藏线，产生有明暗效应的立体图像；又能进行物性计算，进行装配体或运动系统的空间干涉检查，进行有限元分析的前后处理，以及多至五轴的数控编程等作业。

常用的实体造型方法有"边界表示" B-rep（Boundary Representation）法和"构造实体几何" CSG（Constructive Solid Geometry）法。

边界表示法把一个物体看做是由有界的平面或曲面片子集构成的，每个面又通过它的边界边和顶点来组成，如图 2-5 所示，经过各种几何运算和操作，达到构成物体的目的。

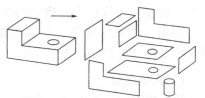

图 2-5　边界表示法实体模型

CSG 法的基本思想是认为任何几何形体都是由简单的"实体细胞"组成的，这种实体细胞可称为"体素"。CAD 系统中常用的体素有：长方体、圆柱、圆锥、球、圆台、楔、椭圆锥等。系统通过布尔运算可以将这些几何体素组成所需的物体。高档的 CAD 系统还允许用户根据需要自己定义一些参数化的几何体素。复杂的几何物体是由体素组成的，通过正实体、负实体的定义，二维多边形的扫描、移动、旋转、挖切和镜像等操作来实现物体的创建。图 2-6 就是用此方法生成的复杂零件图。

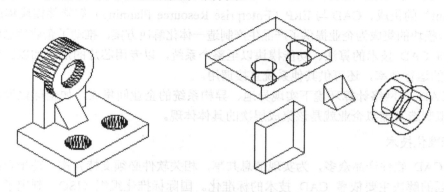

图 2-6　CSG 法实体模型

　　线框模型、表面（曲面）模型和实体模型缺少产品后续制造过程所需的工艺信息和管理信息。为了便于 CAD 技术与其他 CAX 系统的集成，出现了特征模型技术。

　　4）特征模型

　　所谓特征就是描述产品信息的集合，也是构成零部件设计与制造的基本几何体，它既能反映零件的几何信息，又能反映零件的加工工艺信息。常用的零件特征包括：形状特征、精度特征、技术特征、材料特征、装配特征等。与实体模型相比较，特征造型具有：① 能更好地表达统一完整的产品信息；② 能更好地体现设计意图，使产品模型便于理解和组织生产；③ 有助于加强产品设计、分析、加工制造、检验等各部门之间的联系。

　　因此，基于特征的建模技术更适合于 CAD/CAM 的集成和 CIMS 的建模需要。

　　2．单一数据库与相关性设计

　　单一数据库就是与设计相关的全部数据信息来自同一个数据库。所谓的相关性设计就是任何设计改动，都将及时地反映到设计过程的其他相关环节上。例如，修改二维零件工程图样中某个尺寸，则与该零件工程图样相关联的产品装配图、加工该零件的数控程序等也将会自动跟随更新；修改二维图样的左视图中某个尺寸，其主视图、俯视图及三维实体模型中相应的尺寸和形状也会随之变化。

　　建立在单一数据库基础上的产品开发，可以实现产品的相关性设计。单一数据库和相关性设计技术的应用，有利于减少设计中差错，提高设计质量，缩短开发周期。

　　3．CAD 与其他 CAX 系统的集成技术

　　CAD 技术为产品的设计开发提供了基本的数据化模型，然而，它只是计算机参与产品生产制造的一个环节。为了使产品生产后续的作业环节有效地利用 CAD 所构造的产品信息模型，充分利用已有的信息资源，提高综合生产效率，必须将 CAD 技术与其他 CAX 技术

进行有效的集成，包括 CAD/CAM 技术的集成、CAD 与 CIMS 其他功能系统的集成等。CAD 技术的主要功能是进行产品的设计造型，为其他功能系统提供共享的产品数据模型，成为 CIMS 或其他制造系统的基础和关键。

CAD 技术与其他 CAX 系统的集成，涉及产品的造型建模技术、工程数据的管理技术、数据交换接口技术等。CAD 技术的集成体现在以下几个方面：

（1）CAD 与 CAE 集成、CAD 与 CAPP/CAM 的集成、CAD 与 PDM（Product Data Managemont）的集成、CAD 与 ERP（Enterprise Resource Planning）等软件模块集成，CAD 与这些系统模块的集成为企业提供了产品生产制造一体化解决方案，推动了企业信息化进程。

（2）将 CAD 技术的算法、功能模块以至整个系统，以专用芯片的形式加以固化可提高 CAD 系统的运行效率，还可供其他系统直接调用。

（3）CAD 在网络计算环境下实现异地、异构系统的企业间集成，如全球化设计、虚拟设计、虚拟制造及虚拟企业就是该集成层次的具体体现。

4．标准化技术

由于 CAD 软件产品众多，为实现信息共享，相关软件必须支持异构、跨平台的工作环境。该问题的解决主要依靠 CAD 技术的标准化。国际标推化组织（ISO）制定了"产品数据模型交换标准"STEP（Standard for the Exchange of Product Model Data）。STEP 采用统一的数字化定义方法，涵盖了产品的整个生命周期，是 CAD 技术最新的国际标准。

目前，主流的 CAD 软件系统都支持 ISO 标准及其他工业标准，面向应用的标准构件及零部件库的标推化也成为 CAD 系统的必备内容，为实现信息共享创造了条件。

2.2.3　计算机辅助设计的主要特点

与传统的机械设计方法相比，无论在提高效率、改善设计质量方面，还是在降低成本、减轻劳动强度方面，CAD 技术都有着巨大的优越性。CAD 技术的主要特点如下：

（1）提高设计质量。计算机系统内存储了各种有关专业的综合性的技术知识、信息和资源，为产品设计提供科学基础。计算机与人交互作用，有利于发挥人机各自的特长，使产品设计更加合理化。CAD 采用的优化设计方法有助于某些工艺参数和产品结构的优化。另外，由于不同部门可利用同一数据库中的信息，保证了数据一致性。

（2）节省时间，提高设计效率。设计计算和图样绘制的自动化大大缩短了设计时间，CAD 和 CAM 的一体化可以显著缩短从设计到制造的周期，与传统的设计方法相比，其设计效率至少可提高 3～5 倍。

（3）较大幅度地降低成本。计算机的高速运算和绘图机的自动工作大大节省了劳动力，同时优化设计带来了原材料的节省。CAD 经济效益有些可以估算，有些则难以估算。由于采用 CAD/CAM 技术，生成准备时间缩短，产品更新换代加快，大大增强了产品在市场上的竞争力。

（4）减少设计人员工作量。将设计人员从烦琐的计算和绘图工作中解放出来，使其可以从事更多的创造性劳动。在产品设计中，绘图工作量约占全部工作量的 60%，在 CAD 过程中这一部分的工作由计算机完成，产生的效益十分显著。

当前，三维参数化 CAD 技术已成为广大科研人员的研究热门。三维 CAD 技术的主要

特点是设计直接以三维概念开始，是具有颜色、材料、形状、尺寸、相关零件、制造工艺等相关概念的三维实体，甚至是带有相当复杂的运动关系的三维实体。这种三维 CAD 技术，除了可以将技术人员的设计思想以最真实的模型在计算机上表现出来之外，还可以自动计算出产品体积、面积、质量和惯性大小等，以利于对产品进行强度、应力等各类力学性能分析。其中的参数不止代表设计对象的外观尺寸，而且具有实质上的物理意义。可以将体积、表面积等系统参数或密度、厚度等用户自定义参数加入设计构思中，从而来表达设计思想。三维参数化 CAD 技术不仅改变了设计的概念，并且将设计的便捷性向前推进了一大步。

2.2.4 计算机辅助设计软件的类别与主流软件

CAD 系统的软件分为三个层次：系统软件、支撑软件和应用软件。系统软件与硬件和操作系统环境相关，支撑软件主要指各种工具软件，应用软件指以支撑软件为基础的各种面向工程应用的软件，其中多数由各行业的工程设计人员开发。

1．系统软件

系统软件主要用于计算机管理、维护、控制及运行，以及计算机程序的翻译和执行，它分为以下几类。

（1）操作系统。操作系统的主要功能是管理文件及各种输入、输出设备。微机上常用的操作系统有 DOS、Windows、UNIX、OS/2 等。目前较为流行的是 Windows，它是 32 位多窗口、多任务操作系统，提供了对多媒体、网络的软件支持。工作站主要用 UNIX 操作系统，提供支持 X 协议的多窗口环境。

（2）编译系统。编译系统将高级语言编制的程序转换成可执行指令的程序。我们所熟知的高级语言，如 FORTRAN、BASIC、PASCAL、COBOL、LISP、C/C++，都有相应的编译程序或集成开发环境。

（3）图形接口及接口标准。为实现图形向设备的输出，必须向高级语言提供相应的接口程序（函数库）。Windows 的 CGI（Common Gateway Interface，公共网关接口）计算机图形接口编码，面向应用软件开发，先后推出了 GKS（Graphical Kemel System，图形核心系统）、GKS-3D（Graphical Kemel System-3D，三维图形核心系统）、PHIGS（Programmer's Hierarchical Interactive Graphics System，程序员层次交互式图形系统）、GL/OPENGL（Graphics Library/Open Graphics Library，图形接口/开放式图形接口）等图形接口标准。利用这些标准所提供的接口函数，应用程序可以方便地输出二维和三维图形。在各种以图形为基础的 CAD 软件相继推出后，为了满足不同应用系统产品数据模型的交换，制定了 IGES、DXF（Drawing Interchange Format，绘图交换格式）、STEP 等图形（产品）信息交换标准。

2．支撑软件

支撑软件是在系统软件的基础上开发的满足 CAD 用户一些共同需要的通用软件或工具软件，它是 CAD 软件系统的核心。

1）计算机分析软件

这类软件主要用于解决工程设计中的各种数值计算和分析。主要有：

（1）常用数学方法库及其可视化软件。

（2）有限元分析软件。目前，有限元理论和方法已趋于成熟，除弹性力学和流体力学外，也应用于流动分析、电磁场分析等方面。商品化的有限元分析软件很多，如SAP5、ADINA、NASTRAN、ANSYS、COSMOS 等，一些软件还具有较强的前后置处理功能。

（3）优化设计软件。优化设计建立在最优化数学理论和现代计算技术的基础上，通过迭代寻求设计的最优方案。已有不少成熟的优化程序库，如 IBM 公司的 ODL，我国自主版权的"优化方法程序库 OPB-2"等。

2）集成化 CAD/CAM 软件

在二维和三维图形方式下，集成化 CAD/CAM 软件可进行产品及其零件的定义。早期的软件主要致力于实现交互式绘图，如 CADAM、AutoCAD、MEDUSA 的早期版本均主要以二维交互式绘图为主。20 世纪 80 年代中期开始，实体造型技术日趋完善，不少 CAD 系统转向采用实体造型技术定义产品零件的几何模型，进行分析、数控加工、输出工程图等。

目前较流行的 CAD 集成系统有：美国 PTC（Parametric Technology Corporation）公司的 Pro/Engineer、美国麦道飞机公司的 UG（Unigraphics）、Autodesk 公司的 AutoCAD 及MDT，国内 CAD/CAM 系统有中国科学院北京软件工程研制中心开发的参数智能化 CAD系统 PICAD、高华计算机有限公司开发研制的集成智能化 CAD 系统、清华大学和华中理工大学共同开发的 CAD-MLS、北京北航海尔软件有限公司的 CAXA、CAXA-ME 软件等。

3）数据库管理系统（DBMS）

数据库管理系统用于管理庞大的数据信息，提供数据的增删、查询、共享、安全维护等操作，是用户与数据之间的接口。数据库管理系统使用三种数据模型，即层次模型、网状模型、关系模型。目前流行的数据库管理系统有 DBASE、FOXBASE、FOXPRO、ORACLE、SYBASE 等。

4）网络软件

采用微机和工作站局域网形式的 CAD 系统已成为 20 世纪 90 年代 CAD 软硬件配置的首选方案。网络服务软件为这些系统在网络上传输和共享文件提供了条件。最常用的是Novell 公司的 NETWARE，它包括服务器操作系统、文件服务器软件、通信软件等。Microsoft 的 Windows 95 以上环境下可直接支持绝大多数的网络互联服务。

3．应用软件

应用软件是在系统软件、支撑软件的基础上，针对某一专门应用领域的需要而研制的软件。这类软件通常由用户结合当前设计工作需要自行开发，也称"二次开发"。例如，模具设计软件、电器设计软件、机械零件设计软件、飞机气流分析软件等均属应用软件。

专家系统也是一种应用软件。在设计过程中有相当一部分工作不是计算或绘图，而是依赖领域专家丰富的实践经验和专门知识，经过专家们思考、推理和判断才能够完成。使计算机模拟专家解决问题的工作过程而编制的智能型计算机程序称为专家系统。

2.3 有限元分析

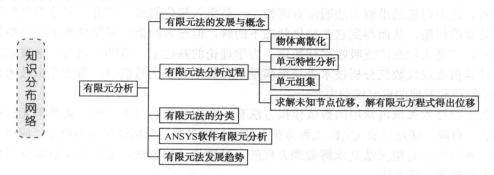

2.3.1 有限元法的发展与概念

1. 有限元法的发展历程

有限元法 FEM（Finite Element Method）基本思想的提出，可以追溯到 Courant 在 1943 年的工作，他第一次尝试应用定义在三角形区域的分片连续函数和最小势能原理求解圣维男（st.Venant）扭转问题。但由于当时没有计算机这一工具，没能用来分析工程实际问题，因而未得到重视和发展。

现代有限元法第一个成功的尝试，是将刚架位移法推广应用于弹性力学平面问题，这是 Turner、Clough 等人在分析飞机结构时于 1956 年得到的成果。他们第一次给出了用三角形单元求平面应力问题的正确解答，他们的研究打开了计算机求解复杂问题的新局面。1960 年 Clough 将这种方法命名为有限元法。

1963 至 1964 年，Besseling、Melosh、和 Jones 等人证明了有限元法是基于变分原理的里兹（Ritz）法的另一种形式，从而使里兹法分析的所有理论基础都适用于有限元法，确认了有限元法是处理连续介质问题的一种普遍方法。利用变分原理建立有限元方程和经典里兹法的主要区别是，有限元法假设的近似函数不是在全求解域上规定的，而是在单元上规定的，而且事先不要求满足任何边界条件，因此它可以用来处理很复杂的连续介质问题。

有限元法在工程中应用的巨大成功，引起了数学界的关注。在 20 世纪六七十年代，数学工作者对有限元的误差、解的收敛性和稳定性等方面进行了卓有成效的研究，从而巩固了有限元法的数学基础。我国数学家冯康，在 20 世纪 60 年代研究变分问题的差分格式时，也独立地提出了分片插值的思想，为有限元法的创立做出了贡献。

50 多年来，有限元法的应用已由弹性力学平面问题扩展到空间问题、板壳问题，由静力平衡问题扩展到稳定问题、动力问题和波动问题。分析的对象从弹性材料扩展到塑性、粘弹性、粘塑性和复合材料等，从固体力学扩展到流体力学、传热学等连续介质力学领域。在工程分析中的作用已从分析和校核扩展到优化设计，并与计算机辅助设计技术相结合。可以预计，随着现代力学、计算数学和计算机技术等学科的发展，有限元法作为一个具有巩固理论基础和广泛应用效力的数值分析工具，必将在国民经济建设和科学技术发展中发挥更大的作用，其自身亦将得到进一步的发展和完善。

2．有限元法的概念

对于大多数的工程技术问题，由于物体的结构形状复杂或者某些特征是非线性的，很少有解析解。这类问题的求解方法通常有两种：一是引入简化假设，将方程和边界条件简化为能够处理的问题，从而得到它在简化状态下的解，但过多的简化可能导致不正确的甚至错误的解；二是人们在广泛吸收现代数学、力学理论的基础上，借助于现代科学技术的产物——计算机及现代数值分析技术来获得满足工程技术要求的数值解，数值模拟技术是现代工程学形成和发展的重要推动力之一。

目前在工程技术领域内常用的数值模拟方法有：有限元法、边界元法、离散单元法和有限差分法。有限元法是目前 CAE 工程分析系统中使用最多、分析计算能力最强、应用领域最广的一种方法。有限元法是求解数理方程的一种数值计算方法，是解决工程实际问题的一种有力的数据计算工具。

有限元法，也称为有限单元法或有限元素法，基本思想是将物体（即连续求解域）离散成有限个且按一定方式相互联结在一起的单元组合，来模拟或逼近原来的物体，从而将一个连续的无限自由度问题简化为离散的有限自由度问题求解的数值分析法。

物体被离散后，通过对其中各个单元进行单元分析，最终得到对整个物体的分析。网络划分中每个小的块体称为单元。确定单元形状、单元之间相互联结的点称为节点。单元上节点处的结构内力为节点力，外力（有集中力、分布力等）为节点载荷。

有限元法是 20 世纪中叶电子计算机诞生之后，在计算数学、计算力学和计算工程科学领域里最有效的计算方法。目前，它在许多学科领域和实际工程问题中都得到了广泛的应用，因此在工科院校和工业界受到普遍的重视。

2.3.2　有限元法分析过程

有限元法把求解区域看做由于许多小的在节点处相互连接的子域（单元）所构成，其模型给出基本方程的分片（子）近似解。由于单元可以被分割成各种形状和大小不同的尺寸，所以它能很好地适应复杂的几何形状、复杂的材料特性和复杂的边界条件。再加上有成熟的大型软件系统支持，使其已逐渐成为一种非常受欢迎的、应用极广的数值计算方法。有限元法分析计算的思路和做法可归纳如下。

1．物体离散化

将某个工程结构离散为由各种单元组成的计算模型，这一步称做单元剖分。离散后单元与单元之间利用单元的节点相互连接起来；单元节点的设置、性质、数目等应根据问题的性质，描述变形形态的需要和计算进度而定（一般情况单元划分越细则描述变形情况越精确，即越接近实际变形，但计算量越大）。所以有限元中分析的结构已不是原有的物体或结构物，而是由众多单元以一定方式连接成的离散物体。这样，用有限元分析计算所获得的结果只是近似的。如果划分单元数目非常多而又合理，则所获得的结果就与实际情况相符合。

2．单元特性分析

1）选择位移模式

在有限单元法中，选择节点位移作为基本未知量时称为位移法；选择节点力作为基本

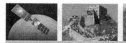

未知量时称为力法；取一部分节点力和一部分节点位移作为基本未知量时称为混合法。位移法易于实现计算自动化，所以，在有限单元法中位移法应用范围最广。

2）分析单元的力学性质

根据单元的材料性质、形状、尺寸、节点数目、位置及其含义等，找出单元节点力和节点位移的关系式，这是单元分析中的关键一步。此时需要应用弹性力学中的几何方程和物理方程来建立力和位移的方程式，从而导出单元刚度矩阵，这是有限元法的基本步骤之一。

3）计算等效节点力

物体离散化后，假定力是通过节点从一个单元传递到另一个单元。但是，对于实际的连续体，力是从单元的公共边传递到另一个单元中去的。因而，这种作用在单元边界上的表面力、体积力和集中力都需要等效地移到节点上去，也就是用等效的节点力来代替所有作用在单元上的力。

3．单元组集

利用结构力的平衡条件和边界条件把各个单元按原来的结构重新连接起来，

4．求解未知节点位移，解有限元方程式得出位移

通过上述分析，可以看出，有限单元法的基本思想是"一分一合"，分是为了进行单元分析，合则为了对整体结构进行综合分析。

2.3.3　有限元法的分类

1．线弹性有限元法

线弹性有限元法以理想弹性体为研究对象，所考虑的变形建立在小变形假设的基础上。在这类问题中，材料的应力与应变呈线性关系，满足广义胡克定律；应变与位移也是线性关系。线弹性有限元问题归结为求解线性方程组问题，所以只需要较少的计算时间。如果采用高效的代数方程组求解方法，也有助于降低有限元分析的时间。

线弹性有限元一般包括线弹性静力分析与线弹性动力分析两个主要内容。学习这些内容需具备材料力学、弹性力学、结构力学、数值方法、矩阵代数、算法语言、振动力学、弹性动力学等方面的知识。

2．非线性有限元法

非线性有限元问题与线弹性有限元问题有很大不同，主要表现在如下三个方面：

（1）非线性问题的方程是非线性的，因此一般需要迭代求解；

（2）非线性问题不能采用叠加原理；

（3）非线性问题不总有一致解，有时甚至没有解。

以上三方面的因素使非线性问题的求解过程比线弹性问题更加复杂、费用更高和更具有不可预知性。

2.3.4　ANSYS 软件有限元分析

ANSYS 软件是融结构、流体、电场、磁场、声场分析于一体的大型通用有限元分析软

件。由世界上最大的有限元分析软件公司之一的美国 ANSYS 公司开发，它能与多数 CAD 软件接口，实现数据的共享和交换，如 Pro/Engineer、NASTRAN、ALOGOR、iDeaS、AutoCAD 等，是现代产品设计中的高级 CAE 工具之一。

ANSYS 有限元软件包是一个多用途的有限元法计算机设计程序，可以用来求解结构、流体、电力、电磁场及碰撞等问题。因此它可应用于以下工业领域：航空航天、汽车工业、生物医学、桥梁、建筑、电子产品、重型机械、微机电系统、运动器械等。

1．软件部分

软件主要包括三个部分：前处理模块、分析计算模块和后处理模块。

前处理模块提供了一个强大的实体建模及网格划分工具，用户可以方便地构造有限元模型；分析计算模块包括结构分析（可进行线性分析、非线性分析和高度非线性分析）、流体动力学分析、电磁场分析、声场分析、压电分析以及多物理场的耦合分析，可模拟多种物理介质的相互作用，具有灵敏度分析及优化分析能力；后处理模块可将计算结果以彩色等值线显示、梯度显示、矢量显示、粒子流迹显示、立体切片显示、透明及半透明显示（可看到结构内部）等图形方式显示出来，也可将计算结果以图表、曲线形式显示或输出。

软件提供了 100 种以上的单元类型，用来模拟工程中的各种结构和材料。该软件有多种不同版本，可以运行在从个人机到大型机的多种计算机设备上，如 PC、SGI、HP、SUN、DEC、IBM、CRAY 等。

1）前处理

（1）实体建模

ANSYS 程序提供了两种实体建模方法：自顶向下与自底向上。自顶向下进行实体建模时，用户定义一个模型的最高级图元，如球、棱柱，称为基元，程序则自动定义相关的面、线及关键点。用户利用这些高级图元直接构造几何模型，如二维的圆和矩形以及三维的块、球、锥和柱。无论使用自顶向下还是自底向上方法建模，用户均能使用布尔运算来组合数据集，从而"雕塑出"一个实体模型。ANSYS 程序提供了完整的布尔运算，诸如相加、相减、相交、分割、粘结和重叠。在创建复杂实体模型时，对线、面、体、基元的布尔操作，能减少相当可观的建模工作量。ANSYS 程序还提供了拖拉、延伸、旋转、移动、延伸和拷贝实体模型图元的功能。附加的功能还包括：圆弧构造，切线构造，通过拖拉与旋转生成面和体，线与面的自动相交运算，自动倒角生成，用于网格划分的硬点的建立、移动、拷贝和删除。自底向上进行实体建模时，用户从最低级的图元向上构造模型，即用户首先定义关键点，然后依次是相关的线、面、体。

（2）网格划分

ANSYS 程序提供了使用便捷、高质量的对 CAD 模型进行网格划分的功能。包括四种网格划分方法：延伸划分、映像划分、自由划分和自适应划分。延伸网格划分可将一个二维网格延伸成一个三维网格。映像网格划分允许用户将几何模型分解成简单的几部分，然后选择合适的单元属性和网格控制，生成映像网格。ANSYS 程序的自由网格划分功能是十分强大的，可对复杂模型直接划分，避免了用户对各个部分分别划分然后进行组装时各部分网格不匹配带来的麻烦。自适应网格划分是在生成了具有边界条件的实体模型以后，用户指示程序自动地生成有限元网格，分析、估计网格的离散误差，然后重新定义网格大

小，再次分析、计算、估计网格的离散误差，直至误差低于用户定义的值或达到用户定义的求解次数。

同级别的软件还有 ADINA、ABAQUS、MSC 等，ADINA 和 ABAQUS 在非线性计算功能方面比 ANSYS 强，ABAQUS 没有流体计算模块，ADINA 不能做电磁分析，但是 ADINA 是做流固耦合最好的软件。

（3）施加载荷

在 ANSYS 中，载荷包括边界条件和外部或内部作应力函数，在不同的分析领域中有不同的表征，但基本上可以分为 6 大类：自由度约束、力（集中载荷）、面载荷、体载荷、惯性载荷，以及耦合场载荷。

① 自由度约束（DOF Constraints）：将给定的自由度用已知量表示。例如在结构分析中约束是指位移和对称边界条件，而在热力学分析中则指的是温度和热通量平行的边界条件。

② 力（集中载荷）（Force）：是指施加于模型节点上的集中载荷或者施加于实体模型边界上的载荷。例如结构分析中的力和力矩，热力分析中的热流速度，磁场分析中的电流段。

③ 面载荷（Surface Load）：是指施加于某个面上的分布载荷。例如结构分析中的压力，热力学分析中的对流和热通量。

④ 体载荷（Body Load）：是指体积或场载荷。例如需要考虑的重力，热力分析中的热生成速度。

⑤ 惯性载荷（Inertia Loads）：是指由物体的惯性而引起的载荷。例如重力加速度、角速度、角加速度引起的惯性力。

⑥ 耦合场载荷（Coupled-field Loads）：是一种特殊的载荷，是考虑到一种分析的结果，并将该结果作为另外一个分析的载荷。例如将磁场分析中计算得到的磁力作为结构分析中的力载荷。

2）后处理

ANSYS 程序提供两种后处理器：通用后处理器和时间历程后处理器。

（1）通用后处理器也简称为 POST1，用于分析处理整个模型在某个载荷步的某个子步、或者某个结果序列、或者某特定时间或频率下的结果，例如结构静力求解中载荷步 2 的最后一个子步的压力，或者瞬态动力学求解中时间等于 6 秒时的位移、速度与加速度等。

（2）时间历程后处理器也简称为 POST26，用于分析处理指定时间范围内模型指定节点上的某结果项随时间或频率的变化情况，例如在瞬态动力学分析中结构某节点上的位移、速度和加速度从 0 秒到 10 秒之间的变化规律。

后处理器处理可以处理的数据类型有两种：一是基本数据，是指每个节点求解所得自由度解，对于结构求解为位移张量，其他类型求解还有热求解的温度、磁场求解的磁势等，这些结果项称为节点解；二是派生数据，是指根据基本数据导出的结果数据，通常是计算每个单元的所有节点、所有积分点或质心上的派生数据，所以也称为单元解。不同分析类型有不同的单元解，对于结构求解有应力和应变等，其他如热求解的热梯度和热流量、磁场求解的磁通量等。

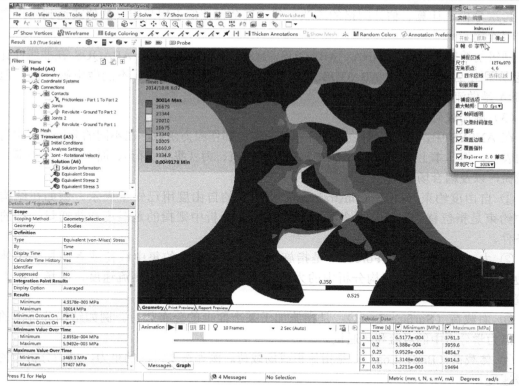

图 2-7　ANSYS 分析

用 ANSYS 对微小模数圆柱齿轮副的有限元分析如图 2-7 所示。

2. 分析类型

1）结构静力分析

用来求解外载荷引起的位移、应力和力。静力分析很适合求解惯性和阻尼对结构的影响并不显著的问题。ANSYS 程序中的静力分析不仅可以进行线性分析，而且也可以进行非线性分析，如塑性、蠕变、膨胀、大变形、大应变及接触分析。

2）结构动力学分析

结构动力学分析用来求解随时间变化的载荷对结构或部件的影响。与静力分析不同，动力分析要考虑随时间变化的力载荷以及它对阻尼和惯性的影响。ANSYS 可进行的结构动力学分析类型包括：瞬态动力学分析、模态分析、谐波响应分析及随机振动响应分析。

3）结构非线性分析

结构非线性导致结构或部件的响应随外载荷不成比例变化。ANSYS 程序可求解静态和瞬态非线性问题，包括材料非线性、几何非线性和单元非线性三种。

4）动力学分析

ANSYS 程序可以分析大型三维柔体运动。当运动的积累影响起主要作用时，可使用这些功能分析复杂结构在空间中的运动特性，并确定结构中由此产生的应力、应变和变形。

5）热分析

程序可处理热传递的三种基本类型：传导、对流和辐射。热传递的三种类型均可进行稳态和瞬态、线性和非线性分析。热分析还具有可以模拟材料固化和熔解过程的相变分析能力以及模拟热与结构应力之间的热—结构耦合分析能力。

6）电磁场分析

主要用于电磁场问题的分析，如电感、电容、磁通量密度、涡流、电场分布、磁力线分布、力、运动效应、电路和能量损失等。还可用于螺线管、调节器、发电机、变换器、磁体、加速器、电解槽及无损检测装置等的设计和分析领域。

7）流体动力学分析

ANSYS 流体单元能进行流体动力学分析，分析类型可以为瞬态或稳态。分析结果可以是每个节点的压力和通过每个单元的流率。并且可以利用后处理功能产生压力、流率和温度分布的图形显示。另外，还可以使用三维表面效应单元和热—流管单元模拟结构的流体绕流并包括对流换热效应。

8）声场分析

程序的声学功能用来研究在含有流体的介质中声波的传播，或分析浸在流体中的固体结构的动态特性。这些功能可用来确定音响话筒的频率响应，研究音乐大厅的声场强度分布，或预测水对振动船体的阻尼效应。

9）压电分析

用于分析二维或三维结构对 AC（交流）、DC（直流）或任意随时间变化的电流或机械载荷的响应。这种分析类型可用于换热器、振荡器、谐振器、麦克风等部件及其他电子设备的结构动态性能分析。可进行四种类型的分析：静态分析、模态分析、谐波响应分析、瞬态响应分析。

2.3.5　有限元法发展趋势

目前，有限元结构分析趋向于分析系统，而不仅仅局限于零部件的分析。更高性能的计算机和更强大的有限元软件的出现，使工程师们能够建立更大、更精确、更复杂的模型，从而为用户提供及时、费用低廉、准确、信息化的解决方案。随着计算机技术的发展，特别是有限元高精度理论的完善和应用，有限元分析由静态向动态、线性向非线性、简单模型向复杂系统，逐步地扩大应用范围。

1．求解能力更强大

增加有限元模型几何细节会加强模拟模型与实际结构之间的联系。在实际中，模拟所需要的计算机资源较大，决定有限元模拟规模大小的因素是几何离散化程度（节点数和单元数等）和所用材料模型的计算复杂性。20 世纪 90 年代，国外对发动机曲轴进行了大约 80 万自由度线性分析，2001 年则采用了 500 万自由度的模型对活塞组件做非线性模拟。随着计算机技术和有限元技术的发展，在不久的将来，模型可以达到 1 亿自由度甚至更大。

2. 分析的分界线越来越模糊

在应力和运动的模拟分析之间，传统的分界线将越来越模糊。能做运动模拟分析的软件也能用于分析结构，如 ANSYS 就是集结构、动力学、温度场、流体力学和磁场于一体的分析软件。同时，相同模型用于多种分析将引起人们的重视。在汽车工业中，相同模型可用于结构静力学和动力学分析，耦合场分析是这种趋势的最明显体现。

3. 系统分析

系统分析的出现，使得整个系统、子系统和零部件之间的关系需要综合考虑，它们之间的影响具有层次性，各零部件之间的影响将表现在整个系统分析中。分析某一零件时，为考虑其他零件刚度的影响和力的传递，在计算模型中应该包括相关的其他零件。另外，为了达到对系统整体性能了解的要求，还应该进行系统内部装配件分析。

2.4 并行设计

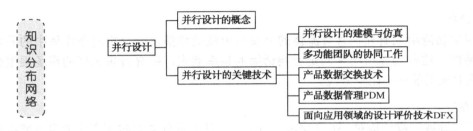

2.4.1 并行设计的概念

并行设计 CD（ConcurrentDesign） 是一种对产品及其相关过程（包括设计制造过程和相关的支持过程）进行并行和集成设计的系统化工作模式。与传统的串行设计相比，并行设计更强调在产品开发的初期阶段，要求产品的设计开发者从一开始就要考虑产品整个生命周期（从产品的工艺规划、制造、装配、检验、销售、使用、维修到产品的报废为止）的所有环节，建立产品寿命周期中各个阶段性能的继承和约束关系及产品各个方面属性间的关系，以追求产品在寿命周期全过程中其性能最优。通过产品每个功能设计小组，使设计更加协调，使产品性能更加完善。从而更好地满足客户对产品综合性能的要求，并减少开发过程中产品的反复，进而提高产品的质量、缩短开发周期，并大大地降低产品的成本。

并行设计是充分利用现代计算机技术、现代通信技术和现代管理技术来辅助产品设计的一种现代产品开发模式。它站在产品设计、制造全过程的高度，打破传统的部门分割、封闭的组织模式，强调多功能团队的协同工作，重视产品开发过程的重组和优化。并行设计又是一种集成产品开发全过程的系统化方法，它要求产品开发人员从设计一开始即考虑产品生命周期中的各种因素。它通过组建由多学科人员组成的产品开发队伍，改进产品开发流程，利用各种计算机辅助工具等手段，使产品开发的早期阶段能考虑产品生命周期中的各种因素，以提高产品设计、制造的一次成功率。

并行设计工作模式是在产品设计的同时考虑其相关过程，包括加工工艺、装配、检测、质量保证、销售、维护等。在并行设计中，产品开发过程的各阶段工作交叉进行，及早发现与其相关过程不相匹配的地方，及时评估、决策，以达到缩短新产品开发周期、提高产品质量、降低生产成本的目的。并行设计模式如图 2-8 可见，每一个设计步骤都可以在前面的步骤完成之前就开始进行，尽管这时所得到的信息并不完备，但相互之间的设计输出与传送是持续的。设计的每一阶段完成后，就将信息输出给下一个阶段，使得设计在全过程中逐步得到完善，以避免或减少产品开发到后期才发现设计中的问题，以至再返回到设计初期进行修改。与传统的串行设计模式相比，并行设计中同一时刻内可容纳更多的设计活动，使设计活动尽可能地并行进行，以此来减少整个设计过程的时间。

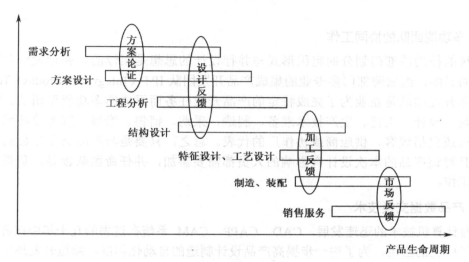

图 2-8　并行设计模式

并行设计是以各学科、专业和职能部门人员组成多功能产品开发小组的组织模式，在产品开发过程中采用群体协同工作方式进行产品开发。在设计过程中，从不同的角度及时对方案设计、工程设计、详细设计进行评价和决策，及时产生阶段性结论，并及时反馈评估结论信息，产品开发多功能小组将根据反馈信息及时修改设计。并行设计方法正是通过多次的"设计—评估—再设计"的循环来获得最终产品及其过程的设计。

产品设计是制造过程中首要和关键的环节，产品设计可决定产品最终成本的 80%以上。产品缺乏创新、设计质量不高、产品开发时间冗长、设计过程缺乏各方面的参与、设计过程与制造过程脱节等问题，使得产品上市时间长、产品功能不能适应市场变化，这些是企业缺乏竞争力的主要原因，而这些恰恰是并行设计所要解决的问题。建立面向产品并行设计的综合评价系统，对并行设计做综合评价与分析，为产品并行设计的决策提供了理论依据，增强了并行设计的可操作性，从而使得产品设计更有助于企业提高产品质量、缩短产品研制开发周期、降低产品整个生命周期的成本、提高产品的市场竞争力，具有十分重要的理论意义和现实意义。

2.4.2　并行设计的关键技术

1. 并行设计的建模与仿真

并行设计与传统产品开发方式的本质区别在于它把产品开发的各个活动视为一个集成

的过程，从全局优化的角度出发对该集成过程进行管理和控制，并且对已有的产品开发过程进行不断的改进与提高，这种方法被称为产品开发过程重组（Product Development Process Re-engineering）。将产品开发过程从传统的串行产品开发流程转变成集成的、并行的产品开发过程，首先要有一套对产品开发过程进行形式化描述的建模方法。这个模型应该能描述产品开发过程的各个活动以及这些活动涉及到的产品、资源和组织情况以及它们之间的联系。设计者用这个模型来描述现行的串行产品开发过程和未来的并行产品开发过程，即并行化过程重组的工作内容和目标。并行工程过程建模是并行工程实施的重要基础。

2．多功能团队的协同工作

传统的按功能部门划分的组织形式与并行设计的思想是相悖的。并行设计要求打破部门间的界限，组成跨部门多专业的集成产品开发团队 IPT（Integrated Product Team）。集成产品开发团队是企业为了完成特定的产品开发任务而组成的多功能型团队。它包括来自市场、设计、工艺、生产技术准备、制造、采购、销售、维修、服务等各部门的人员，有时还包括顾客、供应商或协作厂的代表。总之，只要是与产品整个生命周期有关的，而且对该产品的本次设计有影响的人员都需要参加，并任命团队领导，负责整个产品开发工作。

3．产品数据交换技术

随着计算机技术的迅速发展，CAD、CAPP、CAM 系统在过去的几十年中在各自的领域得到了广泛的应用。为了进一步提高产品设计制造的自动化程度，缩短开发周期，需要实现 CAD/CAPP/CAM 系统的集成。而实现 CAD/CAPP/CAM 系统集成的关键是 CAD、CAPP、CAM 系统间的产品数据交换和数据共享。因此，有必要建立一个统一的、支持不同应用系统的产品信息描述和交换标准，即产品描述和交换规范。为了解决产品信息交换中存在的问题，国际标准化组织（ISO）制定了产品数据表达与交换标准 STEP（Standard for the Exchange of Product Model Data）。

4．产品数据管理 PDM

企业信息化是将企业的生产过程、物料移动、事务处理、现金流动、客户交互等业务过程数字化，通过信息系统和网络环境加工生成新的信息资源，提供给各层次的人们，以作出有利于生产要素组合优化的决策，使企业资源合理配置，适应瞬息万变的市场经济竞争环境，以达到获取最大经济效益的目的。产品数据管理 PDM（Product Data Management）技术是企业信息化的重要组成部分，PDM 在提高企业效率、提高企业竞争力方面的杰出表现，使得越来越多的企业开始应用或者准备实施 PDM。

5．面向应用领域的设计评价技术 DFX

DFX 是 Design for X 的缩写，其中 X 可以代表产品生命周期中某一环节，如装配、加工、使用、维护、回收、报废等，也可以代表产品竞争或决定产品竞争力的因素，如质量、成本、时间等。典型的 DFX 方法包括面向装配的设计 DFA、面向制造的设计 DFM、面向成本的设计 DFC、面向环保的设计 DFE 等。

2.5　反求工程

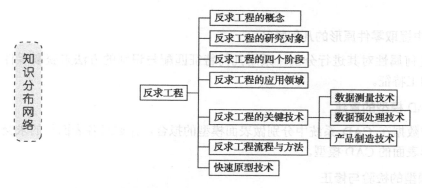

```
知识分布网络
                    ┌─ 反求工程的概念
                    ├─ 反求工程的研究对象
                    ├─ 反求工程的四个阶段
                    ├─ 反求工程的应用领域
          反求工程 ─┤                      ┌─ 数据测量技术
                    ├─ 反求工程的关键技术 ─┼─ 数据预处理技术
                    │                      └─ 产品制造技术
                    ├─ 反求工程流程与方法
                    └─ 快速原型技术
```

2.5.1　反求工程的概念

反求工程（Reverse Engineering）这一术语起源于 20 世纪 60 年代，但对它从工程的广泛性去研究、从反求的科学性进行深化，还是从 20 世纪 90 年代初刚刚开始的。反求工程类似于反向推理，属于逆向思维体系。它以社会方法学为指导，以现代设计理论、方法、技术为基础，运用各种专业人员的工程设计经验、知识和创新思维，对已有的产品进行解剖、分析、重构和再创造。在工程设计领域，它具有独特的内涵，可以说它是对设计的设计。

反求工程技术是测量技术、数据处理技术、图形处理技术和加工技术相结合的一门综合性技术。随着计算机技术的飞速发展和上述单元技术的逐渐成熟，近年来在新产品设计开发中愈来愈多地应用反求工程技术。因为在产品开发过程中需要以实物（样件）作为设计依据参考模型或作为最终验证依据时尤其需要应用该项技术，所以在汽车、摩托车的外形覆盖件和内装饰件的设计，家电产品外形设计，艺术品复制过程中，反求工程技术的应用尤为重要与迫切。

反求工程是将数据采集设备获取的实物样件表面或表面及内腔数据，输入专门的数据处理软件或带有数据处理能力的三维 CAD 软件进行处理和三维重构，在计算机上复现实物样件的几何形状，并在此基础上进行原样复制、修改或重设计，该方法主要用于对难以精确表达的曲面形状或未知设计方法的构件形状进行三维重构和再设计。

2.5.2　反求工程的研究对象

反求工程技术的研究对象多种多样，所包含的内容也比较多，主要可分为以下三大类。

（1）实物类：主要是指先进产品设备的实物本身；

（2）软件类：包括先进产品设备的图样、程序、技术文件等；

（3）影像类：包括先进产品设备的图片、照片或以影像形式出现的资料。

2.5.3　反求工程的四个阶段

反求工程（逆向工程）一般可分为以下四个阶段。

1．零件原形的数字化

通常采用三坐标测量机（CMM）或激光扫描仪等测量装置，来获取零件原形表面点的三维坐标值。

2．从测量数据中提取零件原形的几何特征

按测量数据的几何属性对其进行分割，采用几何特征匹配与识别的方法来获取零件原形所具有的设计与加工特征。

3．零件原形 CAD 模型的重建

将分割后的三维数据在 CAD 系统中分别做表面模型的拟合，并通过各表面片的求交与拼接，获取零件原形表面的 CAD 模型。

4．重建 CAD 模型的检验与修正

根据获得的 CAD 模型重新测量和加工出样品，来检验重建的 CAD 模型是否满足精度或其他试验性能指标的要求，对不满足要求者重复以上过程，直至达到零件的逆向工程设计要求。

2.5.4 反求工程的应用领域

反求工程在实际应用中有十分广泛的需求。概括起来，反求工程可以在以下诸多方面发挥重要作用。

1．新产品的开发和改型设计

在汽车车身形状等初步设计中，通常是用木模、泥模做成模型，这样易于设计师创作和修改。一旦定型，就可采用反求技术将其转化为 CAD 模型，进而用于制造和加工。当零件制成后，如果需要重新修改可再对零件修改定型后，采用反求技术重构其 CAD 模型并更新其相应的数据库。这样，不但可以充分利用 CAD 技术的优势，还能适应智能化、集成化的产品设计制造过程中的信息交换需要。

2．产品仿制

在缺少零件工程图纸和其 CAD 模型情况下，可利用反求工程中基于 CMM（Coordinate Measuring Machine）测量的若干关键技术，使用反求技术重构其 CAD 模型，并在此基础上进行后续的操作，如模型的修改、零件设计、有限元分析、误差分析、数控加工指令生成等，最终实现产品的仿制和改进。运用反求工程进行产品仿制可以吸收先进的设计制造成果，从而使产品设计起点高、周期短、见效快。但为提高产品的质量和竞争力，对已有的产品再设计、再创新才是实施反求工程的目标。目前，在我国经济技术快速发展，以及计算机辅助技术被广泛采用的情况下，反求工程在新技术和新产品的消化、吸收及创新过程中起着不可替代的作用，被广泛地用于摩托车、家用电器、玩具等产品外形的修复、改造和创新设计，提高了产品的市场竞争力。

3．产品质量数字化检测

很多反求技术方法是由产品检验技术发展而来的，现在又反过来促进了快速质量检验

技术的发展。对于加工后的零部件进行扫描测量，利用反求工程中的曲面重构技术构造 CAD 模型，将该模型与原始设计的几何模型在计算机上进行数据比较，可以检测制造误差，提高检测精度。另外，将 CT 测量技术和反求工程的曲面重构技术相结合，还可以对产品进行对象测量、内部结构诊断及量化分析等，从而实现无损检测。

4．用于快速原型制造

快速原型综合了机械、CAD、数控、激光及材料科学等多种技术，可以快速、准确地将设计思想转变为具有一定功能的原型或零件，以便进行快速评估、修改及功能测试。从而大大缩短产品的研制周期及开发费用，加快新产品推向市场的进程。快速原型制造已成为新产品设计、开发和生产的有效手段，其制作过程是在 CAD 模型的直接驱动下进行的，反求工程恰好为其提供了 CAD 模型。两者相结合组成产品测量、建模、修改、再测量的闭环系统，可实现快速测量、设计、制造、修改的反复迭代，一方面可以提高产品开发的效率，另一方面可以实现早期验证产品质量和评估市场反应。

2.5.5　反求工程的关键技术

反求工程的关键技术包括以下几方面。

1．数据测量技术

反求工程中数据测量方法主要分为两种：一种是传统的接触式测量法，如三坐标测量机法；另一种是非接触测量法，如投影光栅法、激光三角形法、工业 CT 法、核磁共振法（MRI）、自动断层扫描法等。只有获取了高质量的三维坐标数据，才能生成准确的几何模型。所以，测量方法的选取是反求工程中一个非常重要的问题。

2．数据预处理技术

对得到的测量数据在 CAD 模型重构之前应进行数据预处理，主要是为了排除噪声数据和异常数据、精简和归并冗余数据，通常包括：① 噪声点过滤；② 数据点分区；③ 数据点精简；④ 数据点平滑。

3．模型重构及产品制造技术

通过重构产品零件的 CAD 模型，在探询和了解原设计技术的基础上，实现对原型的修改和再设计，以达到设计创新、产品更新的目的，同时也可以完成产品或模具的制造。

2.5.6　反求工程流程与方法

反求工程又称逆向工程或逆向设计。它以已有的产品或技术为对象，用现代化的手段和理论，解剖并掌握所研究对象的关键技术，在充分研究对象的基础上实现再创造，开发新产品，实行"样品—反求—再创造设计—产品"的新产品设计开发过程。据有关文献统计，反求工程可以缩短新产品研制周期的 40%以上，是提高新产品开发能力的有效手段。

反求工程可分成零件反求、部件反求或整机反求。

反求工程流程图如图 2-9 所示。

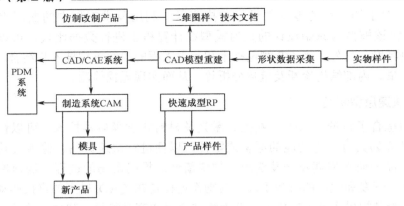

图 2-9　反求工程流程图

1．零件反求

零件反求实质上是零件复制。对于结构复杂和要求精确的关键零件，如果复制不精确，将直接影响所开发机器的性能。因此，对拟复制零件的精确测量，并在此基础上逆向生成精确的零件 CAD 模型，是反求工程的关键。在反求工程中采用的测量方法可归纳为两类：一种为采用坐标测量机 CMM 的接触式测量；另一种是采用激光测量或机器视觉系统进行图像扫描的光学非接触式测量。下面以用 CMM 测量的反求工程为例说明，如图 2-10 所示。

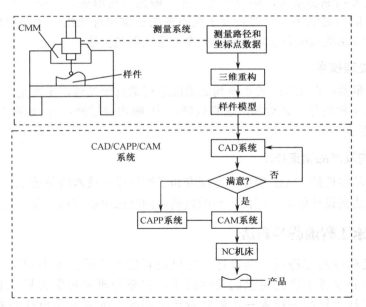

图 2-10　零件反求工程系统原理图

在 CMM 上，按预先规划好的测量路径对复制样件进行逐点检测，测出各测量点的三维坐标数据，然后对测量得到的离散点坐标数据进行三维重构，生成精确的 CAD 产品模型，并将此模型传送给 CAD 系统。CAD 系统可对传来的样件模型进行审核和修改，并以数据

文件存入数据库供 CAPP 和 CAM 系统调用。CAM 系统根据样件模型编制的 NC 程序输出至 NC 机床，完成对复制产品的加工。该方法由于事先不知道样件的几何模型，一般用人工按预定的测量路径操作 CMM 进行逐点测量，效率较低，且测量点分布不均匀，并易丢失产品数据关键点。目前，已有人研究与机器视觉系统（摄像机）结合起来自动生成样件的 CAD 初始模型和测量路径，来提高测量效率和测量精度。

2. 整机反求

零件的反求只要达到样件的形状和精度要求就算反求成功，而整机反求则要复杂得多，不仅要达到样机的全部性能和功能要求，而且必须掌握它的设计思想，在此基础上做出自己的产品发展概念并有所创新，以便于在反求的基础上继续自行开发新产品和避免专利纠纷。整机反求的工作内容介绍如下：

（1）探索样机的设计思想。事实上在选择引进样机时就有一个指导思想。例如，选择功能齐全的还是选择造价便宜的，是注重高科技含量的还是能持续发展的（如节约资源、不污染环境和模块化设计等）。根据这个指导思想去分析样机的特点，找出当初设计该样机的指导思想是否与希望的相吻合，这样才能为反求以后的产品发展打下良好的基础，避免引进错误。

（2）功能剖析。每种产品都有它的特定功能，而且应是具有特色的、应用吸引力的功能，这是引进样机和发展产品的核心问题。因此，必须对样机的功能进行深入的研究剖析，特别是关键性的功能，必须掌握它的基本原理，才能在此基础上设计自己的产品。

（3）性能试验。对样机的性能必须全面进行试验和测定，反复验算和深入分析，掌握它的运动特性和动、静态力学特性，找出它可能存在的薄弱环节，以便于在自行设计开发时加以改进，使反求产品性能优于样机。

（4）结构分析。零部件的结构与功能原理和机械性能直接有关，并同生产成本和使用性能关系密切，也影响产品的可制造性和可维护性。因此，必须充分了解功能零部件的结构特点及其作用，精确反求，否则会危及产品的稳定性和可靠性，达不到样机的使用性能。

（5）形体尺寸及精度测定。对于关键零件，必须采用先进且精确的反求手段和仪器，精确测定样件的形体和相关精度（尺寸、形状和相互位置精度），并分析它们的作用，否则反求设计的产品将达不到样机的质量要求。

（6）工艺分析。工艺分析是反求工程中至关重要的技术分析。反求产品往往可以做到同样机"形似"，但由于工艺问题没有解决而达不到"神似"，即产品性能总达不到或不能超过样机。因此，在工艺问题上必须特别重视分析和掌握其工艺诀窍，才能真正达到反求工程的目标。

（7）材料分析。零件的材料及其处理方法，是决定零件的功能和使用性能的关键因素之一。一般情况下，可通过外观对比、重量确定、理化分析、硬度测定和光谱分析等各种方法，测定材料的物理性能、化学成分，分析对它的热处理和表面处理方法及工艺方法。

（8）使用和维修分析。以用户的目光审视样机的使用方便性和易维修性，充分理解和掌握样机在这方面的设计思想。

（9）相关辅料分析。样机中使用的冷却液、润滑剂、密封件等也会影响产品的使用性

能，在反求工程中同样不能轻视。

除上述因素的反求外，对样机的造型设计、色彩配置、包装技术等方面也不能忽视，这将影响产品对用户的直觉印象和市场效应。

图 2-11 为产品反求工程的一般工作流程。有条件的企业，如能利用 CAD 系统对反求产品进行拟实建模和拟实制造，模拟产品运行和仿真制造过程，将大大提高反求工程的成功率。

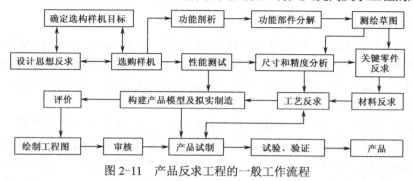

图 2-11　产品反求工程的一般工作流程

2.5.7　快速原型技术

1. 快速原型技术原理

快速原型 RP（Rapid Prototyping）技术将计算机辅助设计 CAD、计算机辅助制造 CAM、计算机数控 CNC、激光、新材料等先进技术融于一体，实现从 CAD 三维模型到实际原型/零件的加工。RP 成型流程如图 2-12 所示，根据 CAD 生成的零件三维几何模型进行切片处理，得到一系列的二维截面轮廓，然后用激光或其他方法切割、固化、烧结某状态材料，在很短的时间内得到层层产品轮廓，并逐步叠加成三维实体。RP 技术彻底摆脱了传统机械加工的"去除"加工法，而采用全新的"增长"加工法。

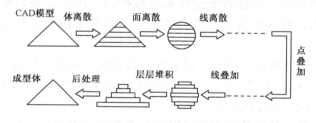

图 2-12　RP 离散/堆积成型流程

2. 快速原型技术的特点

（1）快速性。通过 STL 格式文件，快速成型制造系统几乎可以与所有的 CAD 造型系统无缝连接，从 CAD 模型到完成原型制作通常只需几小时到几十小时，可实现产品开发的快速闭环反馈。以快速原型为母模的快速模具技术，能够在几天内制作出所需材料的实际产品，而通过传统的钢制模具制作，至少需要几个月的时间。

（2）高度集成化。快速成型技术实现了设计与制造的一体化。在快速成型工艺中，计算机中的 CAD 模型数据通过接口软件转化为可以直接驱动快速成型设备的数控指令，快速成型设备根据数控指令完成原型或零件的加工。

（3）与工件复杂程度无关。快速成型技术由于采用分层制造工艺，将复杂的三维实体离散成一系列层片加工，加工层片的叠加，大大简化了加工过程。它可以加工复杂的中空结构且不存在三维加工中刀具干涉的问题，理论上可以制造具有任意复杂形状的原型和零件。

（4）高度柔性。快速成型系统是真正的数字化制造系统，仅需改变三维 CAD 模型，适当地调整和设置加工参数，即可完成不同类型的零件的加工制作，特别适合新产品开发或单件小批量生产。快速成型技术在成型过程中无需专用的夹具或工具，成型过程具有极高的柔性，这是快速成型技术非常重要的一个技术特征。

（5）自动化程度高。快速成型是一种完全自动的成型过程，只需要在成型之初由操作者输入一些基本的工艺参数，整个成型过程操作者无需或较少干预。出现故障，设备会自动停止，发出警示并保留当前数据。完成成型过程后，机器会自动停止并显示相关结果。

3．3D 打印技术

3D 打印（3D printing），即快速成型技术的一种，它是一种以数字模型文件为基础，运用粉末状金属或塑料等可粘合材料，通过逐层打印的方式来构造物体的技术。3D 打印通常是采用数字技术材料打印机来实现的。过去 3D 打印常在模具制造、工业设计等领域被用于制造模型，现正逐渐用于一些产品的直接制造，目前市场上已经有使用这种技术打印而成的零部件。该技术在珠宝、鞋类、工业设计、建筑、工程和施工（AEC）、汽车、航空航天、牙科和医疗产业、教育、地理信息系统、土木工程、枪支以及其他领域都有所应用。

1）工作原理

3D 打印技术是以计算机三维设计模型为蓝本，通过软件分层离散和数控成型系统，利用激光束、热熔喷嘴等方式，将金属粉末、陶瓷粉末、塑料、细胞组织等特殊材料进行逐层堆积黏结，最终叠加成型，制造出实体产品。与传统制造业通过模具、车铣等机械加工方式，对原材料进行定型、切削后最终生产成品不同，3D 打印将三维实体变为若干个二维平面，通过对材料处理并逐层叠加进行生产，大大降低了制造的复杂度。这种数字化制造模式不需要复杂的工艺、不需要庞大的机床、不需要众多的人力，直接从计算机图形数据中便可生成任何形状的零件，使生产制造得以向更广的生产人群范围延伸。

日常生活中使用的普通打印机可以打印电脑设计的平面物品，而所谓的 3D 打印机与普通打印机的工作原理基本相同，只是打印材料有些不同，普通打印机的打印材料是墨水和纸张，而 3D 打印机内装有金属、陶瓷、塑料、砂等不同的"打印材料"，是实实在在的原材料，打印机与电脑连接后，通过电脑控制可以把"打印材料"一层层地叠加起来，最终把计算机上的蓝图变成实物。通俗地说，3D 打印机是可以"打印"出真实的 3D 物体的一种设备，比如打印一个机器人、打印一辆玩具车、打印各种模型，甚至是食物等。之所以通俗地称其为"打印机"是参照了普通打印机的技术原理，因为分层加工的过程与喷墨打印十分相似。这项打印技术称为 3D 立体打印技术。

2）打印过程

（1）三维设计

三维打印的设计过程是：先通过计算机建模软件建模，再将建成的三维模型"分区"

成逐层的截面，即切片，从而指导打印机逐层打印。

设计软件和打印机之间协作的标准文件格式是 STL 文件格式。一个 STL 文件使用三角面来近似模拟物体的表面。三角面越小其生成的表面分辨率越高。PLY 是一种通过扫描产生三维文件的扫描器，其生成的 VRML 或者 WRL 文件经常被用作全彩打印的输入文件。

（2）切片

打印机通过读取文件中的横截面信息，用液体状、粉状或片状的材料将这些截面逐层地打印出来，再将各层截面以各种方式粘合起来从而制造出一个实体。这种技术的特点在于其几乎可以制造出任何形状的物品。

打印机打出的截面的厚度（即 Z 方向）以及平面方向即 $X-Y$ 方向的分辨率是以 dpi（像素每英寸）或者μm 来计算的。一般的厚度为 100 μm，即 0.1 mm，也有部分打印机如 Objet Connex 系列还有三维 Systems' ProJet 系列可以打印出 16 μm 薄的一层。而平面方向则可以打印出跟激光打印机相近的分辨率。打印出来的"墨水滴"的直径通常为 50～100 μm。用传统方法制造出一个模型通常需要数小时到数天，根据模型的尺寸以及复杂程度而定。而用三维打印技术则可以将时间缩短为数个小时，当然具体时间取决于打印机的性能以及模型的尺寸和复杂程度。

传统的制造技术（如注塑法）可以较低的成本大量地制造聚合物产品，而三维打印技术则可以更快、更有弹性以及更低成本的办法生产数量相对较少的产品。一个桌面尺寸的三维打印机就可以满足设计者或概念开发小组制造模型的需要。

（3）制作完成

三维打印机的分辨率对大多数应用来说已经足够，3D 打印完成的时尚鞋如图 2-13 所示。但在弯曲的表面打印可能会比较粗糙，像图像上的锯齿一样，要获得更高分辨率的物品可以先用当前的三维打印机打出稍大一点的物体，再经过表面打磨即可得到表面光滑的物品。

有些技术可以同时使用多种材料进行打印；有些技术在打印的过程中还会用到支撑物，比如在打印出一些有倒挂状的物体时就需要用到一些易于除去的东西（如可溶的东西）作为支撑物。

4. 快速原型工艺

随着新型材料特别是能直接快速成型的高性能材料的研制和应用，产生了越来越多的更为先进的快速成型工艺技术。目前，快速成型已发展了十几种工艺方法，其中比较成熟的典型工艺如下。

1）利用激光固化树脂材料的光造型法

光敏树脂选择性固化是采用立体雕刻（Stereolithography）原理的一种工艺方法，简称 SLA，也是最早出现的、技术最成熟和应用最广泛的快速原型技术。

在树脂液槽中盛满液态光敏树脂，它在紫外激光束的照射下会快速固化。在成型过程开始时，可升降的工作台处于液面下一个截面层厚的高度，聚焦后的激光束，在计算机的控制下，按照截面轮廓的要求，沿液面进行扫描，使被扫描区域的树脂固化，从而得到该截面轮廓的塑料薄片。然后，工作台下降一层薄片的高度，已固化的塑料薄片就被一层新

的液态树脂所覆盖，以便进行第二层激光扫描固化，新固化的一层牢固地黏结在前一层上，如此重复，直到整个产品成型完毕。最后升降台升出液体树脂表面，即可取出工件，进行清洗和表面光洁处理，如图 2-14 所示。

图 2-13　3D 打印

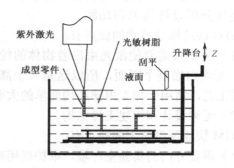

图 2-14　SLA 光固化成型原理图

　　光敏树脂选择性固化快速原型技术适合于制作中、小型工件，能直接得到塑料产品。主要用于概念模型的原型制作，或用来做装配检验和工艺规划。它还能代替蜡模制作浇铸模具，以及作为金属喷涂模、环氧树脂模和其他软模的母模，是目前较为成熟的快速原型工艺。

　　SLA 快速原型技术的优点有：

　　（1）成型速度较快。

　　（2）系统工作相对稳定。

　　（3）尺寸精度较高，可确保工件的尺寸精度在 0.1 mm（目前国内 SLA 精度在 0.1～0.3 mm，并且存在一定的波动性）。

　　（4）表面质量较好，工件的最上层表面很光滑，侧面可能有台阶及不同层面间的不平曲面；比较适合制作小件及较精细件。

　　（5）系统分辨率较高。

　　SLA 快速原型技术的缺点有：

　　（1）需要专门的实验室环境，维护费用高。

　　（2）成型件需要后期处理、二次固化、防潮处理等工序。

　　（3）光敏树脂固化后较脆，易断裂，可加工性不好；工作温度不能超过 100℃，成型件易吸湿膨胀，抗腐蚀能力不强。

　　（4）氩-镉激光管的寿命约为 3 000 h，价格较高。同时需对整个截面进行扫描固化，成型时间较长，因此制作成本相对较高。

　　（5）光敏树脂对环境有污染，使皮肤过敏。

　　（6）需要设计工件的支撑结构，以便确保在成型过程中制作的每一个结构部位都能可靠定位，支撑结构需在未完全固化时手工去除，容易破坏成型件。

　　2）纸张叠层造型法

　　纸张叠层造型法目前以 Helisys 公司开发的 LOM 装置应用最多。该装置采用专用滚筒纸，由加热辊筒使纸张加热连接，然后用激光将纸切断，待加热辊筒自动离开后，再由激光将纸张裁切成层面要求形状，如图 2-15 所示。

LOM 可制作一些光造型法难以制作的大型零件和厚壁样件，且制作成本低廉（约为光造型法的 1/2）、速度高（约为木模制作时间的 1/5），并可简便地分析设计构思和功能。

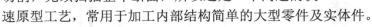

图 2-15　纸张叠层造型原理图

LOM 快速原型技术的优点有：

（1）由于只需要使激光束沿着物体的轮廓进行切割，无须扫描整个断面，所以这是一个高速的快速原型工艺，常用于加工内部结构简单的大型零件及实体件。

（2）无须设计和构建支撑结构。

LOM 快速原型技术的缺点有：

（1）需要专门的实验室环境，维护费用高。

（2）可实际应用的原材料种类较少，尽管可选用若干原材料，如纸、塑料、陶土及合成材料，但目前常用的只是纸，其他箔材正在研制开发中。

（3）表面比较粗糙，工件表面有明显的台阶纹，成型后要进行打磨；且纸制零件很容易吸潮，必须立即进行后期处理、上漆等。

（4）难以构建精细形状的零件，即仅限于结构简单的零件。

（5）由于难以（并非不可能）去除里面的废料，该工艺不宜构建内部结构复杂的零件。

（6）当加工室的温度过高时常有火灾发生。因此，工作过程中需要专职人员职守。

3）热可塑造型法

热可塑造型法以 DTM 公司开发的选择性激光烧结，即 SLS（Selective Laser Sintering）应用较多。

粉末材料选择性烧结是一种快速原型工艺，采用二氧化碳激光器对粉末材料（塑料粉、陶瓷与黏结剂的混合粉、金属与黏结剂的混合粉等）进行选择性烧结，是一种由离散点一层层堆积成三维实体的工艺方法，如图 2-16 所示。

在开始加工前，先将充有氮气的工作室升温，并保持在粉末的熔点以下。成型时，送料筒上升，铺粉滚筒移动，先在工作平台上铺一层粉末材料，然后激光束在计算机控制下按照截面轮廓对实心部分所在的粉末进行烧结，使粉末熔化继而形成一层固体轮廓。第一层烧结完成后，工作台下降一截面

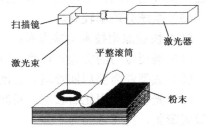

图 2-16　粉末材料选择性烧结原理图

层的高度，再铺上一层粉末，进行下一层烧结，如此循环，形成三维的原型零件。最后经过 5～10 h 冷却，即可从粉末缸中取出零件。未经烧结的粉末能承托正在烧结的工件，当烧结工序完成后，取出零件。

粉末材料选择性烧结工艺适合成型中小件，能直接得到塑料、陶瓷或金属零件，零件的翘曲变形比液态光敏树脂选择性固化工艺要小。但这种工艺仍需对整个截面进行扫描和烧结，加上工作室需要升温和冷却，成型时间较长。此外，由于受到粉末颗粒大小及激光

点的限制，零件的表面一般呈多孔性。在烧结陶瓷、金属与黏结剂的混合粉并得到原型零件后，须将它置于加热炉中，烧掉其中的黏结剂，并在孔隙中渗入填充物，其后期处理较复杂。

粉末材料选择性烧结快速原型工艺适合于产品设计的可视化表现和制作功能测试零件。由于它可采用各种不同成分的金属粉末进行烧结、进行渗铜等后期处理，因而其制成的产品可具有与金属零件相近的机械性能，故可用于制作 EDM 电极、金属模，以及进行小批量零件生产。

SLS 快速原型技术的优点有：

（1）与其他工艺相比，能生产较硬的模具，有直接金属型的概念。

（2）可以采用多种原料，包括类工程塑料、蜡、金属、陶瓷等。

（3）零件的构建时间较短，可达到 1 in/h 高度。

（4）无须设计和构造支撑。

SLS 快速原型技术的缺点有：

（1）需要专门的实验室环境，维护费用高。

（2）在加工前，要花近 2 h 的时间将粉末加热到熔点以下，当零件构建完后，还要花 5～10 h 冷却，然后才能将零件从粉末缸中取出。

（3）成型件的强度和表面质量较差，精度低。表面粗糙度受粉末颗粒大小及激光光斑的限制。

（4）由于零件的表面多孔性，为使表面光滑必须进行渗蜡等后期处理。在后期处理中难于保证制件的尺寸精度，后期处理的工艺复杂，样件变形大，无法装配。

（5）需要对加工室不断充氮气以确保烧结过程的安全性，加工成本高。

（6）该工艺过程中会产生有毒气体，污染环境。

该方法是用 CO_2 激光熔融烧结树脂粉末的方式制作样件。工作时，由 CO_2 激光器发出的光束在计算机控制下，根据几何形体各层横截面的几何信息对材料粉末进行扫描，激光扫描处粉末熔化并凝固在一起；然后，铺上一层新粉末，再用激光扫描烧结，如此反复，直至制成所需样件，如图 2-17 所示。

SLS 技术造型速度快（一般制品，仅需 1～2 天即可完成）、造型精度高（每层粉末最小厚度约 0.07 mm，激光动态精度可达±0.09 mm，并具有自

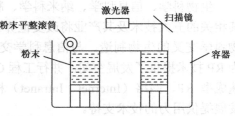

图 2-17　选择性激光烧结原理图

动激光补偿功能）、原型强度高（聚碳酸酯其弯曲强度可达 34.5 MPa，尼龙可达 55 MPa）。因此，可用原型进行功能试验和装配模拟，以获取最佳曲面和观察配合状况。

5．快速原型技术的发展趋势

1）开发概念模型机或台式机

目前，RP 技术向两个方向发展：工业化大型系统，用于制造高精度、高性能零件；自动化的桌面小型系统，此类系统称为概念模型机或台式机，主要用于制造概念原型。发达

国家许多科研机构（如 IBM 公司）及教育单位（中等职业学校甚至中小学）已经开始购买此种小型 RP 设备，并极有可能进入家庭。美国通用汽车公司也计划为其每位工程师配备一台此类设备。采用桌面 RP 系统制造的概念原型，可用于展示产品设计的整体概念、立体形态布局安排，进行产品造型设计的宣传，作为产品的展示模型、投标模型等使用。

2）开发新的成型能源

SLA、LOM、SLS 等快速成型技术大多以激光作为能源，而激光系统（包括激光器、冷却器、电源和外光路）的价格及维护费用昂贵，致使成型件的成本较高，于是目前已有采用半导体激光器、紫外灯等低廉能源代替昂贵激光器的 RP 系统，也有相当多的系统不采用激光器而通过加热成型材料堆积出成型件。

3）开发性能优越的成型材料

RP 技术的进步依赖于新型快速成型材料的开发和新设备的研制。发展全新的 RP 材料，特别是复合材料，如纳米材料、非均质材料、其他传统方法难以制作的复合材料已是当前 RP 成型材料研究的热点。

4）研究新的成型方法与工艺

在现有的基础上，拓宽 RP 技术的应用，开展新的成型技术的探索。新的成型方法层出不穷，如三维微结构制造、生物活性组织的工程化制造、激光三维内割技术、层片曝光等。对于 RP 微型制造的研究主要集中于：RP 微成型机理与方法、RP 系统的精度控制、激光光斑尺寸的控制及材料的成型特性等方面。目前制作的微零件仅是概念模型，并不能称之为功能零件，更谈不上微机电系统 MEMS。要达到 MEMS 还需克服很多的问题，例如，随着尺寸的减小，表面积与体积之比相对增大，表面力学、表面物理效应将起主导作用；微摩擦学，微热力学，微系统的设计、制造、测试等。

5）集成化

生物科学、信息科学、纳米科学、制造科学和管理科学是 21 世纪的 5 个主流科学，与其相关的五大技术及其产业将改变世界，制造科学与其他科学交叉是其发展趋势。RP 与生物科学交叉的生物制造、与信息科学交叉的远程制造、与纳米科学交叉的微机电系统等都为 RP 技术提供了发展空间。并行工程 CE、虚拟技术 VT、快速模具 RT、反求工程 VR、快速成型 RP、网络（Internet、Intranet）相结合而组成的快速反应集成制造系统，将为 RP 的发展提供用力的技术支持。

2.6 绿色产品设计

2.6.1 绿色设计的基本概念

绿色设计（Green Design）也称为生态设计（Ecological Design）、环境设计（Design for Environment）、环境意识设计（Environment Conscious Design）等。在产品的整个生命周期内，着重考虑产品环境属性（可拆卸性、可回收性、可维护性、可重复利用性等）并将其作为设计目标，在满足环境目标要求的同时，保证产品应有的功能、使用寿命、质量等要求。绿色设计的原则被公认为"3R"原则：Reduce、Reuse、Recycle，减少环境污染、减小能源消耗、产品和零部件的回收再生循环或者重新利用。

绿色设计是指在产品及其寿命周期全过程的设计中，要充分考虑对资源和环境的影响，在充分考虑产品的功能、质量、开发周期和成本的同时，更要优化各种相关因素，使产品及其制造过程中对环境的总体负面影响减到最小，使产品的各项指标符合绿色环保的要求。其基本思想是：在设计阶段就将环境因素和预防污染的措施纳入产品设计中，将环境性能作为产品的设计目标和出发点，力求使产品对环境的负面影响为最小。对工业设计而言，绿色设计的核心是"3R1D"，即 Reduce、Recycle、Reuse、Degradable，不仅要减少物质和能源的消耗，减少有害物质的排放，而且要使产品及零部件能够方便地分类回收并再生循环或重新利用。

绿色产品设计包括：绿色材料选择设计；绿色制造过程设计；产品可回收性设计；产品的可拆卸性设计；绿色包装设计；绿色物流设计；绿色服务设计；绿色回收利用设计等。在绿色设计中要从产品材料的选择、生产和加工流程的确定、产品包装材料的选定、直到产品运输等，都要考虑资源的消耗和对环境的影响。以寻找和采用尽可能合理和优化的结构和方案，使得资源消耗和对环境的负面影响降到最低。

绿色设计来自旨在保护自然资源、防止工业污染破坏生态平衡的一场运动。绿色设计源于 20 世纪 60 年代在美国兴起的反消费运动。这场反消费运动是由记者帕卡德（Vance Packard）猛烈抨击美国汽车工业及其带来的废料污染问题而引发的。绿色设计本身已成为了一门工业。

绿色设计的要点有以下几方面。

（1）绿色产品设计的材料选择与管理：一方面，不能把含有害成分与无害成分的材料混放在一起；另一方面，对于达到寿命周期的产品，有用部分要充分回收利用，不可用部分要用一定的工艺方法进行处理，使其对环境的影响降到最低。

（2）产品的可回收性设计：综合考虑材料的回收可能性、回收价值的大小、回收的处理方法等。

（3）产品的可拆卸性设计：设计师要使所设计的结构易于拆卸、维护方便，并在产品报废后能够重新回收利用。

除此之外，还有绿色产品的成本分析、绿色产品设计数据库等。

2.6.2 绿色设计的主要特征

绿色设计具有以下主要特征。

1．面向产品生命周期

绿色产品不仅具有功能、质量、成本、服务及寿命等基本属性，同时应在生命周期的各个阶段具有良好的环境性能、劳动保护、资源利用率、可制造性、企业策略和生命周期成本。所以绿色设计考虑的是产品在整个生命周期内的所有潜在的环境影响，包括有毒有害物质向环境的排放、不可再生资源的消耗，以及能源的过度消耗等。产品的生命周期包括从资源原料的开发到产品报废的整个过程，同时在生命周期划分上，不同的研究者根据不同研究目的和侧重点对产品生命周期的划分略有不同，但是总体上来说，产品的生命周期主要包括如下几个阶段：

（1）预制造——包括资源原料的开采和部分零件的制造，目的是为产品制造做准备；

（2）产品制造——指在工厂里的一切生产制造活动（包括热处理、化学处理、装配等过程），为后面的包装做准备；

（3）包装和运输——包装包括产品包装和运输包装，以及通过合适的路径配送到消费者手中的这一段时间；

（4）使用与维修——包括从消费者获得产品到产品报废处理的这段时间；

（5）报废处理——从产品不能满足原有使用功能到回收处理的过程，从而形成闭环的过程。

总体来说，产品的生命周期主要阶段及它们之间的相互关系可用图2-18来表示。

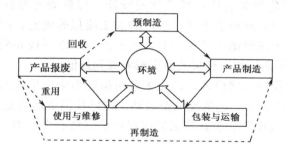

图2-18　产品生命周期主要阶段及它们之间的相互关系

2．环境因素是产品设计的考虑因素之一

绿色设计并不意味着产品设计只是面向环境或者说环境因素是唯一的考虑因素。相反，绿色设计与其他因素（如用户需求分析、可制造性、经济性、功能、尺寸和重量等）一样，作为产品设计共同考虑的内容。所以绿色设计是在原有的设计求解过程中又引入了一个环境变量，从而使设计过程变得复杂起来，即一个更多目标的优化求解问题。

2.6.3　绿色设计方法

绿色设计方法主要有以下几种，下面针对这几种常见方法做一个简要的阐述和对比分析。

1．生命周期设计方法

生命周期设计的任务就是谋求在整个生命周期内资源的优化利用，减少和消除环境污染，其主要策略与方法如下：

（1）产品设计应该面向生命周期的全过程；

（2）环境的需求分析应在产品设计的初级阶段进行；

（3）实现多学科、跨专业的合作开发设计。

由于生命周期设计涉及生命周期的各个阶段、各个环境问题和环境效应，以及不同的研究对象，如减少废弃物排放、现有产品的再循环、新产品的开发等，所以产品的设计任务涉及广泛的知识领域。

2．并行工程方法

并行工程的实质是在产品的设计阶段就充分地预报该产品在制造、装配、销售、使用、售后服务，以及报废、回收等环节中的"表现"，发现可能存在的问题，及时地进行修改与优化。

3．模块化设计方法

对一定范围内的不同功能或相同功能而不同性能、不同规格的产品进行功能分析的基础上，划分并设计出一系列功能模块，通过模块的选择和组合可以构成不同的产品，满足不同的需求。

模块化设计既可以很好地解决产品品种规格、产品设计制造周期和生产成本之间的矛盾，又可为产品的快速更新换代、提高产品质量、增强维修方便性、有利于产品废弃后的拆卸与回收、增强产品竞争力，提供必要的条件。

4．DFX 面向对象方法

在绿色设计领域中出现了很多面向对象的设计方法，在设计层面，X 代表产品生命周期或其中某一个环节（装配、加工、使用、维修和报废回收等）；在评价层面，X 代表产品全生命周期某一阶段产品的竞争力或者决定产品竞争力的因素（性能、质量、时间、成本、可靠性等）。

上面谈到了四种不同的设计方法，从四个角度给出了绿色设计的方法和理念。其中在模块化设计方法中，应该更多地考虑将模块化思想和绿色设计准则结合起来，真正地做到绿色模块化设计。许多工程实践证明，模块化设计是一种非常有效的设计方法，如何将绿色与模块化更好地集成起来，真正实现绿色设计的目的，这将是该领域的研究问题之一。生命周期设计是面向产品全生命周期的设计方法与思想，要求产品生命周期的各个阶段都要实现绿色。并行工程设计方法在一定程度上与生命周期设计有一定的相似性，但是并行工程不仅仅是用于产品设计，同时也是一种方法理念。所以在进行产品的绿色设计时，应该将并行工程与绿色设计的目标结合得更紧密一点，做的研究工作更具有针对性一点。

2.6.4　绿色设计准则

绿色设计准则就是为了保证产品绿色程度所必须遵循的设计原则。通常产品设计考虑的主要因素是产品的功能、寿命、质量和经济性等，而对产品的绿色特性则考虑较少。在这种情况下，较为有效的方法就是系统地归纳和总结与绿色设计有关的准则，以指导绿色设计过程的进行。与绿色设计有关的准则包括以下三方面。

1．与材料有关的准则

产品的绿色属性与材料关系密切，因此必须仔细而慎重地选择和使用材料。与材料有

关的准则有：

（1）少使用短缺或稀有的原材料，多使用废料、余料或回收材料；尽量寻找短缺或稀有原材料的代用材料；

（2）减少所用材料种类，并尽量采用相容性好的材料，以利于废弃后产品的分类回收；

（3）尽量少用或不用有毒、有害的原材料；

（4）优先采用可再利用或再循环的材料。

2．与结构有关的准则

产品结构设计是否合理，对材料的使用量、产品维护及淘汰废弃后的拆卸回收等有着重要影响。与结构有关的准则有：

（1）在不影响功能的情况下，通过产品的小型化尽量节约资源的使用量；

（2）简化产品结构，提倡"简而美"的设计原则；

（3）采用模块化结构设计和易于拆卸的连接方式，并尽量减少紧固件数量；

（4）在保证产品耐用的基础上，赋予产品合理的使用寿命，同时考虑产品"精神报废"因素，并努力减少产品使用过程中的能量消耗；

（5）设计过程中注重产品的多品种及系列化，以满足不同层次的消费需求；

（6）尽可能简化产品包装，采用适度包装，避免过度包装，使包装可以多次重复使用或便于回收，且不会产生二次污染。

3．与制造工艺有关的准则

制造工艺是否合理对加工过程中的能量消耗、材料消耗、废弃物产生种类和数量等有着直接的影响。设计时应考虑的因素有：

（1）改进和优化工艺技术，提高产品合格率；

（2）采用合理工艺，简化产品加工流程，减少加工工序，谋求生产过程的废料最少化，避免不安全因素；

（3）减少产品生产过程中的污染物排放，如减少切削液使用或采用干切削加工技术等。

知识梳理与总结

现代设计方法实质上是科学方法论在设计中的应用，是以满足市场产品的质量、性能、时间、成本、价格综合效益最优为目的，以计算机辅助设计技术为主体，以知识为依托，以多种科学方法及技术为手段，研究、改进、创造产品活动过程所用到的技术群体的总称，包括计算机辅助设计、有限元分析、并行设计、反求工程、绿色设计等方面。

计算机辅助设计 CAD（Computer Aided Design）是以计算机为工具，处理产品设计过程中的图形和数据信息，辅助完成产品设计过程的技术。

有限元法 FEM（Finite Element Method），也称为有限单元法或有限元素法，基本思想是将物体（即连续求解域）离散成有限个且按一定方式相互联结在一起的单元组合，来模拟或逼近原来的物体，从而将一个连续的无限自由度问题简化为离散的有限自由度问题求解的数值分析法。ANSYS 软件是融结构、流体、电场、磁场、声场分析于一体的大型通用

有限元分析软件。

　　并行设计是在设计阶段就综合考虑产品生命周期中工艺、制造、装配、测试、维修等环节的因素，及时全面地评价产品的设计，及时反馈改进意见，及时改进产品设计，使得产品设计、工艺设计、制造一次成功，以达到降低产品成本，提高产品质量和缩短开发周期的目的。

　　反求工程 RE（Reverse Engineering）也称逆向工程、反向工程等，是指用一定的测量手段对实物或模型进行测量，根据测量数据通过三维几何建模方法，重构实物的 CAD 模型，从而实现产品设计与制造的过程。快速原型 RP（Rapid Prototyping）技术将计算机辅助设计 CAD、计算机辅助制造 CAM、计算机数控 CNC、激光、新材料等先进技术融于一体，实现从 CAD 三维模型到实际原型/零件的加工。

　　绿色设计是在产品整个生命周期内，着重考虑产品环境属性（自然资源的利用、环境影响、可拆卸性、可回收性、可重复利用性等），并将其作为设计目标，在满足环境目标要求的同时，并行地考虑并保证产品应有的基本功能、使用寿命、经济性和质量等。

思考与练习题 2

　　2-1　试论述现代设计技术的内涵及特点。

　　2-2　描述现代设计技术的体系结构，为什么说计算机辅助设计技术是现代设计技术的主体？它与其他技术的关系如何？

　　2-3　计算机辅助设计技术包括哪些主要内容？分析其中的关键技术。

　　2-4　叙述 ANSYS 软件的分析类型。

　　2-5　试论述并行工程的基本概念与设计方法。

　　2-6　叙述反求工程的含义，简述反求工程的关键技术。

　　2-7　叙述快速原型技术的特点。

　　2-8　叙述绿色设计的主要特征。

第3章

先进制造工艺技术

学习目标	掌握精密成型技术、精密与超精密加工技术、超高速加工技术、特种加工技术、微细加工技术
建议学时	10
知识点	精密成型技术、精密与超精密加工技术、超高速加工技术、特种加工技术、微细加工技术
重点与难点	精密与超精密加工技术、超高速加工技术、特种加工技术

3.1 精密与超精密加工技术

知识分布网络

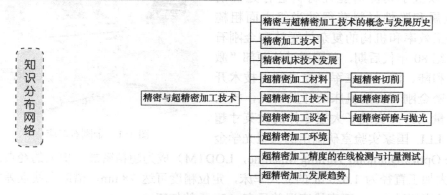

3.1.1 精密与超精密加工技术的概念与发展历史

　　超精密加工技术是现代高技术竞争的重要支撑技术，是现代高科技产业和科学技术的发展基础，是现代制造科学的发展方向。超精密加工技术，一般不是特指某种特定的加工方法或者比某一个给定的加工精度更高的一种加工技术，而是在机械加工领域中，一个时期内所能够达到的最高加工精度的各种加工方法的总称。目前的超精密加工，以不改变工件材料物理特性为前提，以获得极限的形状精度、尺寸精度、表面粗糙度、表面完整性（无或极少的表面损伤，包括微裂纹等缺陷、残余应力、组织变化）为目标。

　　超精密加工的研究内容，即影响超精密加工精度的各种因素包括：超精密加工机理、被加工材料、超精密加工设备、超精密加工工具、超精密加工夹具、超精密加工的检测与误差补偿、超精密加工环境（包括恒温、隔振、洁净控制等）和超精密加工工艺等。

　　超精密加工的发展经历了如下三个阶段。

1．20 世纪 50 年代至 80 年代为技术开创期

　　20 世纪 50 年代末，由于航天、国防等尖端技术发展的需要，美国率先发展了超精密加工技术，开发了金刚石刀具超精密切削——单点金刚石切削 SPDT（Single Point Diamond Turning）技术，又称为"微英寸技术"，用于加工激光核聚变反射镜、战术导弹及载人飞船用球面或非球面大型零件等。从 1966 年起，美国 Union Carbide 公司、荷兰 Philips 公司和美国 Lawrence Livermore Laboratories 陆续推出各自的超精密金刚石车床，但其应用限于少数大公司与研究单位的试验研究，并以国防用途或科学研究用途的产品加工为主。在这一时期，金刚石车床主要用于铜、铝等软金属的加工，也可以加工形状较复杂的工件，但只限于轴对称形状的工件，如非球面镜等。

2．20 世纪 80 年代至 90 年代为民用工业应用初期

　　在 20 世纪 80 年代，美国政府推动数家民间公司，如 Moore Special Tool 和 Pneumo Precision 公司开始超精密加工设备的商品化，而数家日本公司如 Toshiba 和 Hitachi 与欧洲的 Cranfield 大学等也陆续推出产品，这些设备开始面向一般民用工业光学组件商品的制造。但此时的超精密加工设备依然昂贵而稀少，主要以专用机的形式定做。在这一时期，除加工软质金属的金刚石车床外，可加工硬质金属和硬脆性材料的超精密金刚石磨削车床

也被开发出来。图 3-1 为金刚石车床。该技术特点是使用高刚性机构，以极小切深对脆性材料进行延性研磨，可使硬质金属和脆性材料获得纳米级表面粗糙度。当然，其加工效率和机构的复杂性无法和金刚石车床相比。20 世纪 80 年代后期，美国通过能源部"激光核聚变项目"和陆、海、空三军"先进制造技术开发计划"对超精密金刚石切削机床的开发研究，投入了巨额资金和大量人力，实现了大型零件的微英寸超精密加工。美国 LLL 国家实验室研制出的大型光学金

图 3-1　金刚石车床

刚石车床（Large Optics Diamond Turning Machine，LODTM）成为超精密加工史上的经典之作。这是一台最大加工直径为 1.625 m 的立式车床，定位精度可达 28 nm，借助在线误差补偿能力，可实现长度超过 1 m、而直线度误差只有 ±25 nm 的加工。

3．20 世纪 90 年代至今为民用工业应用成熟期

从 1990 年起，由于汽车、能源、医疗器材、信息、光电和通信等产业的蓬勃发展，超精密加工设备的需求急剧增加，在工业界的应用包括非球面光学镜片、Fresnel 镜片、超精密模具、磁盘驱动器磁头、磁盘基板加工、半导体晶片切割等。在这一时期，超精密加工设备的相关技术，如控制器、激光干涉仪、空气轴承精密主轴、空气轴承导轨、油压轴承导轨、摩擦驱动进给轴也逐渐成熟，超精密加工设备变为工业界常见的生产设备，许多公司甚至是小公司也纷纷推出量产型设备。此外，设备精度也逐渐接近纳米级水平，加工行程变得更大，加工应用范围也日益广泛，除了金刚石车床和超精密研磨车床外，超精密五轴铣削和飞切技术也被开发出来，并且可以加工非轴对称、非球面的光学镜片。

1983 年日本的 Taniguchi 教授在考查了许多超精密加工实例的基础上对超精密加工的现状进行完整的综述，并对其发展趋势进行了预测，他把精密和超精密加工的过去、现状和未来系统地归纳为图 3-2 所示的几条曲线。根据目前技术水平及国内外专家的看法，对中

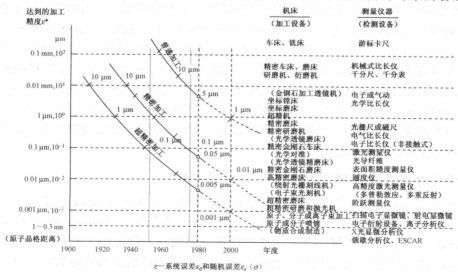

图 3-2　加工精度在不同时期的发展曲线

小型零件的加工形状误差 Δ 和表面粗糙度 Ra 的数量级可分为以下挡次：精密加工，$\Delta=1.0\sim$ 0.1 μm，$Ra=0.1\sim0.03$ μm；超精密加工，$\Delta=0.1\sim0.01$ μm，$Ra=0.03\sim0.005$ μm；纳微米加工，$\Delta<0.01$ μm，$Ra<0.005$ μm。

3.1.2 精密加工技术

1. 精密镜面磨削技术及发展

在线修整砂轮的 ELID 镜面磨削新工艺，可以对多种不同材料零件（如钢、硬质合金、陶瓷、光学玻璃、硅片等）的平面、外圆和内孔进行磨削，达到镜面。图 3-3 是 ELID 镜面磨削的原理图。使用专制的铁基结合剂的细粒度金刚石或立方氮化硼 CBN 砂轮，在磨削时在线电解修整砂轮，电解修整砂轮用的电解液同时用做磨削液，要求电解液不腐蚀机床。ELID 镜面磨削新工艺可以磨出不同试件：光学玻璃平面、硅片平面和陶瓷内孔，磨削表面粗糙度可以达到镜面 $Ra=0.02\sim0.005$ μm。这是一项极有生产应用前景的精密磨削新工艺。

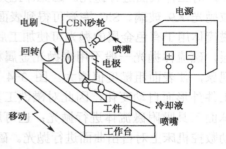

图 3-3 ELID 镜面磨削的原理图

ELID 镜面磨削技术成功地解决了铸铁纤维、铸铁结合剂、超硬磨料进行在线电解修整磨削的技术，解决了铸铁基砂轮整形、修锐等难题，而且使得超微细金刚石、CBN 磨料（粒径为 5 nm 至几μm）能够应用于超精密镜面磨削。

精密研磨技术近年来有不少进展，特别是精研大直径硅基片（用于大规模集成电路）的技术有很大提高。硅基片要求极严，不仅要求表面粗糙度值极小、没有划伤、平面度好，而且要求表面没有加工变质层。我国现在已能生产 8～10 英寸的硅基片，正研制加工 12 英寸的硅基片，但都是采用国外引进的工艺，使用进口设备，亟需自主研究开发 10～12 英寸硅基片的制造工艺和生产设备。

2. 非球曲面精密加工技术

1）非球曲面磨削技术的发展

高精度非球曲面和自由曲面现在应用广泛，相应的加工制造技术亦发展迅速。高精度非球曲面和自由曲面可以用磨削方法加工。日本以超精密车床为基础，结合 ELID 镜面磨削技术，发展了加工回转体非球曲面的 ELID 精密数控镜面磨床；后来又发展了三坐标联动数控 ELID 精密镜面磨床，可加工精密自由曲面，达到镜面。现在国外生产的超精密数控金刚石车床，一般都带有磨头，可以用磨头代替金刚石车刀来磨制回转体非球曲面。国外还发展了多种多坐标数控磨床，可用于磨制各种精密自由曲面。

2）精密自由曲面抛光技术的发展

高精度自由曲面现在多数加工最后使用抛光工艺。国外已有多种带在线测量系统的多坐标数控研磨抛光机床，日本 Canon 公司的一台用于最后抛光曲面光学镜片的精密曲面抛光机床，具有三坐标数控系统，使用在线测量。加工曲面时，可根据实测的镜片曲面的误差，控制抛光头的抛光时间和压力，使曲面抛光工艺达到半自动化。

美国过去研制了大型 6 轴数控精密研磨机，已用于加工大型光学反射镜。美国在南卡里罗那州已研制成直径 8.4 m 的大型光学反射镜。制造此大型光学反射镜，没有使用大型研磨抛光机床，采用现场光学玻璃熔化铸造，在现场用多路激光对型面进行在线精度检测，根据测得的几何形状误差，用带研磨头的小设备进行局部研磨抛光，研制成大型高精度光学反射镜。

国外还发展了以下几种曲面的精密研磨抛光新方法。

（1）精密曲面磁流体抛光技术

磁流体抛光的原理是用永久磁铁或电磁铁工具，将混有磨料的磁流体吸附在工具端部，对工件表面进行抛光。磁流体抛光主要应用在光学零件的超光滑抛光，如用 W1 微粉磨粒抛光 K9 玻璃、SiC 陶瓷可得到表面粗糙度 Ra 值为几纳米的无任何损伤的超光滑表面；磁流体用于有色金属的抛光可使加工后的表面粗糙度值降低到原来的 1/3，而且表面无变质层，磁流体抛光一般不用来抛光金属材料。磁流液会对金属表面产生腐蚀作用，出现点蚀现象，使表面粗糙度值增大。图 3-4 所示为磁流体抛光加工系统。由于磁流体外形可以随工件外形而自动变化，因此对磁铁工具外形要求不严格，较容易加工制造。可以用平面或球面工具吸附磁流体进行抛光；也可用杆状工具，一端吸附磁流体，代替立铣刀在多轴联动数控机床上对自由曲面进行抛光。磁流体抛光可使加工表面达到很高的质量。

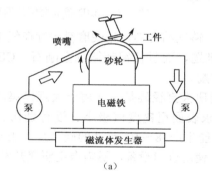
（a）

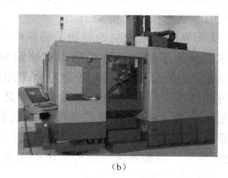
（b）

图 3-4 磁流体抛光加工系统

（2）精密曲面气囊抛光技术

气囊抛光技术是英国 Zeeko 公司研制成功的，这是一种加工精密曲面的新工艺方法。图 3-5（a）所示是 Zeeko 气囊抛光曲面方法的工作原理。抛光工具工作端是外面包有磨料薄膜层的胶皮气囊，抛光工具结构如图 3-5（b）所示。抛光工作时，工具气囊旋转形成抛光运

（a）工作原理

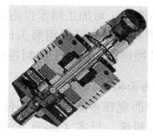
（b）抛光工具结构

图 3-5 Zeeko 气囊抛光

动，工件对气囊抛光工具做相对的进给运动（一般是工件做三轴联动的进给运动），使工件的全部表面都能被抛光加工到。抛光工件时，工具气囊还需同时做摆动（摆动中心为气囊曲面的曲率中心），使磨料薄膜层的磨损均匀。由于工具气囊充气后具有弹性，可以自动适应工件的曲面形状，故同一工具可用于抛光外形曲率不同（但相近）的曲面。这种新的曲面抛光方法可以加工非球回转曲面，也可加工自由曲面，加工出的抛光表面可达到很高的表面质量。

3）精密自由曲面的检测

精密自由曲面的检测技术是一个技术难题，近年有较大进展。现在常用非接触式激光干涉形貌测量法，如非接触式激光干涉形貌测量仪，测量分辨率为 0.1 nm，测高量程为 8 mm，在低分辨率测量挡时，测量范围更大。用非接触式激光干涉精密形貌测量仪测出表面廓形上各点的坐标尺寸，再将测量结果转化为三维立体彩色图形。

3.1.3　精密机床技术发展方向

精密机床是精密加工的基础。现在精密机床技术的发展方向是：在继续提高精度的基础上采用高速切削以提高效率，同时采用数控技术使其加工自动化。瑞士 DIXI 公司以生产卧式坐标镗床闻名于世，现在该厂生产的高精度镗床 DHP40 已加上多轴数控系统成为加工中心，同时为使用高速切削，已将主轴最高转速提高到 24 000 r/min。瑞士 MIKROM 公司的高速精密五轴加工中心，它的主轴最高转速为 42 000 r/min，定位精度为 5 μm，已达到过去坐标镗床的精度。从这两台机床的性能看，现在精密机床、加工中心和高速切削机床已不再有严格的界限区分。

3.1.4　超精密加工材料

为满足高精度、高可靠性、高稳定性等品质需求，众多金属及其合金、陶瓷材料、光学玻璃等需要经过超精密加工达到特定的形状、精度和表面完整性。先进陶瓷材料已经成为高精密机械、航空航天、军事、光电信息发展的基础之一。先进陶瓷根据性能和应用范围不同，大致可分为功能陶瓷和结构陶瓷两类。

功能陶瓷主要指利用材料的电、光、磁、化学或生物等方面直接或耦合的效应以实现特定功能的陶瓷，在电子、通信、计算机、激光和航空航天等技术领域有着广泛的应用。结构陶瓷具有优良的耐高温、抗磨损性能，作为高性能机械结构零件新材料显示出广阔的应用前景。表 3-1 列出了一些典型的先进陶瓷材料及其用途。

表 3-1　典型先进陶瓷材料及其用途

材　料		举　例		用　途
功能陶瓷	半导体材料	第一代	Si、Ge	晶体管 集成电路 电力电子器件 光电子器件
		第二代	GaAs、InP、GaP、InAs、AlP	
		第三代	GaN、SiC、金刚石	

续表

	材料	举　例	用　途
功能陶瓷	磁性材料	$SrO \cdot 6Fe_2O_3$、$ZnFe_2O$	计算机磁芯 磁记录的磁头与磁介质
	压电材料	水晶（α-SiO_2） $LiNbO_3$、$LiTaO_3$ $BaTiO_3$、PZT	谐振器，阻尼器 滤波器，换能器 传感器，驱动器
	光学晶体	蓝宝石（α-Al_2O_3）	滤光片，激光红外窗口，半导体衬底片
	电光晶体	GaN GaAs、CdTe	半导体照明 蓝光激光器 红外激光器
工程陶瓷		Si_3N_4 Al_2O_3 SiC ZrO_2	精密耐磨轴承、刀具 发动机部件、喷嘴 阀芯、密封环 陶瓷装甲

3.1.5　超精密加工技术

1．超精密切削

　　超精密切削以 SPDT 技术开始，该技术以空气轴承主轴、气动滑板、高刚性、高精度工具、反馈控制和环境温度控制为支撑，可获得纳米级表面粗糙度。所用刀具为大块金刚石单晶，刀具刃口半径极小（约 20 nm）。最先用于铜的平面和非球面光学元件的加工。随后，加工材料拓展至有机玻璃、塑料制品（如照相机的塑料镜片、隐形眼镜镜片等）、陶瓷及复合材料等。超精密切削技术也由单点金刚石切削拓展至多点金刚石铣削。

　　由于金刚石刀具在切削钢材时会产生严重的磨损现象，因此有些研究人员尝试使用单晶 CBN、超细晶粒硬金属、陶瓷刀具来改善此问题。未来的发展趋势是利用镀膜技术来改善金刚石刀具在加工硬化钢材时的磨耗。此外，MEMS 组件等微小零件的加工需要微小刀具，目前微小刀具的尺寸可达 50～100 μm，但如果加工几何特征在亚微米甚至纳米级时，刀具直径必须再缩小。其发展趋势是利用纳米材料，如纳米碳管，来制作超小刀径的车刀或铣刀。

　　超精密切削脆性材料时，加工表面可以不产生脆性破裂痕迹而得到镜面，这涉及极薄切削时的脆性材料塑性切除的脆塑转换问题。

　　对于超精密切削的过程机理研究，现在使用计算机仿真和分子动力学模拟等方法，获得了很好的效果。它一方面可以加深对极薄层材料切削去除机理的认识，同时可对切削效果做预报。如图 3-6 所示，它是对超精密切削过程的计算机仿真分子动力学模拟，采用该方法可看到切削极薄层材料时的动态切除过程，能对切除过程做动画演示。

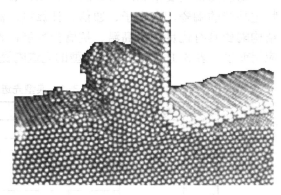

图 3-6　超精密切削的分子动力学模拟

2．超精密磨削

超精密加工发展初期，磨削这种加工方法是被忽略的，因为砂轮中磨粒切削刃高度沿径向分布的随机性和磨损的不规则性限制了磨削加工精度的提高。随着超硬磨料砂轮及砂轮修整技术的发展，超精密磨削技术逐渐成形并迅速发展。

3．超精密研磨与抛光

研磨、抛光是最古老的加工工艺，也一直都是超精密加工最主要的加工手段。通常，研磨为次终加工工序，将平面度降低至数微米以下，并去除前道工序（通常为磨削）产生的损伤层。抛光是目前主要的终加工手段，目的是降低表面粗糙度并去除研磨形成的损伤层，获得光滑、无损伤的加工表面。抛光过程中材料去除量十分微小，约为 5 μm。到目前为止，应用最为广泛、技术最为成熟的是化学机械抛光 CMP（Chemical Mechanical Polishing）技术。

超精密加工的精度不仅随时代变化，即使在同一时期，工件的尺寸、形状、材质、用途和加工难度不同，超精密加工的精度也不同。对上述几种典型的超精密加工技术可进行定性比较，如表 3-2 所示。

表 3-2　几种典型的超精密加工技术对比

加工方法	材料去除率	表面粗糙度	对设备要求	同一批可加工工件
SPDT	较高	高	高	单
ELID 磨削	高	高	高	多
平面研磨	中	较高	中	较多
CMP	低	较高	低	较多
离子束抛光	低	较高	专用	单

3.1.6　超精密加工设备

1．国外超精密机床的发展

发展超精密机床是发展超精密加工的极重要内容。各发达国家都发展了多种超精密机床。超精密机床的发展方向是：进一步提高超精密机床的精度，发展大型超精密机床，发展多功能和高效专用超精密机床。

美国、英国、德国等在 20 世纪 70 年代，日本在 80 年代，即开始生产超精密机床产品，可以批量供应。大型超精密机床方面，美国于 1986 年由 LLL 国家实验室研制成功加工直径 2.1 m 的卧式 DTM-3 金刚石车床和加工直径 1.65 m 的 LODTM 立式大型光学金刚石车床两台大型超精密金刚石车床，其中 LODTM 立式大型光学金刚石车床被公认为世界上精度最高的超精密机床。美国后来又研制了大型六轴数控精密研磨机，用于加工大型光学反射镜。

英国 Cranfield 精加工中心于 1991 年研制成 OAGM-2500（工作台面积 2 500 mm× 2 500 mm）多功能三坐标联动数控磨床，可加工（磨削、车削）和测量精密自由曲面，并且用此机床采用加工件拼合方法，加工完成天文望远镜中的直径 7.5 m 的大型反射镜。日本的多功能和高效专用超精密机床发展较好，促进了日本微电子和家电工业的发展。

现在国外生产的中型超精密机床产品的精度已明显提高，美国 Moore 公司早在 2000 年就生产出五轴联动 500FG 超精密机床，该机床不仅可加工精密回转体非球曲面，并可加工精密

自由曲面。机床空气轴承主轴转速 20～2 000 r/min，主轴回转误差≤0.025 μm。液体静压导轨由无刷直线电机驱动，直线度误差≤0.3 μm/300 mm，定位精度为 0.3 μm。

2. 我国超精密机床的发展

过去相当长时期，由于受到禁运限制，我们难以进口国外的超精密机床。但在 1998 年我国数控超精密机床研制成功后，国外马上对我国开禁，我国现在已经进口了多台超精密机床。

我国北京机床研究所、航空精密机械研究所、哈尔滨工业大学等单位，现在已能生产若干种超精密数控金刚石机床。北京机床研究所制成的加工直径 800 mm 的超精密车床、哈尔滨工业大学研制的超精密车床，这两台机床有两坐标精密数控系统和两坐标激光在线测量系统，可加工非球回转曲面。哈尔滨工业大学研制的加工 KDP 晶体大平面的超精密铣床，KDP 晶体可用于激光倍频，是大功率激光系统中的重要元件。在超精密机床技术方面，必须承认我们和国外相比还有相当大的差距，国产超精密机床的质量尚待继续提高。

美国、英国、俄罗斯三国都自己研制并拥有大型超精密机床。我国过去没有大型超精密机床，因而无法加工大直径曲面反射镜等大型超精密零件，这些大型超精密零件国外不卖给我们，因而发展国防尖端技术受到很大限制。现在我国正在研制加工直径 1 m 以上的立式超精密机床。目前我国在多功能和高效专用超精密机床方面基本还是空白。

超精密加工机床应具有高精度、高刚度、高加工稳定性和高度自动化的要求，超精密机床的质量主要取决于机床的主轴部件、床身导轨及驱动部件等关键部件的质量。

1）精密主轴部件

精密主轴部件是超精密机床的圆度基准，也是保证机床加工精度的核心。主轴要求达到极高的回转精度，精度范围为 0.02～0.1 μm，此外，主轴还要具有相应的刚度，以抵抗受力后的变形。主轴运转过程中产生的热量和主轴驱动装置产生的热量对机床精度有很大影响，故必须严格控制温升和热变形。为了获得平稳的旋转运动，超精密机床主轴广泛采用空气静压轴承，主轴采用皮带卸载驱动和磁性联轴节驱动的主轴系统。

精密主轴极高的回转精度关键在于所用的精密轴承。早期的精密主轴采用超精密级的滚动轴承，如瑞士 Shaublin 精密车床，采用滚动轴承，其加工精度可达 1 μm 表面粗糙度。制造高精度的滚动轴承是极为不易的，要进一步提高主轴精度更是困难。目前，超精密机床的主轴广泛采用液体静压轴承和空气静压轴承。

液体静压轴承回转精度很高（<0.1 μm），且刚度和阻尼大，因此转动平稳、无振动。图 3-7 所示为典型的液体静压轴承主轴结构原理图，压力油通过节流孔进入轴承耦合面间的油腔，轴在轴套内悬浮，不产生固体摩擦。当轴受力偏歪时，耦合面间泄油的间隙改变，造成相对油腔中油压不等，油的压力差将推动轴回向原来的中心位置。液体静压轴承也有明显的缺陷：如工作时油温会升高，将造成热变形，影响主轴精度；会将空气带入油源，将降低液体静压轴承的刚度。液体静压轴承一般用于大型超精密机床。

空气静压轴承的工作原理与液体静压轴承类似。由于空气静压轴承具有很高的回转精度、工件平移，在高速转动时温升甚小，虽然刚度较低，承载能力不高，但由于在超精密切削时切削力甚小，故在超精密机床中得到广泛的应用。

图 3-8 为一种双半球结构空气静压轴承主轴，其前、后轴承均采用半球状，既是径向轴承又是推力轴承。由于轴承的气浮面是球面，有自动调心作用，可提高前、后轴承的同

心度和主轴的回转精度。

2）床身和精密导轨

床身是机床的基础部件，应具有抗振衰减能力强、热膨胀系数低、尺寸稳定性好的要求。目前，超精密机床床身多采用人造花岗岩材料制造。人造花岗岩是由花岗岩碎粒用树脂粘结而成，它不仅具有花岗岩材料的尺寸稳定性好、热膨胀系数低、硬度高、耐磨且不生锈的特点，又可铸造成型，克服了天然花岗岩有吸湿性的不足，并加强了对振动的衰减能力。

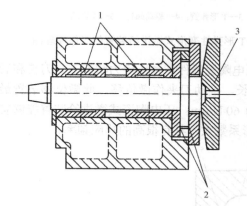

1—径向轴承；2—推力轴承；3—真空吸盘

图 3-7　典型的液体静压轴承主轴结构原理图

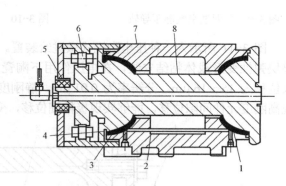

1—前轴承；2—供气孔；3—后轴承；4—定位环；

5—旋转变压器；6—无刷电动机；7—外壳；8—多孔石墨

图 3-8　双半球结构空气静压轴承主轴

超精密机床导轨部件要求有极高的直线运动精度，不能有爬行，导轨耦合面不能有磨损，因而液体静压导轨、气浮导轨和空气静压导轨，均具有运动平稳、无爬行、摩擦因数接近于零的特点，在超精密机床中得到广泛的使用。

图 3-9 所示为日本日立精工的超精密机床所用的空气静压导轨，其导轨的上下、左右均在静压空气的约束下，整个导轨浮在中间，基本没有摩擦力，有较好的刚度和运动精度。

3）微量进给装置

高精度微量进给装置是超精密机床的一个关键装置，它对实现超薄切削、高精度尺寸加工和实现在线误差补偿有着十分重要的作用。目前，高精度微量进给装置分辨率已可达到 $0.001 \sim 0.01\ \mu m$。

在超精密加工中，要求微量进给装置满足如下的要求：①稍微进给与粗进给分开，以提高微位移的精度、分辨率和稳定性；②运动部分必须是低摩擦和高稳定性，以便实现很高的重复精度；③末级传动元件必须有很高的刚度，即夹固刀具处必须是高刚度的；④工艺性好，容易制造；⑤应能实现微进给的自动控制，动态性能好。

微量进给装置有机械或液压传动式、弹性变形式、热变形式、流体膜变形式、磁致伸缩式、压电陶瓷式等多种结构形式。

图 3-10 所示是一种双 T 形弹性变形式微进给装置的工作原理图。当驱动螺钉 4 前进时，迫使两个 T 形弹簧 2、3 变直伸长，从面可使位移刀夹前进。该微量进给装置的分辨率为 $0.01\ \mu m$，最大输出位移为 $20\ \mu m$，输出位移方向的静刚度为 $70\ N/\mu m$，满足切削负荷要求。

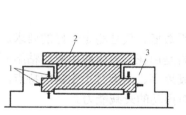

1—静压空气；2—移动工作台；3—底座

图 3-9　平面型空气静压导轨

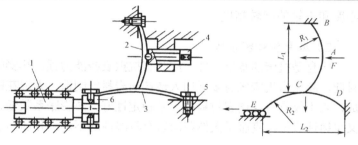

1—微位移刀夹；2、3—T 形弹簧；4—驱动螺钉；5—固定端；6—动端

图 3-10　双 T 形弹性变形式微进给装置的工作原理图

图 3-11 所示为一种压电陶瓷式微进给装置。压电陶瓷器件在预压应力状态下与刀夹和后垫块弹性变形载体粘结安装，在电压作用下陶瓷伸长，推动刀夹作微位移。此微位移装置最大位移为 15～16 μm，分辨率为 0.01 μm，静刚度为 60 N/μm；压电陶瓷式微进给装置能够实现高刚度元件间隙位移，能够实现极精细位移，变形系数大，具有很高的响应频率。

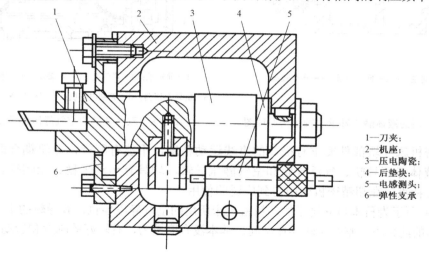

1—刀夹；
2—机座；
3—压电陶瓷；
4—后垫块；
5—电感测头；
6—弹性支承

图 3-11　压电陶瓷式微进给装置

3.1.7　超精密加工环境

工作环境的任何微小变化都可能影响加工精度的变化，使超精加工达不到精度要求。因此，超精密加工必须在超稳定的环境下进行。超稳定环境主要是指恒温、超净和防振三个方面。

由于加工零件的精度和加工方式不同而对超精密加工环境的要求也有所不同，必须建立符合各自要求的特定环境，如图 3-12 所示。

超精密加工一般应在多层恒温条件下进行，不仅放置机床的房间应保持恒温，还要求机床及部件应采取特殊的恒温措施。一般要求加工区温度和室温保持在 20±0.06℃的范围内。

超净化的环境对超精密加工也很重要，因为环境中的硬粒子会严重影响被加工表面的质量。如加工硅晶片时，要求环境的净化为 1 立方英尺空气内大于 0.1 μm 的尘埃数要小于 10 个。

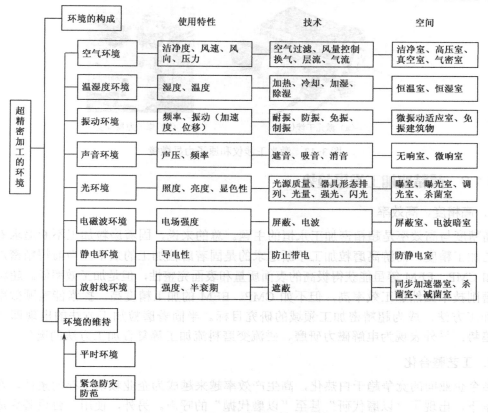

图 3-12 构成超精密加工环境的基本条件

外界振动对超精密加工的精度和粗糙度影响甚大。采用带防振沟的隔振地基和把机床安装在专用的隔振设备上，都是极有效的防振措施。

3.1.8 超精密加工精度的在线检测及计量测试

超精密加工精度可采取两种减少加工误差的策略，一种是所谓误差预防策略，即通过提高机床制造精度，保证加工环境的稳定性等方法来减少误差源，从而使加工误差消失或减小。另一种是所谓误差补偿策略，是指对加工误差进行在线检测，实时建模与动态分析预报，再根据预报数据对误差源进行补偿，从而消除或减小加工误差。实践证明，若加工精度高出某一要求后，利用误差预防技术来提高加工精度要比用误差补偿技术的费用高出很多。从这个意义上讲，误差补偿技术必将成为超精密加工的主导方向。

近年来，西方工业发达国家在精密计量仪器方面的研制，极大地推动了超精密加工技术的发展。在大距离的测量仪器中，双频激光干涉仪的测量精度高、测量范围大，但是对环境的要求较高。随着微光学器件的发展，使光栅技术有了很大的进步。德国 Heidenhain 的超精密光栅尺被世界各超精密设备厂家选用。对于小距离的测量仪器中，电容式、电感式测微仪仍是主要的设备，光纤测微仪也发展很快。在更小测量范围的测量仪器中有扫描隧道显微镜 STM、扫描电子显微镜 SEM、原子力显微镜 AFM，这些仪器可以进行纳米级的测量，常用于表面质量检测，如图 3-13 所示。

（a）激光干涉仪　　　　　　　　　（b）原子力显微镜

图 3-13　激光干涉仪和原子力显微镜

3.1.9　超精密加工发展趋势

1．高精度、高效率

高精度与高效率是超精密加工永恒的主题。总的来说，固着磨粒加工不断追求着游离磨粒的加工精度，而游离磨粒加工不断追求的是固着磨粒加工的效率。当前超精密加工技术，如 CMP、EEM 等虽能获得极高的表面质量和表面完整性，但是加工效率低。超精密切削、磨削技术虽然加工效率高，但不如 CMP、EEM 的加工精度高。探索能兼顾效率与精度的加工方法，成为超精密加工领域的研究目标。半固着磨粒加工方法的出现即体现了这一趋势，另外表现为电解磁力研磨、磁流变磨料流加工等复合加工方法的诞生。

2．工艺整合化

当今企业间的竞争趋于白热化，高生产效率越来越成为企业赖以生存的条件。在这样的背景下，出现了"以磨代研"甚至"以磨代抛"的呼声。另外，使用一台设备完成多种加工（如车削、钻削、铣削、磨削、光整）的趋势越来越明显。

3．大型化、微型化

为加工航空航天、宇航等领域需要的大型光电子器件（如大型天体望远镜上的反射镜），需要建立大型超精密加工设备。为加工微型电子机械、光电信息等领域需要的微型器件（如微型传感器、微型驱动元件等），需要微型超精密加工设备（但这并不是说加工微小型工件一定需要微小型加工设备）。

4．在线检测

尽管现在超精密加工方法多种多样，但都尚未发展成熟。例如，虽然 CMP 等加工方法已成功应用于工业生产，但其加工机理尚未明确。主要原因之一是超精密加工检测技术还不完善，特别是在线检测技术。从实际生产角度讲，开发加工精度在线测量技术是保证产品质量和提高生产率的重要手段。

5．智能化

超精密加工中的工艺过程控制策略与控制方法，也是目前的研究热点之一。以智能化设备降低加工结果对人工经验的依赖性，一直是制造领域追求的目标。加工设备的智能化程度直接关系到加工的稳定性与加工效率，这一点在超精密加工中体现得更为明显。目前，即使是台湾地区部分半导体工厂，在生产过程中关键的操作依然由工人在现场手工完成。

6．绿色化

磨料加工是超精密加工的主要手段，磨料本身的制造、磨料在加工中的消耗、加工中造成的能源及材料的消耗，以及加工中大量使用的加工液等对环境造成了极大的负担。我国是磨料、磨具产量及消耗的第一大国，大幅提高磨削加工的绿色化程度已成为当务之急，发达国家及我国台湾地区均对半导体生产厂家的废液、废气排量及标准实施严格管制，为此，各国研究人员对 CMP 加工产生的废液、废气回收处理展开了研究。绿色化的超精密加工技术在降低环境负担的同时，提高了自身的生命力。

3.2　超高速加工技术

超高速加工是指高于常规切削速度 5 倍乃至十几倍条件下所进行的切削加工。例如，在实验室中，铝合金加工已达 6 000 m/min；而在实际生产中也达到了 1 500～5 500 m/min。在实验室中，单层镀砂轮磨削速度达 300 m/s，目前正探索 500 m/s 速度的磨削；而实际生产中也达到了 250 m/s。超高速加工不但可以大幅度提高零件的加工效率、缩短加工时间、降低加工成本；而且可以使零件的表面加工质量和加工精度达到更高的水平。

德国切削物理学家萨洛蒙（Carl Salomon）博士于 1931 年提出的著名切削理论认为：一定的工件材料对应有一个临界切削速度，在该切削速度下其切削温度最高。图 3-14 所示为"萨洛蒙曲线"，在常规切削速度范围内（图 3-14 中 A 区）切削温度随着切削速度的增大而提高，当切削速度达到临界切削速度后，随着切削速度的增大切削温度反而下降。Salomon 的切削理论给人们一个重要的启示：如果切削速度能超越切削"死谷"（图 3-14 中 B 区），在超高速区内（图 3-14 中 C 区）进行切削，则有可能用现有的刀具进行高速切削，从而可大大减少切削工时，成倍地提高机床的生产率。

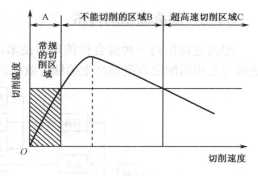

图 3-14　萨洛蒙曲线

3.2.1　超高速加工的特点

超高速加工具有以下特点。

1．工件热变形减小

在超高速加工中，由于切屑在极短瞬间被切除，切削热绝大部分被切屑带走，因而工件温度并不高，不仅工件受热变形的可能性减小，而且可避免热应力、热裂纹等表面缺陷。

2．有利于保证零件的尺寸、形位精度

在超高速加工中单位切削力由于切削层材料软化而减小，从而可减小零件加工中的变形。这对于加工刚性差的薄壁类零件特别有利。

3．可获得较好的已加工表面质量和较小的表面粗糙度值

超高速加工可减小表面硬化层深度，减小表面残余应力及表面层微观组织的热损伤，从而减小工件表面层材质的机械、物理及化学性质产生变化的可能性，保证已加工表面的内在质量，确保零件的使用性能。不仅可以粗、精加工工序复合加工，而且不需要在加工后消除内应力。例如，模具表面采用超速硬铣削，获得较好的已加工表面质量，可以部分取代电火花成型加工。

4．工艺系统振动减小

在超高速加工中由于机床主轴转速很高，激励振动的频率远离机床固有振动频率，因而使工艺系统振动减小，提高加工质量。

5．显著提高材料切除率

在提高切削速度的同时可提高进给速度，从而显著提高材料切除率。例如，超高速铣削，当保持切削厚度不变（每齿进给量和切深不变），进给速度比常规铣削可提高 5～10 倍，从而达到很高的材料切除率。超高速铣削已广泛用于汽车业、航空航天业和模具制造业，加工铝、镁等轻金属合金以及钢材、铸铁。例如，汽车发动机缸体和缸盖、减速器壳体、飞机的整体铝合金薄壁零件、淬硬模具钢，以及镍基合金、钛合金等难加工材料。提高材料切除率的策略已由强力缓慢转向快速而轻便，机床由强力型（提高力学特性参数）转向高速型（提高速度特性参数）。

3.2.2 超高速切削技术

超高速切削是一种综合性的高新技术，超高速切削技术的推广应用是多项相关技术发展到与之相匹配的程度而产生的综合效应。超高速切削的相关技术可用图 3-15 来表示。下

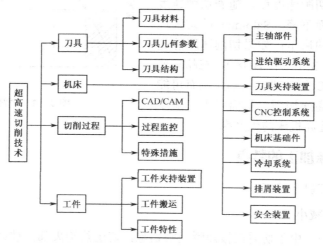

图 3-15　超高速切削的相关技术

面就超高速切削中的刀具技术、高速主轴技术、直线滚动导轨和直线驱动技术、高速数控技术、机床结构等进行叙述。

1. 超高速切削的刀具技术

1）超高速切削的刀具材料

切削刀具材料的迅速发展是超高速切削得以实施的工艺基础。超高速切削加工要求刀具材料与被加工材料的化学亲合力要小，并且具有优异的机械性能、热稳定性、抗冲击性和耐磨性。目前适合于超高速切削的刀具材料主要有涂层刀具、金属陶瓷刀具、陶瓷刀具、立方氮化硼 CBN 刀具、聚晶金刚石 PCD 刀具等。特别是聚晶金刚石刀具和聚晶立方氮化硼刀具（PCBN）的发展推动超高速切削走向更广泛的应用领域。

（1）涂层刀具材料：涂层刀具通过在刀具基体上涂覆金属化合物薄膜，以获得远高于基体的表面硬度和优良的切削性能。常用的刀具基体材料主要有高速钢、硬质合金、金属陶瓷、陶瓷等；涂层既可以是单涂层、双涂层或多涂层，也可以是由几种涂层材料复合而成的复合涂层。硬涂层刀具的涂层材料主要有氮化钛 TiN、碳氮化钛 TiCN、氮化铝钛 TiAlN、碳氮化铝钛 TiAlCN 等，其中 TiAlN 在超高速切削中性能优异，其最高工作温度可达 800℃。软涂层刀具（如采用硫族化合物 MoS_2、WS_2 作为涂层材料的高速钢刀具）主要用于加工高强度铝合金、钛合金或贵金属材料。

（2）金属陶瓷刀具材料：金属陶瓷具有较高的室温硬度、高温硬度及良好的耐磨性。金属陶瓷材料主要包括高耐磨性 TiC 基硬质合金（TiC+Ni 或 Mo）、高韧性 TiC 基硬质合金（TiC+TaC+WC）、强韧 TiN 基硬质合金（以 TiN 为主体）、高强韧性 TiCN 基硬质合金（TiCN+NbC）等。金属陶瓷刀具可在 300～500 m/min 的切削速度范围内高速精车钢和铸铁。

（3）陶瓷刀具材料：陶瓷刀具材料主要有氧化铝基和氮化硅基两大类，是通过在氧化铝和氮化硅基体中分别加入碳化物、氮化物、硼化物、氧化物等得到的，此外还有多相陶瓷材料。目前国外开发的氧化铝基陶瓷刀具约有 20 余个品种，约占陶瓷刀具总量的 2/3；氮化硅基陶瓷刀具约有 10 余个品种，约占陶瓷刀具总量的 1/3。陶瓷刀具可在 200～1 000 m/min 的切削速度范围内，高速切削软钢（如 A3 钢）、淬硬钢、铸铁等。

（4）PCD 刀具材料：PCD 是在高温高压条件下，通过金属结合剂将金刚石微粉聚合而成的多晶材料。虽然它的硬度低于单晶金刚石，但有较高的抗弯强度和韧性；PCD 材料还具有高导热性和低摩擦系数；另外，其价格只有天然金刚石的几十分之一至十几分之一，因此得到广泛应用。PCD 刀具主要用于加工耐磨有色金属和非金属，与硬质合金刀具相比能在切削过程中保持锋利刃口和切削效率，使用寿命一般高于硬质合金刀具 10～500 倍。

（5）CBN 刀具材料：立方氮化硼的硬度仅次于金刚石，它的突出优点是热稳定性（140℃）好，化学惰性大，在 1 200～1 300℃下也不发生化学反应。CBN 刀具具有极高的硬度及红硬性，可承受高切削速度，适用于超高速加工钢铁类工件，是超高速精加工或半精加工淬火钢、冷硬铸铁、高温合金等的理想刀具材料。

PCBN 的制造方法与 PCD 相同，PCBN 主要用于加工黑色金属等难加工材料，特别适于切削 HRC45～65 的淬硬钢、耐热合金、高速钢（HSS）、灰铸铁等。PCBN、PCD 是超高速切削中工作寿命最长的刀具，但 PCBN、PCD 对振动比较敏感，在应用中机床结构和工件夹持状况对刀具寿命有很大影响。

2）超高速切削刀具的结构

超高速切削刀具的结构主要从加工精度、安全性、高效率方面考虑，如超高速刀具的几何结构设计和刀具的装夹结构。

为了使刀具具有足够的使用寿命和低的切削力，刀具的几何角度必须选择最佳数值，如超高速切削铝合金时，刀具最佳前角数值为 12°～15°，后角数值为 13°～15°；超高速切削钢材时，分别对应的是 0°～5°、12°～16°；超高速切削铸铁时，分别对应的是 0°、12°；超高速切削铜合金时，分别对应的是 8°、16°；超高速切削纤维强化复合材料时，最佳前角数值为 20°，后角数值为 15°～20°。

用于高速切削 $n>6\,000$ r/min 的可转位面铣刀，由于刀体和可转位刀片均受很大的离心力作用，通常不允许采用摩擦力夹紧方式，而必须采用带中心孔的刀片，用螺钉夹紧，并控制螺钉在静止状态下夹紧刀片时所受预应力的大小。刀片、刀座夹紧力方向最好与离心力方向一致。

刀体的设计应减轻质量，减小直径，增加高度，选用比重小、强度高的材料。铣刀结构应尽量避免采用贯通式刀槽，减小尖角，防止应力集中；还应减少机夹零件的数量；刀体结构应对称于回转轴，使其重心通过铣刀轴线；超高速回转刀具还应提出动平衡的要求。

高速切削不仅要求刀具本身具有良好的刚性、柔性、动平衡性和可操作性，同时对刀具与机床主轴间的连接刚性、精度和可靠性都提出了严格要求。当主轴转速超过 15 000 r/min 时，由于离心力的作用将使主轴锥孔扩张，刀柄与主轴的连接刚度会明显降低，径向跳动精度会急剧下降，甚至出现颤振。为了满足高速旋转时不降低刀柄的接触精度，一种新型的双定位刀柄已在高速切削机床上得到应用，这种刀柄的锥部和端面同时与主轴保持面接触，定位精度明显提高，轴向定位重复精度可达 0.001 mm。这种刀柄结构在高速转动的离心力作用下会更牢固地锁紧，在整个转速范围内保持较高的静态和动态刚性，如图 3-16 所示的德国 HSK 刀柄就是采用这种结构的。

HSK 刀柄结构采用 1:10 锥度，刀柄为中空短柄，如图 3-16（a）所示。其工作原理是靠锁紧力及主轴内孔的弹性膨胀补偿端面间隙。由于中空刀柄自身有较大的弹性变形，因此对刀柄的制造精度要求可低一些。但中空刀柄结构也使其刚度和强度受到一定影响。HSK 整体式刀柄采用平衡式设计，刀柄结构有 A 型、B 型、C 型、D 型、E 型、F 型等六种形式，如图 3-16（b）所示。

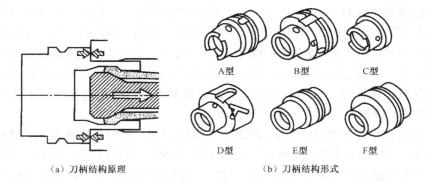

（a）刀柄结构原理　　　　　　　　（b）刀柄结构形式

图 3-16　HSK 刀柄结构

由于 HSK 刀柄系统的质量轻、刚性高、转速扭矩大、重复精度好、连接锥面短，可以缩短换刀时间，因此适应主轴高速运转，有利于高速 ATC 及机床的小型化。采用这种中空短锥二面接触强力 HSK 刀柄的机床全世界已超过 6 000 台。

2. 超高速切削机床

1）超高速主轴单元

超高速主轴单元是超高速加工机床最关键的基础部件。超高速主轴单元包括主轴动力源、主轴、轴承和机架四个主要部分。超高速主轴单元在结构上分为两类，即分离式高速主轴单元与内装式电主轴单元。

分离式主轴采用皮带传动，其核心技术主要是主轴单元结构设计，主轴轴承的合理选择、装配及调整，主轴单元冷却系统的设计及主轴单元的试制等。

内装式电主轴采用电机直接驱动方式，主轴电机与机床主轴合二为一，将其空心转子直接套装在机床主轴上，带有冷却套的定子则安装在主轴单元的壳体内，这样，电机的转子就是机床的主轴，机床主轴单元的壳体就是电机座，从而实现了变频电机与机床主轴的一体化。由于它取消了从主电机到机床主轴之间的一切中间传动环节，把主传动链的长度缩短为零。我们称这种新型的传动方式为"零传动"，如图 3-17 所示。

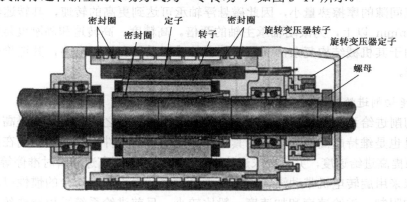

图 3-17　超高速电主轴

集成式电机主轴振动小，由于直接传动，减少了高精密齿轮等关键零件，消除了齿轮的传动误差。同时，集成式主轴也简化了机床设计中的一些关键性的工作，如简化了机床外形设计，容易实现超高速加工中快速换刀时的主轴定位等。

这种电主轴和以前用于内圆磨床的内装式电机主轴有很大的区别，主要表现在：

（1）有很大的驱动功率和扭矩。

（2）有较宽的调速范围。

（3）有一系列监控主轴振动、轴承和电机温升等运行参数的传感器、测试控制和报警系统，以确保主轴超高速运转的可靠性与安全性。

国外超高速主轴单元的发展较快，中等规格的加工中心的主轴转速已普遍达到 10 000 r/min，甚至更高。美国福特汽车公司推出的 HVM800 卧式加工中心主轴单元采用液体动静压，轴承最高转速为 15 000 r/min。瑞士米克朗公司作为铣削行业的先锋企业，一直致力于超高速加工机床的研制开发，先后推出了主轴转速 42 000 r/min 和 60 000 r/min 的超高速

铣削加工中心。我国北京第一机床厂的 VRA400 立式加工中心，主轴转速也达到了 20 000 r/min，快速移动速度 X、Y 轴为 48 m/min，Z 轴为 24 m/min。

2）超高速轴承技术

轴承是超高速主轴系统的核心零部件。高速主轴采用的轴承有滚动轴承、气浮轴承、液体静压轴承和磁悬浮轴承几种形式。

（1）因滚动轴承有很多优点，故多数高速铣床主轴上采用的是滚动轴承，但轴承滚珠由氮化硅陶瓷制成。陶瓷球轴承具有重量轻、热膨胀系数小、硬度高、耐高温、超高温时尺寸稳定、耐腐蚀、弹性模量比钢高、非磁性等优点。缺点是制造难度大、成本高，对拉伸应力和缺口应力较敏感。

（2）气浮轴承主轴的优点在于高的回转精度、高转速和低温升，其缺点是承载能力较低，因而主要适用于工件形状精度较高、所需承载能力不大的场合。

（3）液体静压轴承主轴的最大特点是运动精度高，回转误差一般在 0.2 μm 以下；动态刚度大，特别适合于像铣削等的断续切削过程。但液体静压轴承的最大不足是高压液压油会引起油温升高，造成热变形，影响主轴精度。

（4）磁悬浮轴承是用电磁力将主轴无机械接触地悬浮起来，其间距一般在 0.1 mm 左右，由于空气间隙的摩擦热量小，因此磁悬浮轴承可达到更高的转速，其转速特征值可达 4.0×10^6 mm·r/min 以上，为滚动轴承主轴的两倍。高精度、高转速和高刚度是磁悬浮轴承的优点。但由于其机械结构复杂，需要一整套传感器系统和控制电路，其造价也是滚动轴承主轴的两倍。

3）超高速切削进给系统

超高速切削进给系统是评价超高速机床性能的重要指标之一，不仅对提高生产率有重要意义，而且也是维持超高速切削中刀具正常工作的必要条件。超高速切削在提高主轴速度的同时必须提高进给速度，并且要求进给运动能在瞬时达到高速和瞬时准停等。

传统机床采用旋转电机带动滚珠丝杠的进给方案，由于其工作台的惯性以及受螺母丝杆本身结构的限制，进给速度和加速度一般比较小。目前进给系统采用滚珠丝杠结构的加工中心最高的快速进给速度是 60 m/min，工作进给速度是 40 m/min。

直线电机驱动系统如图 3-18 所示。直线电机直接驱动技术是把电机平铺下来，电机的动子部分直接与机床工作台相连，从而消除了一切中间传动环节，实现了直接驱动，直线驱动最高加速度可提高到 1g 以上，加速度的提高可大大提高盲孔加工、任意曲线曲面加工的生产率。

最早开发使用进给直线电机的美国 Ingersoll 公司，在其 HVM8 加工中心的 X、Y、Z 轴上使用了永磁式直线电机，最高进给速度达 76.2 m/min，进给加速度达 1～1.5 g。意大利 Vigolzone 公司生产的高速卧式加工中心，三轴采用直线电机，进给速度三轴均达到 70 m/min，加速度达到 1 g。德国 Excell-O 公司生产的 XHC24 卧式加工中心，采用了 Indramat 公司的直线驱动电机，最高进给速度可以达到 60 m/min，加速度为 1 g，进给速度为 20 m/min 时，轮廓加工精度达到 4 μm。

直线电机直接驱动的优点是：①控制特性好、增益大、滞动小，在高速运动中保持较高位移精度；②高运动速度，因为是直接驱动，最大进给速度可高达 100～180 m/min；③高

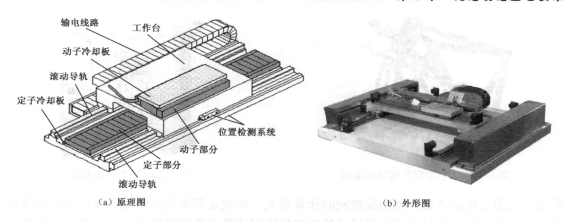

（a）原理图　　　　　　　　　　　　　　　（b）外形图

图 3-18　直线电机驱动系统

加速度，由于结构简单、质量轻，可实现的最大加速度高达 2～10 g；④无限运动长度；⑤定位精度和跟踪精度高，以光栅尺为定位测量元件，采用闭环反馈控制系统，工作台的定位精度高达 0.1～0.01 μm；⑥启动推力大（可达 12 000 N）；⑦由于无传动环节，因而无摩擦、无往返程空隙，且运动平稳；⑧有较大的静、动态刚度。

直线电机直接驱动的缺点是：①由于电磁铁热效应对机床结构有较大的热影响，需附设冷却系统；②存在电磁场干扰，需设置挡切屑防护；③有较大功率损失；④缺少力转换环节，需增加工作台制动锁紧机构；⑤由于磁吸力作用，造成装配困难；⑥系统价格较高。

超高速进给单元技术包括进给伺服驱动技术、滚动元件技术、监测单元技术和其他周边技术（如防尘、防屑、降噪声、冷却润滑及安全技术等）。

4）超高速切削机床结构的变化

目前，绝大多数数控机床，即便是配备了最新型数控系统的机床，其基本结构也都为串联式结构。由于串联轴配置，后运动的轴受到先运动的轴带动和加速；此外，全部的载荷（包括力和弯矩）都作用在每一根轴上，因此，轴的刚性必须非常高。随着机床尺寸的增大，串联式的机构具有很大的运动质量，使机床在高速时动态性能恶化和轨迹误差加大。

随着高速加工的不断发展，机床设计思想有了重大突破，诞生了新型的并联虚拟轴机床。高速切削的基本要求是刀具与工件间相对运动速度要快，即高切削速度、高进给速度、高加速度。

高速度必然导致运动部件轻型化。由于主轴和刀具与工件相比，一般重量小而且基本确定，所以机床设计在构思上趋于让工件处于静止，而让主轴和刀具运动。新型并联虚拟轴（又称机床六杆并联机床）结构原理如图 3-19 所示。美国 Ingersoll 公司研制的六杆并联机床如图 3-20 所示。

这种机床的优点是：①结构简单、刚性好，采用框架结构和伸缩杆的球头万向节联结，各杆只受拉、压力；②运动和定位精度高，机床无导轨，主轴头的运动、定位精度不受其他部件影响；③运动质量小，可以高速度运动；④对结构架的制造、装配无特别精度

图 3-19 六杆并联机床结构原理

图 3-20 六杆并联机床

要求。它的主要缺点是：①测量控制的计算量大，即便是简单的直线运动或绕某一轴线转动也须六轴联动；②与同样结构尺寸的传统机床相比其工作空间较小；③目前价格很高。此外，由于六杆机床的六个可伸缩杆不是标准组件，如果要求刚性很高，在结构上很难有什么别的方法；可伸缩腿的驱动是一个热源，会引起误差；并联机床的工作空间始终是旋转对称的，没有优先方向，不能随意造型。

3.2.3 超高速磨削技术

超高速磨削（砂轮速度≥150 m/s）是近年迅猛发展的一项先进制造技术，被誉为"现代磨削技术的最高峰"。

超高速磨削技术的特点有：

（1）大幅度提高磨削效率，设备使用台数少；

（2）磨削力小，磨削温度低，加工表面完整性好；

（3）砂轮使用寿命长，有助于实现磨削加工的自动化；

（4）实现对难加工材料的磨削加工。

超高速磨削关键技术如下。

1. 超高速磨削砂轮

超高速磨削砂轮应具有良好的耐磨性、高动平衡精度和机械强度、高刚度和良好的导热性等。

1）超高速砂轮的材料

超高速磨削用砂轮应具有抗冲击强度高、耐热性好、微破碎性好、杂质含量低等优点。超高速磨削砂轮可以使用 Al_2O_3、SiC、CBN 和金刚石磨料。从超高速磨削的发展趋势看，CBN 和金刚石砂轮在超高速磨削中所占的比重越来越大。超高速磨削砂轮的结合剂可以是树脂、陶瓷或金属结合剂。在 20 世纪 90 年代，用陶瓷或树脂结合剂的 Al_2O_3、SiC 或 CBN 磨料砂轮，线速度可达 125 m/s，极硬的 CBN 或金刚石砂轮的线速度可达 150 m/s，而单层电镀 CBN 砂轮的线速度可达 250 m/s 左右，甚至更高。

2）超高速砂轮的修整

超高速单层电镀砂轮一般不需修整，在特殊情况下利用粗磨粒、低浓度电镀杯形金刚石修整器对个别高点进行微米级修整。试验表明，当修整轮进给量在 3～5 mm/r 时不仅保证

了工件质量，而且可以延长砂轮寿命。

超高速金属结合剂砂轮一般采用电解修锐。超高速陶瓷结合剂砂轮的修整精度对加工质量有重要影响。日本丰田工机在 GZ50 超高速外圆磨床的主轴后部装有全自动修整装置，金刚石滚轮以 25 000 r/min 的速度回转，采用声发射传感器对 CBN 砂轮表面接触进行检测，以 0.1 μm 的进给精度对超高速砂轮进行修整。

2. 超高速电主轴技术

超高速磨削主要采用大功率超高速电主轴。高速电主轴惯性扭矩小，振动噪声小，高速性能好，可缩短加减速时间，但它有很多技术难点。从精度方面看，如何减小电动机发热以及如何散热等将成为今后研究的课题，其制造难度所带来的经济负担也是相当大的。德国 Fa.Hofmann 公司进行过高速磨削试验，为实现 500 m/s 的线速度，采用最大功率为 25 kW 的高速主轴，使其能在 30 000 r/min 和 40 000 r/min 转速下正常工作。日本一家轴承厂采用内装 AC 伺服电机研制了一种超高速磨头，在 250 000 r/min 高速下也能稳定工作。

3. 超高速轴承技术

高速主轴采用的轴承有滚动轴承、气浮轴承、液体静压轴承和磁悬浮轴承几种形式。

目前国外多数高速磨床采用的是滚动轴承。德国 FAG 轴承公司开发了 HS70 和 HS719 系列的新型高速主轴轴承，它将球直径缩小至原直径尺寸的 70%，增加了球数，从而提高了轴承结构的刚性，若润滑合理，其连续工作时滑动线速度极限 DN 值可达 250 万（DN 值为轴承内径或轴的外径（mm）与转速（r/min）的乘积）。采用空心滚动体可减小滚动体质量，从而减小离心力和陀螺力矩。为减小外围所受的应力，还可以使用拱形球轴承。

日本东北大学庄司研究室开发的 CNC 超高速平面磨床，使用陶瓷球轴承，主轴转速为 30 000 r/min。日本东芝机械公司在 ASV40 加工中心上，采用了改进的气浮轴承，在大功率下实现了 30 000 r/min 主轴转速。德国 Kapp 公司采用的磁悬浮轴承砂轮主轴，转速达到 60 000 r/min，德国的 GMN 公司的磁悬浮轴承主轴单元的转速最高达 100 000 r/min 以上。此外，液体动静压混合轴承也已逐渐应用于高效磨床。

4. 超高速磨削的砂轮平衡技术与防护装置

超高速砂轮的基盘通常经过精密或超精密加工，仅就砂轮而言不需要平衡。但是砂轮在主轴上的安装、螺钉分布、法兰装配，甚至磨削液的干涉等，都会改变磨削系统的原有平衡。对于超高速砂轮系统不能仅仅进行静平衡，还必须根据系统及不平衡量划分平衡阶段，进行分级动平衡以保证在工作转速下的稳定磨削。

超高速磨削中，砂轮的平衡主要采用自动在线平衡技术，即砂轮在工作转速下自动识别不平衡量的大小和相位，并自动完成平衡工作。根据自动平衡装置的平衡原理和结构形式的不同，砂轮自动平衡技术可分为以下三种。

1）机电式自动平衡技术

在 20 世纪 80 年代末，美国 Schmitt Industries 公司生产出了一种被誉为"世界上最先进的磨床在线砂轮平衡系统"——SBS 电脑化磨床砂轮平衡系统，该系统是由微机控制微电机来移动平衡装置内部的微小重块从而修正砂轮不平衡量，如图 3-21 所示。日本研制出一种光控平衡仪，这种平衡技术也是通过微机控制平衡装置内部的传动机构和驱动元件来移动平衡块，驱动元件的动作通过受光元件接受砂轮罩上发光元件发出的信号控制。

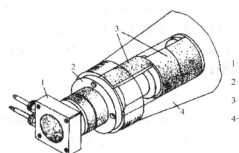

1—信号无线输送单元；
2—紧固法兰；
3—内装电子驱动元件的平衡块；
4—磨床主轴

图 3-21 机电式平衡系统

2）液体注入平衡技术

德国 Hoffman 公司和 Herming Hausen 工厂提出了砂轮液体自动平衡装置，在砂轮的法兰盘加工或安装容量一定的 4 个储水腔，均匀分布于不同象限，每一个进水槽与一个由电磁阀控制的喷水嘴相对应，因此通过不同的喷水嘴就可向不同的储水腔注入一定量的液体，从而改变砂轮不同象限的质量，实现砂轮的动平衡。日本 Kurenotron 公司把液体注入式砂轮平衡装置与微机控制高精度砂轮装置有机结合，生产出称为 Balance Doctor 的全自动砂轮平衡系统，该系统能按机床自动或全自动指令完成砂轮动平衡。

3）液、汽式平衡技术

美国 Balance Dynamics Cornoration 研制成功一种采用氟里昂作为平衡介质的 Baladyne 型液、汽砂轮平衡装置。这种平衡装置在砂轮法兰盘上有四个密封腔，每个腔内分别装有氟里昂液。相对的密封腔通过输送管相连，管道只允许汽化的氟里昂通过。工作时，对不平衡量所在相位的密封腔用电气加热，使腔内液体氟里昂汽化流入对面的不平衡腔内补偿不平衡量，使砂轮获得平衡。这个平衡装置的控制器采用整套的 CMOS 集成电路，并附加一个转速表，监控主轴转速。

5．磨削液供给系统

超高速磨削中，由于砂轮极高速旋转形成的气流屏障阻碍了磨削液有效地进入磨削区，使接触区高温得不到有效的抑制，工件易出现烧伤，严重影响零件的表面完整性和机械物理性能。因此，磨削液供给系统对提高和改善工件质量、减小砂轮磨损至关重要。超高速磨削常用的冷却液注入方法有：高压喷射法、空气挡板辅助截断气流法、气体内冷却法、径向射流冲击强化换热法等。为提高供液效果，应对供液系统参数包括供液压力、流量、磨削液喷注位置、喷嘴结构及尺寸等进行优化设计，此外系统还需配有高效率油气分离和吸排风单元。

6．超高速磨削进给系统

目前数控机床进给系统主要采用滚珠丝杠传动。随着高速、超高速加工技术的发展，国内外都采用了直线伺服电机直接驱动技术。使用高动态性能的直线电机结合数字控制技术，避免了传统的滚珠丝杠传动中的反向间隙、弹性变形、磨擦、磨损和刚度不足等缺陷，可获得高精度的高速移动性并具有极好的稳定性。

7. 磨削状态检测及数控技术

超高速磨削加工中，对砂轮破碎及磨损状态的监测非常重要，砂轮与工件和修整轮的对刀精度直接影响尺寸精度和修整质量。因此，在线智能监测是保证超高速磨削加工质量和生产率的重要因素。利用磨削过程中产生的各种声发射源，如砂轮与工件弹性接触、接合剂破裂、磨粒与工件磨擦、砂轮破碎和磨损、工件表面裂纹和烧伤、砂轮与修整轮的接触等，可以通过检测声发射信号的变化来对磨削状态进行判别和监测，已取很好效果。此外，工件精度和加工表面质量的在线监控技术也是高效率磨削的关键技术。

超高速加工的主要技术除了上述介绍的适应超高速运转的主轴部件及驱动系统、快速反应和可靠的数控系统与进给部件外，超高速机床还必须有刚度高的支撑部件（如采用重量轻、阻尼特性好的人造花岗岩作为机床基础支承件）、冷却（如选择磨削液及快速排屑装置）、安全防护系统（如用厚的优质钢板和防弹玻璃将工作区完全封闭起来）。

3.2.4　超高速铣削技术

1. 超高速铣削的技术特点

1）生产效率高，成本低

超高速铣削高硬度钢的金属切除率高，没有手工精加工等耗时的工序，缩短了生产过程，简化了辅助工作，能使整体加工效率提高几倍乃至十几倍，且其能耗低，能源和设备的利用率高，从而降低了生产成本。

2）加工精度高

对于同样的切削层参数，在超高速铣削条件下，单位切削力显著下降，且其变化幅度小，使工件的受力变形显著减小。同时，由于机床主轴运转速度极高，激振频率远离机床、工件、刀具工艺系统的高阶固有频率，能有效减小系统的振动，因此有利于获得高的加工精度。

3）加工表面质量好

超高速铣削的加工过程极为迅速，加工表面的受热时间极短，95%～98%的切削热被切屑带走，传入工件的切削热大为减少，切削温度低，热影响区和热影响程度都较小，有利于获得低损伤的加工表面。同时，由于超高速铣削时切削振动对加工质量的影响很小，因而能显著降低加工表面粗糙度，表面粗糙度 Ra 值可达到 0.1 μm。

4）适于加工薄壁类精细零件

与常规切削相比，超高速铣削加工时的切削力至少降低 30%，尤其是径向切削力显著降低，非常有利于薄壁类精细零件的加工。例如，当切削速度达到 13 000 r/min 时，可以铣削壁厚仅 0.0165 mm 的薄壁零件。

2. 超高速铣削的关键技术

超高速铣削刀具的几何角度：超高速铣削高硬度钢时，刀具的主要失效形式为刀尖破损，设计时应着重考虑提高刀尖的抗冲击强度。通常采用较小的前角（零度或负角度前角）。增大后角可减少刀具的磨损，但后角过大会影响刀具的强度和散热条件，故也不宜过大。较大的螺旋角可增大实际工作前角，减小被切金属的变形，降低切削力，还可大大降低切削力的振幅，减小振动加速度，从而改善加工表面质量。

超高速铣削刀具的材料：有整体硬质合金、涂层硬质合金、陶瓷、硬质合金和立方氮化硼等。

3．超高速铣削方式

立铣刀、圆柱铣刀等以圆周刃切削时，有逆铣和顺铣两种铣削方式。顺铣时进给功率消耗较小，每个刀齿划过的路程较逆铣约短 3%，产生的热量比逆铣少，故刀具耐用度有所改善。逆铣时切削厚度从零增加到最大，刀刃受到的摩擦力比顺铣大，径向切削力也较大，主轴轴承的负载也较大。逆铣时刀刃受拉应力，顺铣时刀刃主要受压应力，更有利于整体硬质合金刀具的加工。

3.2.5 超高速加工机床

1）超高速机床的主轴加工单元

超高速主轴加工单元是超高速加工机床最为关键的部件，其主要类型有电主轴。在高速主轴系统中采用各种超高速轴承。这种轴承要求主轴旋转时有较高刚度和承载能力，而且要求有较长的使用寿命。这种轴承是高精度陶瓷球角接触球轴承、磁力轴承、流体动静压轴承。

2）超高速机床的进给驱动系统

超高速机床要求进给系统具有与主轴高转速相对应的高速进给运动（空行程时的移动速度更高），直线电机驱动实现了无接触直接驱动，避免了滚珠丝杆（齿轮、齿条）传动中的反向间隙、惯性、摩擦力和刚度不足等缺点，可获得高精度的高速移动性并具有极好的稳定性。

3）高速加工机床的控制系统

在高速加工机床中，数字主轴控制系统和数字伺服轴驱动系统应具有超高速响应特征。主轴单元的控制系统，除了要求控制主轴电机时有很高的快速响应特性外，对主轴支撑系统也应有很好的动态响应特征。

4）高性能的刀具系统技术

对于安装在超高速主轴上的旋转类刀具（包括砂轮）来说，刀具的结构安全性和高精度的动平衡是至关重要的。

5）机床支承技术与辅助单元技术

机床支承技术主要指机床的支承构件的设计及制造技术。辅助单元技术包括快速工件装夹技术、机床安全装置、高效冷却润滑液过滤系统、切削处理及工件清洁技术。机床的床身、立柱和底座等支撑基础件，要求有良好的静刚度、动刚度和热刚度。对精密高速机床，国内外都有采用聚合物混凝土（人造花岗石）来制造床身和立柱，也有的将立柱和底座采用铸铁浇铸而成，还有采用钢板焊接件，并将阻尼材料填充其内腔以提高抗振性，效果很好。

6）超高速机床的发展趋势

（1）在干切削或准干切削状态下实现绿色的超高速切削；

（2）超高速进给单元技术；

（3）超高速加工测试技术；

（4）超高速刀具；

（5）高速 CNC 系统技术；

（6）基于新型检测技术的加工状态监控系统。

3.3　特种加工技术

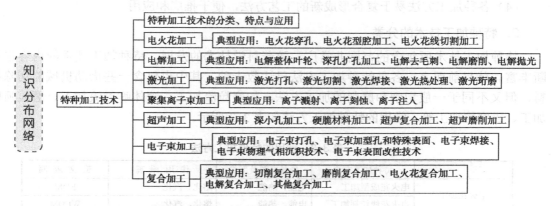

3.3.1　特种加工技术的分类、特点与应用

20 世纪 50 年代以来，科学技术的发展突飞猛进，航空航天、核能、电子信息及汽车等工业产品均要求具备很高的强度质量比与性能价格比，有些产品则要求在高温、高压、高速或腐蚀环境下长期而可靠地工作。为适应这一要求，各种新结构、新材料与复杂的精密零件大量出现，其结构形状愈来愈复杂，材料性能愈来愈强韧，精度要求愈来愈高，表面完整性愈来愈严格，而使机械制造部门面临一系列严峻的任务。为此，必须解决以下一些加工技术问题：

（1）各种难切削材料的加工问题，如硬质合金、钛合金、淬火钢、金刚石、宝石、石英，以及锗、硅等各种高硬度、高强度、高韧性、高脆性的金属及非金属材料的加工。

（2）各种特殊复杂表面的加工问题，如喷气涡轮机叶片、整体涡轮、发动机匣、锻压模和注射模的立体成型表面，喷油嘴、栅网、喷丝头上的小孔、窄缝等的加工。

（3）各种超精、光整或具有特殊要求的零件加工问题，如对表面质量和精度要求很高的航空航天陀螺仪、伺服阀，以及细长轴、薄壁零件、弹性元件等低刚度零件的加工。

在生产的迫切需求下，人们通过各种渠道，借助于多种能量形式，探求新的工艺途径，冲破传统加工方法的束缚，不断地探索、寻求各种新的加工方法，于是一种本质上区别于传统加工的特种加工便应运而生。目前，特种加工技术已成为机械制造技术中不可缺少的一个组成部分。

1．特种加工技术的定义

特种加工技术是直接借助电能、热能、声能、光能、电化学能、化学能及特殊机械能等多种能量或其复合施加在工件的被加工部位上以实现材料切除的加工方法，从而实现材料被去除、变形、改变性能或被镀覆等的非传统加工方法统称为特种加工。与传统机械加工方法相比具有许多独到之处：

（1）在加工范围上不受材料的物理、机械性能限制。能加工硬的、软的、脆的、耐热或高熔点金属及非金属材料；

（2）易获得良好的表面质量，残余应力、热应力、热影响区、冷作硬化等均比较小；

（3）易于加工比较复杂的型面、微细表面及柔性零件；

（4）各种加工方法易于复合形成新的工艺方法，便于推广和应用。

2．特种加工技术的分类

特种加工技术所包含的范围非常广，随着科学技术的发展，特种加工技术的内容也不断丰富。就目前而言，各种特种加工方法已达数十种，其中也包含一些借助机械能切除材料，但又不同于一般切削和磨削的加工方法，如磨粒流加工、液体喷射流加工、磨粒喷射加工、磁磨粒加工等。常用的特种加工方法如表3-3所示。

表3-3 常用的特种加工方法

	特种加工方法	能量来源及形式	作用原理	英文缩写
电火花加工	电火花成型加工	电能、热能	熔化、汽化	EDM
	电火花线切割加工	电能、热能	熔化、汽化	WEDM
电化学加工	电解加工	电化学能	金属离子阳极溶解	ECM（ELM）
	电解磨削	电化学能、机械能	阳极溶解、磨削	EGM（ECG）
	电解研磨	电化学能、机械能	阳极溶解、研磨	ECH
	电铸	电化学能	金属离子阴极沉淀	EFM
	涂镀	电化学能	金属离子阴极沉淀	EPM
高能束加工	激光束加工 切割、打孔	电能、热能	熔化、汽化	LBM
	激光打标记	电能、热能	熔化、汽化	LBM
	激光处理、表面改性	电能、热能	熔化、相变	LBT
	电子束加工 切割、打孔、焊接	电能、热能	熔化、汽化	EBM
	离子束加工 蚀刻、镀覆、注入	电能、动能	原子撞击	IBM
	等离子弧加工 切割（喷镀）	电能、热能	熔化、汽化（涂覆）	PAM
超声加工	切割、打孔、雕刻	声能、机械能	磨料高频撞击	USM
化学加工	化学铣削	化学能	腐蚀	CHM
	化学抛光	化学能	腐蚀	CHP
	光刻	化学能	光化学腐蚀	PCM

由表3-3可以看出，除了借助于化学能或机械能的加工方法外，大多数常用的特种加工方法均为直接利用电能或电能所产生的特殊作用所进行的加工方法，通常将这些方法统称为电加工。

3．特种加工技术的特点

（1）与加工对象的机械性能无关，有些加工方法，如激光加工、电火花加工、等离子

弧加工、电化学加工等，是利用热能、化学能、电化学能等能量去除多余材料，而不是主要靠机械能量切除多余材料。这些加工方法与工件的硬度强度等机械性能无关，故可加工各种硬、软、脆、热敏、耐腐蚀、高熔点、高强度、特殊性能的金属和非金属材料。

（2）非接触加工，不一定需要工具，有的虽使用工具，但与工件不接触，因此，工件不承受大的作用力，工具硬度可低于工件硬度，故使刚性极低元件及弹性元件得以加工。

（3）微细加工，工件表面质量高，有些特种加工，如超声、电化学、水喷射、磨料流等，加工余量都是微细进行，故不仅可加工尺寸微小的孔或狭缝，还能获得高精度、极低粗糙度的加工表面。

（4）加工机理不同于一般金属切削加工，不产生宏观切屑，不存在加工中的机械应变或大面积的热应变，不产生强烈的弹、塑性变形，故可获得很低的表面粗糙度，其残余应力、冷作硬化、热影响度等也远比一般金属切削加工小，尺寸稳定性好。

（5）两种或两种以上的不同类型的能量可相互组合形成新的复合加工，其综合加工效果明显，且便于推广使用。

（6）加工能量易于控制和转换，故加工范围广，适应性强。

（7）特种加工对简化加工工艺、变革新产品设计及零件结构工艺性等产生积极的影响。

4．特种加工技术应用领域

特种加工技术在国际上被称为 21 世纪的技术，对新型武器装备的研制和生产，起到举足轻重的作用。随着新型武器装备的发展，国内外对特种加工技术的需求日益迫切。不论飞机、导弹，还是其他作战平台都要求降低结构重量，提高飞行速度，增大航程，降低燃油消耗，达到战技性能高、结构寿命长、经济可承受性好。为此，上述武器系统和作战平台都要求采用整体结构、轻量化结构、先进冷却结构等新型结构，以及钛合金、复合材料、粉末材料、金属间化合物等新材料。为此，需要采用特种加工技术，以解决武器装备制造中用常规加工方法无法实现的加工难题。特种加工技术的主要应用领域为：

（1）难加工材料，如钛合金、耐热不锈钢、高强钢、复合材料、工程陶瓷、金刚石、红宝石、硬化玻璃等高硬度、高韧性、高强度、高熔点材料。

（2）难加工零件，如复杂零件三维型腔、型孔、群孔和窄缝等的加工。

（3）低刚度零件，如薄壁零件、弹性元件等零件的加工。

（4）以高能量密度束流实现焊接、切割、制孔、喷涂、表面改性、刻蚀和精细加工。

5．特种加工技术的发展趋势

为进一步提高特种加工技术水平并扩大应用范围，当前特种加工技术的总体发展趋势主要有以下几个方面。

（1）采用自动化技术。充分利用计算机技术对特种加工设备的控制系统、电源系统进行优化，加大对特种加工的基本原理、加工机理、工艺规律、加工稳定性等深入研究的力度，建立综合工艺参数自适应控制装置、数据库等（如超声、激光等加工），进而建立特种加工的 CAD/CAM 与 FMS 系统，使加工设备向自动化、柔性化方向发展，这是当前特种加工技术的主要发展方向。

（2）开发新工艺方法及复合工艺。为适应产品的高技术性能要求与新型材料的加工要求，需要不断开发新工艺方法，包括微细加工和复合加工，尤其是质量高、效率高、经济

型的复合加工。

（3）趋向精密化研究。高新技术的发展促使高新技术产品向超精密化与小型化方向发展，对产品零件的精度与表面粗糙度提出更严格的要求。为适应这一发展趋势，特种加工的精密化研究已引起人们的高度重视。因此，大力开发用于超精密加工的特种加工技术（如等离子弧加工等）已成为重要的发展方向。

（4）污染问题是影响和限制有些特种加工应用的严重障碍（如电化学加工）。加工过程中的废渣、废气若排放不当，会产生环境污染，影响工人健康。必须花大力气利用废气、废液、废渣，向"绿色"加工的方向发展。

（5）进一步开拓特种加工技术。研究以多种能量同时作用、相互取长补短的复合加工技术，如电解磨削、电火花磨削、电解放电加工、超声电火花加工等。

可以预见，随着科学技术和现代工业的发展，特种加工必将不断完善和迅速发展，反过来又必将推动科学技术和现代工业的发展，并发挥愈来愈重要的作用。

3.3.2　电火花加工

电火花加工是利用浸在工作液中的两极间脉冲放电时产生的电蚀作用蚀除导电材料的特种加工方法，又称放电加工或电蚀加工，英文简称 EDM。在特种加工中，电火花加工的应用最为广泛，尤其在模具制造业、航空航天等领域占据着极为重要的地位。

1. 加工原理

电火花加工的原理示意图如图 3-22 所示。加工时，将工具与工件置于具有一定绝缘强度的液体介质中，并分别与脉冲电源的正、负极相连接。调节装置控制工具电极，保证工具与工件间维持正常加工所需的很小放电间隙。当两极之间的电场强度增加到足够大时，两极间最近点的液体介质被击穿，产生短时间、高能量的火花放电，放电区域的温度瞬时可达 10 000℃以上，金属被熔化或汽化。灼热的金属蒸气具有很大的压力，引起剧烈的爆炸，而将熔融的金属抛出，金属微粒被液体介质冷却并迅速从间隙中冲走，工件与工具表面形成一个小凹坑，如图 3-22（b）、（c）所示。第一个脉冲放电结束之后，经过很短的间隔时间，第二脉冲又在另一极间最近点击穿放电。如此周而复始高频率地循环下去，工具电极不断地向工件进给，得到由无数小凹坑组成的加工表面，工具的形状最终被复制在工件上。

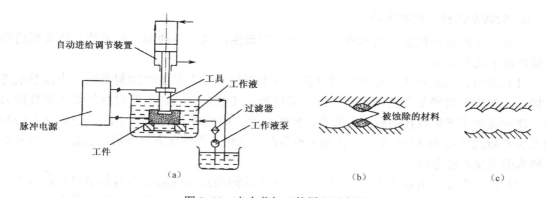

图 3-22　电火花加工的原理示意图

从以上的叙述可以看出，进行电火花加工必须具备下列三个条件：

（1）必须采用脉冲电源，以形成瞬时的脉冲式放电。每次放电时间极短，使放电产生的热量来不及传输出去，而集中于微小区域。

（2）必须采用自动进给调节装置，保证工具电极与工件电极间微小的放电间隙（0.01～0.05 mm），以维持适宜的火花放电状态。

（3）火花放电必须具有足够大的能量密度，且必须在具有一定的绝缘强度的液体介质（工作液）中进行。大的能量密度用以熔化（或汽化）工件材料，液体介质除对放电通道有压缩作用外，还可排除电蚀产物，冷却电极表面。常用的液体介质有煤油、矿物油、皂化液或去离子水等。

2．电火花加工主要特点

（1）能加工任何导电的难切削的材料。电火花加工中材料去除是靠放电时的电热作用实现的，因此工具电极材料无需比工件材料硬，可用软的工具加工硬韧的工件，甚至可加工聚晶金刚石、立方氮化硼一类超硬材料。目前工具电极材料多采用紫铜或石墨，因此工具电极较容易制造。

（2）加工中不存在切削力，因此特别适宜复杂形状的工件、低刚度工件及微细结构的加工。数控技术的采用使得用简单电极加工复杂形状零件成为可能。

（3）由于脉冲参数可根据需要任意调节，因而可在同一台机床上完成粗加工、半精加工、精加工。

（4）不产生毛刺和刀痕沟纹等缺陷；

（5）工具电极材料无须比工件材料硬；

（6）直接使用电能加工，便于实现自动化；

（7）加工后表面产生变质层，在某些应用中须进一步去除；

（8）电火花加工的局限性为：加工速度较慢和工具电极存在损耗，影响加工效率和成型精度；工作液的净化和加工中产生的烟雾污染处理比较麻烦。

3．电火花加工的应用

1）电火花穿孔

穿孔加工是指贯通的二维型孔的加工（如图 3-23 所示），是电火花加工中应用最广的一种，常加工的型孔有圆孔、方孔、多边形孔、异形孔、曲线孔、小孔及微孔等。例如，冷冲模、拉丝模、挤压模、喷嘴、喷丝头上的各种型孔和小孔。

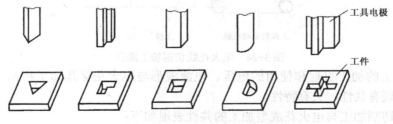

图 3-23　电火花加工的型孔

穿孔的尺寸精度主要靠工具电极的尺寸和火花放电的间隙来保证。工具电极材料一般

为 T10A、Crl2、GCrl5 等。电极的截面轮廓尺寸要比预定加工的型孔尺寸均匀地缩小一个加工间隙，其尺寸精度要比工件高一级，表面粗糙度值要比工件的小，一般精度不低于IT 7，表面粗糙度 Ra 值小于 1.25 μm，且直线度、平面度和平行度在 100 mm 的长度上不大于 0.01 mm。放电间隙的大小由加工中采用的电规准决定。为了提高生产率，常采用粗规准蚀除大量金属，再用精规准保证加工质量。为此，可将穿孔加工中的工具电极制成阶梯形，先由头部进行粗加工，接着改用精规准由后部进行精加工。

2）电火花型腔加工

电火花型腔加工指三维型腔和型面的加工及电火花雕刻。例如，加工锻模、压铸模、挤压模、胶木模、塑料模等。

型腔加工比较困难，首先因为均是盲孔加工，金属蚀除量大，工作液循环和电蚀产物的排除条件差，工具电极损耗后无法靠进给补偿；其次加工面积的变化较大，加工过程中电规准的调节范围较大，并由于型腔复杂，电极损耗不均匀，对加工精度影响很大，因此型腔加工的生产率较低，质量保证有一定困难。

常用电火花加工型腔的方法有单电极平动法、分解电极加工法和程控电极加工法等。为了提高型腔的加工质量，最好选用耐蚀性高的材料作为电极材料，如铜钨、银钨合金等，因其价格较贵，工业生产中常用紫铜和石墨作电极。

3）电火花线切割加工

电火花线切割加工简称线切割加工，它是利用一根运动的细金属丝（$\phi 0.02 \sim \phi 0.3$ mm 的钼丝或铜丝）作工具电极，在工件与金属丝间通以脉冲电流，靠火花放电对工件进行切割加工。其工作原理如图 3-24 所示，工件上预先打好穿丝孔，电极丝穿过该孔后，经导向轮由储丝筒带动做正、反向交替移动；放置工件的工作台按预定的控制程序，在 X、Y 两个坐标方向上做伺服进给移动，把工件切割成型。加工时，需在电极丝和工件间不断浇注工作液。

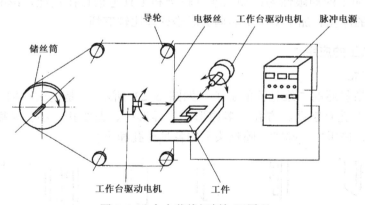

图 3-24　电火花线切割加工原理

线切割加工的加工机理和使用的电压、电流波形与电火花穿孔加工相似。线切割加工与电火花穿孔既有共性，又有特性。

电火花线切割加工与电火花成型加工的共性表现如下：

（1）线切割加工的电压、电流波形与电火花加工的基本相似。单个脉冲也有多种形式的放电状态，如开路、正常火花放电、短路及相互转换等。

（2）线切割加工的加工机理、生产率、表面粗糙度等工艺规律，材料的可加工性等也都与电火花加工的基本相似，可以加工硬质合金等导电材料。

线切割加工与电火花加工比较有以下特点：

（1）省掉了成型的工具电极，大大降低了成型工具电极的设计和制造费用及生产周期。

（2）由于电极丝比较细，可以加工微细异形孔、窄缝和复杂形状的工件。

（3）由于采用移动的长电极丝进行加工，使单位长度电极丝的损耗较少，从而对加工精度的影响比较小，特别在低速走丝线切割加工时电极丝一次使用，电极损耗对加工精度的影响更小。

（4）火花线切割易于实现微机控制自动化程序。

（5）不能加工盲孔、阶梯成型表面。

由于电火花线切割加工具有上述突出的特点，在国内外的发展都较快，已经成为一种高精度和高自动化的特种加工方法，在成型刀具与模具制造、难切削材料和精密复杂零件加工等方面得到了广泛应用。

电火花加工还有其他许多方式的应用。例如，用电火花磨削，可磨削加工精密小孔、深孔、薄壁孔及硬质合金小模数滚刀、成型铣刀的后面；用电火花共轭回转加工可加工精密内、外螺纹环规，内锥螺纹，精密内、外齿轮等；此外还有电火花表面强化和刻字加工等。图3-25所示为电火花加工产品示例。

（a）鹰　　　　　　（b）龙

图3-25　电火花产品

4．电火花加工特性

1）电火花加工速度与表面质量

模具在电火花机加工时一般会采用粗加工、半精加工、精加工三种加工方式。粗加工采用大功率、低损耗方式实现，而半精加工、精加工时电极相对损耗大，但一般情况下半精加工、精加工余量较少，因此电极损耗也极小，可以通过加工尺寸控制进行补偿，或在不影响精度要求时予以忽略。

2）电火花碳渣与排渣

电火花加工在产生碳渣和排除碳渣平衡的条件下才能顺利进行。实际中往往以牺牲加工速度去排除碳渣，例如在半精加工、精加工时采用高电压、大休止脉冲等。另一个影响排除碳渣的原因是加工面形状复杂，使排屑路径不畅通。唯有积极开创良好排除碳渣的条件，对症地采取一些方法来积极处理。

3）电火花工件与电极相互损耗

电火花机的放电脉冲时间长，有利于降低电极损耗。电火花机粗加工一般采用长放电脉冲和大电流放电，加工速度快，电极损耗小。在精加工时，小电流放电必须减小放电脉冲时间，这样不仅加大了电极损耗，也大幅度降低了加工速度。

电火花加工是与机械加工完全不同的一种新工艺。随着工业生产的发展和科学技术的进步，具有高熔点、高硬度、高强度、高脆性、高粘性和高纯度等性能的新材料不断出现。具有各种复杂结构与特殊工艺要求的工件越来越多，这就使得传统的机械加工方法不能加工或难于加工。因此，人们除了进一步发展和完善机械加工法之外，还努力寻求新的加工方法。电火花加工法能够适应生产发展的需要，并在应用中显示出很多优异性能，因此，得到了迅速发展和日益广泛的应用。

5．电火花加工机床的组成

电火花加工机床主要由机床本体、间隙自动调节器、脉冲电源和工作液循环过滤系统等部分组成。

（1）机床本体：用来安装工具电极和工件电极，并调整它们之间的相对位置，包括床身、立柱、主轴头、工作台等。

（2）间隙自动调节器：自动调节两极间隙和工具电极的进给速度，维持合理的放电间隙。

（3）脉冲电源：用于把普通交流电转换成频率较高的单向脉冲电。电火花加工用的脉冲电源可分为弛张式脉冲电源和独立式脉冲电源两大类。

（4）循环过滤系统：由工作液箱、泵、管、过滤器等组成，目的是为加工区提供较为纯净的液体工作介质。

图 3-26 所示是苏州三光科技有限公司生产的低速走丝电火花线切割机，型号为 DK7625P，规格为 380 mm×260 mm×250 mm。DK7625P 机床结构采用工作台固定而立柱移动

图 3-26　低速走丝电火花线切割机

的形式，由于伺服电机的负荷变成了恒定负载，因而提高了运行的定位精度。同时，固定式工作台使得因承重变化而引起的结构变形降低到最低。

3.3.3　电解加工

电解加工 ECM 属电化学加工，是利用金属在电解液中可以产生阳极溶解的电化学原理来进行加工的一种方法。

1．电解加工原理

电解加工的原理与过程如图 3-27 所示。在进给机构的控制下，工具向工件缓慢进给，使两极间保持较小的加工间隙（0.1～1 mm），具有一定压力（0.5～2 MPa）的电解液（NaCl 含量为 10%～20%），从间隙中高速（5～60 m/s）流过。工件接直流电源的正极作为阳极，工具接直流电源的负极作为阴极。电解液在低电压（5～24 V）、大电流（1 000～2 000 A）作用下使作为阳极的工件发生溶解，电解产物被电解液冲走。根据法拉第定律，金属阳极溶解量与通过的电流量成正比。在加工刚开始时，两极间距离最近的地方通过的电流密度较大，这些地方的溶解速度就比其他地方快。随着工件的溶解，工具电极不断向工件进给，工件表面逐渐与工具吻合形成均匀的间隙，然后工件表面开始均匀溶解，直至达到尺寸要求为止。

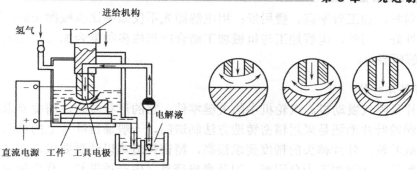

图 3-27　电解加工的原理与过程

2．电解加工主要特点

与其他加工方法相比，电解加工的优点如下：

（1）加工范围广。电解加工几乎可以加工所有的导电材料，并且不受材料的强度、硬度、韧性等机械、物理性能的限制，加工后材料的金相组织基本上不发生变化。它常用于加工硬质合金、高温合金、淬火钢、不锈钢等难加工材料。

（2）生产率高，且加工生产率不直接受加工精度和表面粗糙度的限制。电解加工能以简单的直线进给运动一次加工出复杂的型腔、型面和型孔，而且加工速度可按电流密度成比例地增加。据统计，电解加工的生产率约为电火花加工的 5 至 10 倍，在某些情况下，甚至可以超过机械切削加工。

（3）加工质量好。可获得一定的加工精度和较低的表面粗糙度。型面和型腔的加工精度为 ±（0.05～0.20）mm；型孔和套料的加工精度为±（0.03～0.05）mm。对于一般中、高碳钢和合金钢，表面粗糙度可稳定地达到 Ra1.6～0.4 μm，对有些合金钢表面粗糙度可达到 Ra0.1 μm。

（4）可用于加工薄壁和易变形零件。电解加工过程中工具和工件不接触，不存在机械切削力，不产生残余应力和变形，没有飞边毛刺。

（5）工具阴极无损耗。在电解加工过程中工具阴极上仅仅析出氢气，而不发生溶解反应，所以没有损耗。只有在产生火花、短路等异常现象时才会导致阴极损伤。

电解加工也存在一些弱点和局限性：

（1）加工精度和加工稳定性不高。电解加工的加工精度和稳定性取决于阴极的精度和加工间隙的控制。而阴极的设计、制造和修正都比较困难，阴极的精度难以保证。此外，影响电解加工间隙的因素很多，且规律难以掌握，加工间隙的控制比较困难。

（2）由于阴极和夹具的设计、制造及修正困难，周期较长，因而单件小批量生产的成本较高。同时，电解加工所需的附属设备较多，占地面积较大，且机床需要足够的刚性和防腐蚀性能，造价较高。因此，批量越小，单件附加成本越高。

（3）电解液过滤、循环装置庞大，占地面积大，电解液对设备有腐蚀作用。

（4）电解液及电解产物容易污染环境。

3．电解加工的应用

电解加工首先在国防工业中应用于加工炮管膛线。目前已成功地应用于叶片型面、模具型腔与花键、深孔、异型孔及复杂零件的薄壁结构等加工。电解加工用于电解刻印、电

解倒棱去毛刺时，加工效率高、费用低；用电解抛光不仅效率比机械抛光高，而且抛光后表面耐腐蚀性好。另外，电解加工与机械加工结合能形成多种复合加工，如电解磨削、电解珩磨、电解研磨等。

1）电解整体叶轮

涡轮叶片是喷气发动机、汽轮机中的关键零件，它的形状复杂，精度要求高，生产批量大。现代涡轮叶片毛坯是采用精密铸造方法制造的，一般通过叶片上的榫头和轮盘上的榫槽连接组成叶轮。叶片榫头的精度要求很高，精密铸造难以达到要求，加之叶片采用高温合金材料制造，切削加工十分困难，刀具磨损严重，生产周期长，且质量难以保证。现采用电解加工的方法，不受材料硬度和韧性的限制，在一次行程中可加工出具有复杂叶型面的整体叶轮，比切削加工有明显的优越性。

如图 3-28 所示，电解加工整体叶轮前，先加工好整体叶轮的毛坯，然后用套料法加工叶片。每加工完一个叶片，退出阴极（工具），分度后再依次加工下一个叶片。这样不但解决了刀具磨损问题，缩短了加工周期，而且可保证叶轮的整体强度和质量。

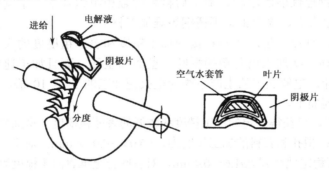

图 3-28　电解整体叶轮

2）深孔扩孔加工

深孔扩孔电解加工时，常采用移动式阴极。将待扩孔的工件用夹具固定，工件接电源正极，移动工具接电源负极。工具（阴极）由接头、密封圈、前引导、出水孔、阴极主体及后引导等部分组成，如图 3-29 所示。

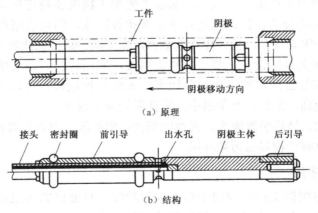

图 3-29　深孔扩孔电解加工

阴极主体用黄铜或不锈钢等导电材料制成,非工作面用有机玻璃或环氧树脂等绝缘材料遮盖。前引导和后引导起定位及绝缘作用。电解液从接头内孔引进,由出水孔喷出进入加工区。密封圈用橡胶制成,起密封电解液的作用。深孔加工间隙(单边)为 0.3～1.2 mm,孔径愈大,加工间隙相应愈大。常用于 $\phi 10$ mm、$\phi 160$ mm 深孔的加工。

3)电解去毛刺

机械加工的零件常会产生毛刺,其外观虽十分微小,但危害却很大,在加工过程中往往要安排去毛刺工序。传统的方法是钳工手工去毛刺,不但效率低,而且有的毛刺因硬度过高或空间狭小难以去除。

电解去毛刺是电解加工技术应用的又一个方面。图 3-30 为电解去小孔毛刺的原理图,它以工件为阳极,工具电极为阴极。电解液流过工件上的毛刺与工具阴极之间的狭小间隙(0.3～1 mm)时,在直流电压的作用下,工件的尖角、棱边处的电流密度最大,使毛刺迅速被溶解去除,棱边也可获得倒圆。工件上的其余部分有绝缘层屏蔽保护,不会因为电解作用而破坏原有精度。

4)电解磨削

电解磨削是阳极金属的电化学溶解(占 95%～98%)和机械磨削作用(占 2%～5%)相结合的复合加工方法。其加工原理如图 3-31 所示,砂轮中的绝缘材料磨粒均匀地突出在砂轮表面上,当工件被压而与磨粒接触时,在砂轮上的磨粒的高度便确定了阳极(工件)与阴极(砂轮)之间的有效间隙,电解液箱中的电解液被送入到间隙区,这样,电流接通后工件与砂轮形成回路,工件表面发生电化学阳极溶解,其表面形成一层氧化膜,再由高速旋转的砂轮的磨削作用而去除,并随电解液流走,而新的工件表面继续进行电解。这样,电解作用与磨削作用交替进行,直到达到加工要求。在加工中大部分(95%～98%)材料靠电解去除,仅有少量材料是由磨粒的机械作用去除的。电解作用和刮除薄膜的磨削作用交替进行,直到达到加工要求为止。

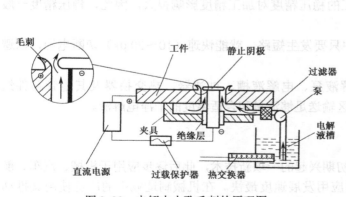

图 3-30 电解去小孔毛刺的原理图

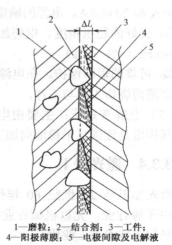

1—磨粒;2—结合剂;3—工件;
4—阳极薄膜;5—电极间隙及电解液

图 3-31 电解磨削

电解磨削克服了电解加工精度不高的弱点,集中了电解加工和机械磨削的优点。其加

工精度平均为 0.02 mm，最高可达 0.001 mm，表面粗糙度 Ra 值平均为 0.8 μm，最高可达 0.02 μm；其磨削效率一般高于机械磨削，而砂轮的损耗远比机械磨削小。

电解磨削适合于磨削高强度、高硬度、热敏性和磁性材料，如硬质合金、高速钢、不锈钢、钛合金、镍基合金等。在生产中已用来磨削各种硬质合金刀具、量具、涡轮叶片棒头、蜂窝结构件、轧辊、挤压与拉丝模等，并且应用范围正在日益扩大。

5）电解抛光

电解抛光是利用不锈钢在电解液中的选择性阳极溶解而达到抛光和清洁表面目的的一种电化学表面处理方法。其作为一种表面处理方法，具有以下突出优点：

（1）极大地提高了表面耐蚀性。由于电解抛光对元素的选择性溶出，使得表面生成一层致密坚固的富铬固体透明膜，并形成等电势表面，从而消除和减轻了微电池腐蚀。

（2）电解抛光后的微观表面比机械抛光的更平滑，反光率更高。这使得设备不粘壁、不挂料、易清洗，达到产品质量管理规范和食品药品监督管理局规范要求。

（3）电解抛光不受工件尺寸和形状的限制。对不宜进行机械抛光的工件可实施电化学抛光，如细长管内壁、弯头、螺栓、螺母和容器内外壁。

4．电解加工机床的组成

电解加工机床主要由机床本体、直流稳压电源和电解液系统三部分组成。

（1）机床本体：为了使机床主轴在高速电解液作用下稳定进给，并获得良好的加工精度，电解加工机床除具有一般机床的共同要求外，还必须具有足够的刚度、可靠的进给运动平稳性、良好的防腐性能和密封性能。

（2）直流稳压电源：直流稳压电源的作用是把普通交流电转换成电压稳定的直流电。对于电解加工来说，直流稳压电源应具有以下特征：

① 合适的容量范围。稳压电源的容量主要由工件的投影面积和电流密度的乘积决定。常用的直流稳压电源容量为 500 A、1 000 A、2 000 A、3 000 A、5 000 A、10 000 A、15 000 A 和 20 000 A。电源的输出电压为 6～24 V。

② 良好的稳压精度。电解加工的稳压精度对加工精度影响很大，因此，稳压精度一般应控制在±（1%～2%）。

③ 可靠的短路保护。在电源中只要发生短路，就能快速（10～20 μs）切断电源，以避免因短路而烧伤工具与工件。

（3）电解液系统：主要由电解液泵、电解液槽、过滤器、热交换器及其他管路件组成。其作用是连续且平稳地向加工区输送足够流量和合适温度的干净电解液。

3.3.4 激光加工

激光加工是 20 世纪 60 年代初期兴起的一项新技术，此后逐步应用于机械、汽车、航空、电子等行业，尤以机械行业的应用发展速度最快。在机械制造业中的广泛使用又推动了激光加工技术的工业化。

20 世纪 70 年代，美国进行了两大研究：一是福特汽车公司进行的车身钢板的激光焊接；二是通用汽车公司进行的动力转向变速箱内表面的激光淬火。这两项研究推动了以后的机械制造业中的激光加工技术的发展。到了 20 世纪 80 年代后期，激光加工的应用实例

有所增加，其中增长最迅速的是激光切割、激光焊接和激光淬火。这三项技术目前已经发展成熟，应用也很广泛。进入 20 世纪 90 年代后期，激光珩磨技术的出现又将激光微细加工技术在机械加工中的应用翻开了崭新的一页。

激光加工 LBM 是利用光能量进行加工的一种方法，它可用于打孔、切割、雕刻、焊接、热处理等。

1. 加工原理与特点

普通光源的发光是以自发辐射为主，激光的发射则是以受激辐射为主。激光具有亮度高且方向性好（几乎是一束平行准直的光束）、单色性好（光的频率单一）、相干性好（频率相同，振动方向相位差固定）、能量高度集中、闪光时间极短等特性。由于激光是能量密度非常高的单色光，可以通过一系列光学系统聚焦成平行度很高的微细光束，即使激光输出功率不大，只要聚焦成很细的光束，也可得到极大的能量密度。当激光照射到工件表面，光能被工件吸收并迅速转化为热能，产生 10 000℃以上的高温，从而能在极短的时间内使各种物质熔化和汽化，达到去除材料的目的。

图 3-32 是固体激光器的工作原理图。激光器的作用是把电能转变成光能，产生所需要的激光束。激光器主要由工作物质、激励能源、全反射镜和部分反射镜四部分组成。工作物质是固体激光器的核心，工作物质可以是固体，如红宝石、钕玻璃及钇铝石榴石等，也可以是气体，如二氧化碳。激励能源的主体是一个光泵，即脉冲氙灯或氪灯，作用是将工作物质内部原子中的粒子由低能级激发到高能级，使工作物质内部的原子造成"粒子数反转"分布，并受激辐射产生激光。激光在由全反射镜和部分反射镜组成的光学谐振腔内多次来回反射，互相激发，迅速反馈放大，由部分反射镜的一端输出激光。激光通过透镜聚焦形成高能光束，照射到工件表面上，即可开始进行加工。

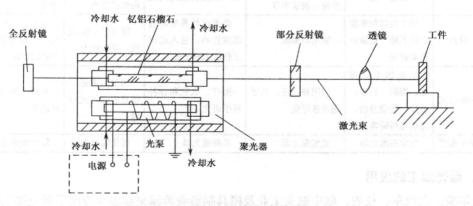

图 3-32　固体激光器的工作原理图

能量密度极高的激光束照射到被加工表面时，一部分光能被反射或穿透物质，不能参与加工；而剩余的光能则被加工表面吸收并转换成热能。对不透明的物质，绝大部分光能被加工表面吸收并转换成热能，使照射斑点局部区域的物质迅速熔化以致汽化蒸发，并形成小凹坑。同时由于热扩散使斑点周围的金属熔化，随着激光能量的继续被吸收，凹坑中金属蒸气迅速膨胀，压力突然增大，产生一个微型爆炸，把熔融物高速喷射出来。熔融物高速喷射所产生的反冲压力又在工件内部形成一个方向性很强的冲击波。这样，工件材料就在高温熔融

和冲击波的综合作用下，蚀除了部分物质，从而打出一个具有一定锥度的小孔。

激光加工具有以下特点：

（1）激光加工可以实现很微细的加工。激光聚焦后的焦点直径理论上可小至 0.001 mm 以下，实用上可以实现 0.01 mm 左右的小孔加工和窄缝切割。

（2）激光加工的功率密度高达 $10^7 \sim 10^8$ W/cm^2，是各种加工方法中最高的一种，它几乎可以加工任何金属与非金属材料，如高硬度难加工材料、极脆的材料、高熔点材料、耐热合金及陶瓷、宝石、金刚石等硬脆材料等。

（3）激光加工是非接触加工，没有机械力，工件无受力变形，加工的污染少，并能透过空气、惰性气体或透明体对工件进行加工，因此，可通过由玻璃等光学材料制成的窗口对被封闭的零件进行加工。

（4）激光打孔（打一个孔仅 0.001 s）、切割的速度很高，加工部位周围的材料几乎不受热影响，工件热变形很小。

（5）与现代数控机床相结合，使激光加工具有加工精度高、可控性好、程序简单、省料及污染少等特点，易于实现加工自动化。

自 1960 年制成第一台激光器以来，激光器发展到今天已不下数百种，按工作物质可分为固体、气体、液体、半导体、化学激光器，按工作方式可分为连续、脉冲、突变、超短脉冲激光器等。激光加工时常用固体激光器。表 3-4 所示是按工作物质分类的激光器。

表 3-4　激光器的种类

激光器	固体激光器	气体激光器	液体激光器	化学激光器	半导体激光器
优点	功率大，体积小，使用方便	单色性、相干性、频率稳定性好，操作方便，波长丰富	价格低廉、制备简单，输出波长连续可调	体积小，重量轻，效率高，结构简单紧凑	不需外加激励源，适合于野外使用
缺点	相干性和频率稳定性不够，能量转换率较低	输出功率低	激光特性易受环境温度影响，进入稳定工作状态时间长	输出功率较低，发散较大	目前功率较低，但有希望获得较大功率
应用范围	工业加工、雷达、测距、制导、医疗、光谱分析、通信与科研等	应用最广泛，几乎遍及各行业	医疗、农业和各种科学研究	通信、测距、信息存储与处理等	测距、军事、科研等
常用类型	红宝石激光器	氦氖激光器	染料激光器	砷化镓激光器	氟氢激光器

2．激光加工的应用

近年来，在汽车、仪表、航空航天工业及模具制造业等越来越多地应用了激光加工技术。

1）激光打孔

20 世纪 80 年代末期出现的手提式电话，如今变得小巧玲珑，其中最关键的技术是用激光取代传统的钻头进行打孔。用钻头的方式是无法进行孔径 100 μm 以下的孔加工的。而激光加工就能够突破这一技术难关，并且极大地提高了工作效率。利用激光打微型小孔，主要应用于某些特殊零件或行业，例如，火箭发动机和柴油机的喷油嘴，化学纤维的喷丝头，金刚石拉丝模，钟表及仪表中的宝石轴承，陶瓷、玻璃等非金属材料和硬质合金、不

锈钢等金属材料的微细小孔的加工等。

　　激光打孔必须采用极高的功率密度（$10^7 \sim 10^8$ W/cm²），使加工部分快速蒸发，并防止加工区外的材料由于传热而温度上升以致熔化。因此，打孔适宜采用脉冲激光，经过多次重复照射后完成打孔加工。激光打孔时，焦点位置将严重影响加工后的孔形。如果焦点与加工表面距离很大，则激光能量密度显著减小，不能进行加工。如果焦点位置偏离被加工表面±1 mm 左右，还可以进行加工，但加工出孔的轴向剖面形状将随焦点位置的不同而发生显著的变化。由图 3-33 可以看出，当焦点低于加工面时，加工出的孔是圆锥形，如图 3-33（a）所示；当焦点正落在加工面上时，加工出的孔在不同横截面内的直径基本相同，如图 3-33（b）所示；而当焦点高于加工面时，加工出的孔则呈腰鼓形，如图 3-33（c）所示。一般激光的实际焦点应落在工件的表面或略低于工件表面为宜。

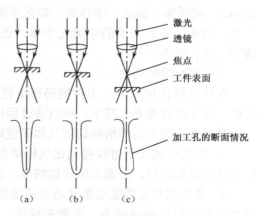

图 3-33　焦点位置对孔形的影响

　　激光打孔的最大优点是效率非常高，特别是对金刚石和宝石等超硬材料，打孔时间可以缩短到切削加工方法的 1% 以下。例如，加工宝石轴承，采用工件自动传递、用激光打孔的方法，三台激光打孔机即可代替 25 台钻床、50 名工人的工作量。

　　激光打孔的尺寸精度可达 IT 7，表面粗糙度 Ra 值为 0.16～0.08 μm。值得注意的是，激光打孔以后，被蚀除的材料会重新凝固，少部分可能会黏附在孔壁上，甚至黏附到聚焦的物镜及工件表面上。为此，大多数激光加工机都采取了吹气或吸气措施，以排除蚀除产物。

　　2）激光切割

　　激光切割的原理和激光打孔的原理基本相同，功率密度为 $10^5 \sim 10^7$ W/cm²。所不同的是，进行激光切割时，工件与激光束之间要依据所需切割的形状沿 X、Y 方向进行相对移动。小型工件多由机床工作台的移动来完成。

　　激光切割是利用经聚焦的高功率密度光束照射工件，材料吸收激光能，温度急剧升高，工件表面开始熔化或汽化，并吹入活性气体助燃。随着激光束与工件的相对运动，在工件上形成切缝。激光照射工件表面时，一部分光被吸收，另一部分光被工件反射。吸收部分转化为热能，使工件表面温度急剧升高，材料熔化、汽化，使材料吸收率提高，迅速加热切割区材料。此时吹氧可以助燃，并提供大量热能，使切割速度提高，还可吹走熔渣，保护和冷却镜头。为了提高工件材料的吸收系数，切割前可对工件进行表面处理（常称黑化处理），即在需要激光处理的金属表面涂上一层对激光有较高吸收能力的涂料。

　　激光切割有很多优点：激光可切割特硬、特脆、特软材料；切缝宽度很窄；切割表面光洁；切割表面热影响层浅，表面应力小；切割速度快，热影响区小；适合加工板材。

　　从技术经济角度衡量，认为制造模具不合算的金属钣金件，特别是轮廓形状复杂、批量不大、板厚在 12 mm 以下的低碳钢、6 mm 以下的不锈钢材料，用激光切断可以节省制造模具的成本并缩短制造周期。

已采用激光切割的典型产品主要包括：自动电梯结构件、升降电梯面板、机床及粮食机械外罩、各种电气柜、开关柜、纺织机械零件、工程机械结构件、大电机硅钢片等。还有装饰、广告、服务行业用的不锈钢（一般厚度小于 3 mm）或非金属材料（一般厚度小于 20 mm）的图案、标记、字体等，如艺术照相册的图案，公司、单位、宾馆、商场的标记，车站、码头、公共场所的中英文字体。还有需要均匀切缝或微孔的特殊零件。主要的激光切割方式有如下三种。

（1）激光熔化切割

在激光熔化切割中，工件被局部熔化后借助气流把熔化的材料喷射出去。因为材料的转移只发生在其液态情况下，所以该过程被称作激光熔化切割。

激光光束配上高纯惰性切割气体促使熔化的材料离开割缝，而气体本身不参与切割。

① 激光熔化切割可以得到比气化切割更高的切割速度。气化所需的能量通常高于把材料熔化所需的能量。在激光熔化切割中，激光光束只被部分吸收。

② 最大切割速度随着激光功率的增加而增加，随着板材厚度的增加和材料熔化温度的增加而几乎反比例地减小。在激光功率一定的情况下，切割速度的限制因素就是割缝处的气压和材料 的热传导率。

③ 激光熔化切割对于铁制材料和钛金属可以得到无氧化切口。

④ 产生熔化但不到气化的激光功率密度。

（2）激光火焰切割

激光火焰切割与激光熔化切割的不同之处在于使用氧气作为切割气体。借助于氧气和加热后的金属之间的相互作用，产生化学反应使材料进一步加热。对于相同厚度的结构钢，采用该方法可得到的切割速率比熔化切割要高。

另一方面，该方法和熔化切割相比可能切口质量更差。实际上它会生成更宽的割缝、明显的粗糙度、增加的热影响区和更差的边缘质量。

① 激光火焰切割在加工精密模型和尖角时是不好的（有烧掉尖角的危险）。可以使用脉冲模式的激光来限制热影响。

② 所用的激光功率决定切割速度。在激光功率一定的情况下，切割速度的限制因素就是氧气的供应和材料的热传导率。

（3）激光气化切割

在激光气化切割过程中，材料在割缝处发生气化，此情况下需要非常高的激光功率。

为了防止材料蒸气冷凝到割缝壁上，材料的厚度一定不要大大超过激光光束的直径。该加工因而只适合于应用在必须避免有熔化材料排除的情况下。该加工实际上只用于铁基合金很小的使用领域。

该加工不适合用在像木材和某些陶瓷等那些没有熔化状态因而不太可能让材料蒸气再凝结的材料。另外，这些材料通常要达到更厚的切口。

① 在激光气化切割中，最优光束聚焦取决于材料厚度和光束质量。

② 激光功率和气化热对最优焦点位置只有一定的影响。

③ 所需的激光功率密度要大于 108 W/cm^2，并且取决于材料、切割深度和光束焦点位置。

④ 在板材厚度一定的情况下，假设有足够的激光功率，最大切割速度受到气体射流速

度的限制。

3）激光焊接

激光焊接时不需要使工件材料气化蚀除，而只要将激光束直接辐射到材料表面，使材料局部熔化，以达到焊接的目的。因此，激光焊接所需要的能量密度比激光切割要低。

激光焊接是一种高速度、非接触、变形小的生产加工方法，非常适合大量而连续的加工过程，主要焊接方式有下面两种。激光焊接材料参数如表 3-5 所示。

表 3-5　激光焊接材料参数

材　料	厚度（mm）	激光功率（kW）	焊接速度（m/min）
钢	1.0	2.5	5.1
不锈钢	1.5	1.5	2.0
硅钢	1.3	1.0	1.8
铝	1.5	1.8	1.4
铅	2.0	1.0	10.2
钛	0.5	0.6	1.2
钛合金	5.0	0.85	3.3

（1）热导焊：当激光功率密度在 105～106 W/cm^2 范围内时，工件表面下的金属主要靠表面吸收激光能量向下传导而被加热至熔化，所形成的焊缝近似半圆形，深宽比为 3:1。

（2）深熔焊：当激光束的功率密度达到 107 W/cm^2 时，由于材料的瞬时汽化，在激光束中心处形成一个"小孔"。"小孔"作为一个黑体帮助材料吸收激光能量，并传热到材料深部，其深宽比可达 12:1。

激光焊接具有诸多的优点，其最大优点是焊接过程迅速，不但生产效率高，而且被焊材料不易氧化，热影响区及变形很小。激光焊接无焊渣，也不需要去除工件的氧化膜。激光不仅能焊接同类材料，而且还可以焊接不同种类的材料，甚至可以透过玻璃对真空管内的零件进行焊接。

激光焊接特别适合于微型精密焊接及对热敏感性很强的晶体管元件的焊接。激光焊接还为高熔点及氧化迅速的材料焊接提供了新的工艺方法。例如，用陶瓷作基体的集成电路，由于陶瓷熔点很高，又不宜施加压力，采用其他焊接方法很困难，而使用激光焊接则比较方便。

4）激光热处理

用大功率激光进行金属表面热处理是近年来发展起来的一项新工艺。当激光的功率密度为 10^3～10^5 W/cm^2 时，便可对铸铁、中碳钢，甚至低碳钢等材料进行激光表面淬火。激光淬火层的深度一般为 0.7～1.1 mm。淬火层的硬度比常规淬火约高 20%，而且产生的变形小，解决了低碳钢的表面淬火强化问题。

激光淬火，是用高能激光束快速扫描工件表面，在表面极薄一层的小区域内（光斑大小）快速吸收能量而使温度急剧上升。由于金属基体优良的导热性，表面热量迅速传到汽缸基体的其他部分，冷速可达 5000℃/s，使表面高速度冷却。工件表面材料的骤热和骤冷，导致材料内部马氏体组织细化并具有很高的位错密度，大大提高了马氏体自身的硬度，从而工件表面获得了超高硬度。

激光热处理由于加热速度极快，工件不产生热变形；不需淬火介质便可获得超高硬度的表面；激光热处理不必使用炉子加热，特别适合大型零件的表面淬火及形状复杂零件（如齿轮）的表面淬火。

5）激光珩磨

激光珩磨是将激光和珩磨工艺结合起来的一项新技术，是在 20 世纪 90 年代后期，由德国格林（Gehring）公司发明并率先将其应用到汽缸孔的表面处理中，不仅使汽缸和活塞环的磨损量下降 50%，而且使柴油发动机的柴油消耗量下降 40%，颗粒排放量下降 10%～30%，汽油发动机的汽油消耗量下降 30%～60%，未燃烃 HC 排放量下降约 20%。此研究成果吸引了许多工程技术人员转向研究激光珩磨技术，从而使得这项技术日趋完善。

激光珩磨技术就是利用具有一定能量密度的激光束，在工件工作表面上形成与润滑性能要求优化匹配的、连续均匀的，并具有一定密度（间距）、宽度、深度、角度及形状的储存和输送润滑油的沟槽、纹路或凹腔。

激光珩磨的特点为：

（1）加工时间短，工件热应力小，可控性能好。

（2）由于是非接触无刀具加工，不存在刀具的损耗和折断等问题，不会引起工件的物理变形。

（3）在加工过程中，不需要润滑和工作液介质。

（4）激光加工时，激光器和工件间有一定的距离，故可在其他加工方法不易达到的狭小空间实现。

（5）由于激光的能量密度高，几乎所有的材料都可以进行加工。

（6）利用超短脉冲激光加工可避免熔化材料，并可对其进一步精加工。

此外，激光抛光、激光冲击硬化法、激光合金化等先进激光应用技术也正在研究发展之中。

3．激光加工设备的组成

激光加工设备主要由激光器、激光器电源、光学系统及机械系统四大部分组成。

（1）激光器是激光加工的重要设备，它把电能转变为光能，产生所需要的激光束。

（2）激光器电源根据加工工艺要求，为激光器提供所需要的能量，包括电压控制、储能电容组、时间控制及触发器等。

（3）光学系统将光束聚焦并观察和调整焦点位置，包括显微镜瞄准、激光束聚焦及加工位置在投影仪上显示等。

（4）机械系统主要包括床身、能在三坐标范围内移动的工作台及机电控制系统等。根据产生的材料种类的不同，激光大致分为固体激光、气体激光、液体激光和半导体激光。实用的固体激光材料有红宝石、钕玻璃、钨酸钙和 YAG（钇铝石榴石 Y3A15012）。气体激光主要用 CO_2，也有部分是用 Ar 或 He-Ne 的。

图 3-34 所示为马扎克 SUPER TURBO-X44 激光切割机，它是一台既节省空间又具有大输

图 3-34　马扎克 SUPER TURBO-X44 激光切割机

第 3 章　先进制造工艺技术

出功率的激光发生器的激光加工机。具有激光功率为 1.5 kW、1.8 kW、2.5 kW、4.0 kW 等丰富的产品类型，特别是 4 kW 机型可以切割最大厚度达 25 mm 的材料。以往使用机床进行加工的部件，转变使用激光加工机加工，可望大幅度缩短加工时间。对于不同的材质、不同厚度的材料，无须改变前准备作业而连续加工，通过大输出功率激光，实现了从立铣加工改用激光切割的转变。

3.3.5　聚焦离子束加工

离子是一种带电物质，在电磁场的作用下可以聚焦成束，也可以加速或减速以具有不同的能量，并可以发生偏转，而且具有元素的性质，因此在材料改性、微细加工、半导体器件制作与失效分析等方面得到广泛应用。随着微细加工向亚微米和纳米方向的发展，科研人员希望离子束能聚焦到微米和纳米量级，而且可以通过偏转系统实现无掩膜加工工艺，这是早期的聚焦离子束技术（Focused Ion Beam，FIB）。

聚焦离子束技术在 20 世纪七八十年代得到了蓬勃发展，特别是到 80 年代末期，聚焦离子束技术基本成熟。90 年代中期，聚焦离子束技术在各个方面得到应用，如微米/纳米尺度上的沉积、刻蚀、离子注入、扫描成像、无掩膜光刻和微机械系统加工（MEMS），以及微米/纳米三维微结构直接成型等。后来科研工作者又将聚焦离子束系统和飞行时间二次离子质谱仪联机使用（FIB-TOF-SIMS），与扫描电子显微镜联机使用（FIB-SEM），使聚焦离子束技术在微米/纳米加工和检测分析中大显身手，进一步拓展了聚焦离子束技术的应用范围。与其他传统的微加工技术相比，它具有更高的图形分辨率、可以加工更细小的微结构、能进行无掩膜加工、对不同材料的适应性强等特点。

1. 离子束加工原理

离子束加工是在真空条件下将离子源产生的离子束经过加速、聚焦后，打到工件表面以实现去除加工，如图 3-35 所示。与电子束等加工方法不同的是，电子束加工是靠动能转化为热能来进行加工的，而离子束加工是依靠微观的机械撞击动能。离子带正电荷，其质量比电子大成千上万倍，最小的氢离子，其质量是电子质量的 1 840 倍，氩离子的质量是电子质量的 7.2 万倍。由于离子的质量大，故在同样的电场中加速较慢、速度较低，但是，一旦加速到高速度时，离子束比电子束具有大得多的冲击能量。离子撞击工件材料时，可将工件表面的原子一个一个地打击出去，从而实现对工件的加工。

2. 离子束加工主要特点

（1）离子束流密度及离子能量可以精确控制，可以实现纳米（0.001 μm）级的加工精度。离子束加工是所有特种加工方法中最精密、最微细的加工方法，是当代纳米加工技术的基础。

（2）加工在高真空中进行，污染少，材料加工表面不氧化，特别适宜加工易氧化的金属、合金材料和高纯度半导体材料。

（3）离子束加工是靠离子轰击材料表面的原子来实现的，它是一种微观作用，所以加工应力与变形极小，且表面质量非常高。

（4）为非接触式加工，不会对工件产生应力和变形。

（5）加工速度很快，能量使用率可高达 90%。

（6）加工过程可实现自动化。

（7）离子束加工需要一整套专用设备和真空系统，价格较贵。

3．离子束加工的应用

1）离子溅射

如果将离子加速到几十至几千电子伏时，即可用于离子溅射加工。离子溅射沉积和离子镀膜均属于离子溅射加工，离子溅射沉积用离子轰击靶材，将靶材上的原子击出，沉积在靶材附近的工件上，使工件表面镀上一层薄膜。离子镀膜是同时轰击靶材和工件表面，以增加靶（膜）材与工件表面的结合力。离子镀膜加工已用于加工润滑膜、耐热膜、耐蚀膜、耐磨膜、装饰膜和电气膜等。用离子镀膜在切削工具表面镀渗氮钛、渗碳钛等超硬层，可提高刀具的耐用度。用离子镀膜还可显著提高模具的使用寿命。

2）离子刻蚀

离子刻蚀又称离子铣削。如果将离子加速到一万至几万电子伏，且离子入射方向与被加工表面成 25°～30°时，离子可将工件表面的原子或分子逐个撞击出去，实现离子铣削、离子蚀刻或离子抛光等。离子束刻蚀已用于加工陀螺仪气动轴承（碳化硼、钛合金和钢结构硬质合金等材料）的异形沟槽、非球面透镜及刻蚀集成电路等微电子器件亚微米图形，还用来制作集成光路中的光栅和波导、薄石英晶体振荡器和压电传感器等。

3）离子注入

如果将离子加速到几十万电子伏或更高时，离子可穿入被加工材料内部，从而达到改变材料化学成分的目的。离子注入在半导体方面的应用很普遍，如将硼、磷等"杂质"离子注入半导体，用以改变导电形式（P 型或 N 型）和制造 PN 结。也可用此法制造一些用热扩散难以获得的各种特殊要求的半导体器件。因此，离子束加工已成为制造半导体器件和大面积集成电路的重要手段。

离子束加工技术尚处于不断发展中，被认为是最有前途的微细加工方法之一。

4．离子束加工装置的组成

离子束加工装置与电子束加工装置类似，它也包括离子源、真空系统、控制系统和电源等部分，其主要的不同部分是离子源系统。

离子源用以产生离子束流。产生离子束流的基本原理和方法是使原子电离。具体办法是把要电离的气态原子（惰性气体或金属蒸气）注入电离室，经高频放电、电弧放电、等离子体放电或电子轰击，使气态原子电离为等离子体（即正离子数和负电子数相等的混合体）。用一个相对于等离子体为负电位的电极（吸极），就可从等离子体中引出离子束流。根据离子束产生的方式和用途的不同，离子源有很多形式，常用的有考夫曼型离子源和双等离子管型离子源。

图 3-36 所示为聚焦离子束 FIB-SEM，它的特点是：

（1）在低加速电压下进行高品质的 TEM 样品制备；

（2）搭载了高分辨 SEM，在 TEM 样品制备中可实现适时检测；

（3）采用较大的有效离子束电流，大大地提高断面加工及 TEM 样品制备效率；

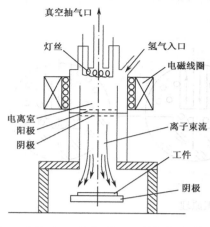

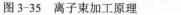

图 3-35　离子束加工原理　　　　图 3-36　聚焦离子束 FIB-SEM

（4）操作简单的 TEM 样品制备支持功能。

3.3.6　超声加工

声波是人耳能感受的一种纵波，其频率在 16～16 000 Hz 范围内。当频率超过 16 000 Hz 时就称为超声波。超声加工 USM 也称超声波加工，是利用超声振动工具在有磨料的液体介质中或干磨料中产生磨料的冲击、抛磨、液压冲击及由此产生的气蚀作用来去除材料，或给工具或工件沿一定方向施加超声频振动进行振动加工，或利用超声振动使工件相互结合的加工方法。

几十年来，超声加工技术发展迅速，在超声振动系统、深小孔加工、拉丝模及型腔模具研磨抛光、超声复合加工领域均有较广泛的研究和应用，尤其是在难加工材料领域解决了许多关键性的工艺问题，取得了良好的效果。

1. 加工原理与特点

超声加工原理如图 3-37 所示。超声波发生器将交流电转变为超声频电振荡，由换能器将电振荡变为垂直于工件表面的超声机械振动，此时由于振幅太小，不能直接用于加工，因而再由振幅扩大棒（变幅杆）把振幅从 0.005 mm 放大到 0.1 mm 左右。加工时，在工具和工件之间不断注入磨料悬浮工作液，振幅扩大棒驱动工具端面做超声振动，迫使悬浮液中的磨粒以很大的速度不断撞击、抛磨被加工表面，把工件加工区域的材料粉碎成微粒脱落下来。虽然每次打击下来的材料很少，但由于每秒打击的次数多达 16×10^3 次以上，所以仍具有一定的加工速度。同时，工作液受工具端面超声振动作用而产生的高频、交变的液压冲击波和"空化作用"，促使工作液钻入被加工材料的微裂缝处，加剧了机械破坏作用。加工碎屑不断被循环流动的工作液带走。随着工具不断进给，加工过程持续进行，工具的形状便被"复印"于工件上，直至达到所要求的尺寸和形状为止。

超声加工具有以下主要特点：

（1）不受材料是否导电的限制，适合于加工各种硬脆材料，特别是不导电的非金属材料，如玻璃、宝石、陶瓷、金刚石及各种半导体材料，被加工材料的脆性越大越容易加工，材料越硬或强度、韧性越大则越难加工。

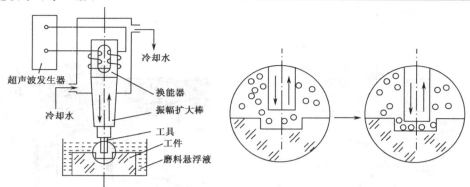

图 3-37 超声加工原理

（2）由于去除加工材料是靠极小磨粒瞬时局部的撞击作用，故工件表面的宏观切削力很小，切削应力、切削热很小，不会引起变形及烧伤，避免了被加工工件的物理和化学性能的变化，表面粗糙度也较好，Ra 可达 1～0.1 μm，加工精度可达 0.01～0.02 mm，而且可以加工薄壁、窄缝、低刚度零件。

（3）由于工具可用较软的材料做出较复杂的形状，故不需要使工具和工件做比较复杂的相对运动，因此超声加工机床的结构一般比较简单，只需一个方向轻压进给，操作、维修都较为方便。

（4）由于工件材料的碎除主要靠磨料的作用，磨料的硬度应比被加工材料的硬度高，而工具的硬度可以低于工件材料。

（5）超声加工的生产率较低。对导电材料的加工效率远不如电火花与电解加工；对软质、反弹性大的材料，加工较为困难。

（6）可以与其他多种加工方法结合应用，如超声振动切削、超声电火花加工和超声电解加工等。

2．超声加工的应用

工业上超声应用可以分为加工应用和非加工应用两大类。加工应用包括：传统的超声加工 USM、金刚石工具超声旋转加工 RUM 和各种超声复合加工等。非加工应用包括：清洗、塑料焊接、金属焊接、超声分散、化学处理、塑料金属成型和无损检测等。表 3-6 列出了超声加工的应用领域，典型加工如下。

表 3-6 超声加工的应用

分　类	原理及应用
超声加工	USM、RUM、超声辅助电火花、激光加工，超声辅助钻削、车削、磨削、铰孔、除毛刺、切槽、雕刻，等等
清洗	利用超声使溶液做高频振动，进而清除工件表面上液体和固体的污染物，使工件表面达到一定的洁净程度
超声焊接	靠超声能量使塑料或金属片，以及金属引线局部熔化而焊接在一起
声化学	利用超声开启化学反应新通道，加速化学反应的新方法
超声分散	靠液体的空化作用进行，包括乳化、粉碎、雾化、凝胶的液化等
无损检测	利用超声的传播特性，可测知物体的表面与内部缺陷、组织变化等

1）深小孔加工

与加工一般的轴或平面比较，在相同的要求及加工条件下，加工孔要复杂得多。一般来说，加工孔的工具长度总是大于孔的直径，在切削力的作用下易产生变形，从而影响加工质量和加工效率。特别是对难加工材料的深孔钻削来说，会出现很多问题。例如，切削液很难进入切削区，造成切削温度高；刀刃磨损快，产生积屑瘤，排屑困难，切削力增大等问题。采用超声加工则可有效解决上述问题。

2）硬脆材料加工

陶瓷材料，因具有高硬度、耐磨损、耐高温、化学稳定性好、不易氧化、耐腐蚀等优点而被广泛使用。然而，由于工程陶瓷等硬脆材料具有极高的硬度和脆性，其成型加工十分困难，特别是成型孔的加工尤为困难，严重阻碍了材料的应用推广。可采用超声旋转加工、超声分层铣削加工解决上述问题。

3）超声复合加工

超声加工与传统机械加工或特种加工方法相结合，就形成了各种超声复合加工工艺，如超声车削、超声磨削、超声钻孔、超声螺纹加工、超声研磨抛光、超声电火花复合加工等。超声复合加工方式适用于陶瓷材料的加工，它强化了原加工过程，其加工效率随着材料脆性的增大而提高，实现了低耗高效的目标，加工质量也能得到不同程度的改善。图 3-38 为超声车削、超声磨削的示意图。

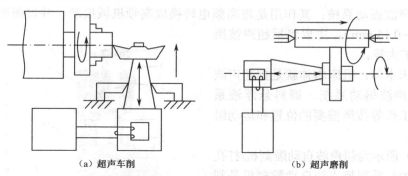

（a）超声车削　　　　　　　　　（b）超声磨削

图 3-38　超声复合加工示意图

4）超声磨削加工

超声磨削是利用超声振动和砂轮磨削的复合作用来形成加工表面。优点是加工效率高，缺点是加工变质层较深。已有研究表明：当磨削深度小于某临界值时，工程陶瓷的去除机理与金属磨削相似，工件材料在磨刃的作用下通过塑性流动形成切屑，避免了较深变质层的形成，塑性磨削可获得 $Ra<0.01\ \mu m$ 的良好镜面。

3．超声加工技术的发展趋势

1）超声复合加工技术

超声复合加工技术使加工速度、精度及表面质量较单一加工工艺有显著的改善。

由于新材料（尤其是难加工材料）的涌现和对产品质量与生产效益的要求不断提高，新的加工方法也不断出现。超声复合加工将日益显现出其独特的威力，并将更广阔地拓展

其应用领域。

2）微细超声加工技术

以微机械为代表的微细制造是现代制造技术中的一个重要组成部分。精密化、微型化是当今机电产品的重要发展方向之一。晶体硅、光学玻璃、工程陶瓷等脆硬材料在微机械中的广泛应用，使脆硬材料的高精度微细加工技术成为世界各国制造业的一个重要研究课题。目前已有成型加工和分层扫描加工两种微细超声加工模式被用于加工微结构和微型零件。

随着压电材料及电力电子技术的发展，微细超声、旋转超声、超声复合等加工技术已成为当前超声加工研究的热点。

3）超声加工过程控制

超声加工过程中的影响因素很多，随机性很大，加工很难达到预期效果，建立超声加工设备的自适应控制系统，有助于解决随机性问题。在"超声振动—磨削—脉冲放电复合加工技术"中，如何将模糊控制技术和人工神经网络技术应用到复合加工过程控制中，将基于模糊神经网络技术的多优先级变结构、智能控制器结构应用到复合加工过程控制中。

4．超声波加工机床的组成

超声波加工机床主要由超声波发生器、超声波振动系统和机床本体三部分组成。

（1）超声波发生器：其作用是将 50 Hz 的交流电转换成频率为 16 000 Hz 以上的高频电。

（2）超声波振动系统：其作用是将高频电转换成高频机械振动，并将振幅扩大到一定范围（0.01～0.15 mm），主要包括超声波换能器和振幅扩大棒。

（3）机床本体：机床本体就是把超声波发生器、超声波振动系统、磨料悬浮液系统、工具及工件等按所需的位置和运动组成一个整体。

图 3-39 所示为超声波自动雕刻机/打孔机。GSR-9800 系列超声波自动雕刻机是利用凸凹面与雕刻件相反的预制合金模具对玉石压紧，通过超声波机械振动冲击结合矿砂浆研磨进行雕刻；超声波打孔同样利用超声波振动头带动钢针冲击将工件打穿。该设备特别适用于中小型雕刻工艺品及玉石挂件、玉坠的批量生产。它具有线条优美、纹理清晰、立体感强等许多优点，其产品逼真度绝非手工可比，并可完全取代手工雕刻。

GSR-9800 系列超声波设备的特点是：

（1）多功能，一机多用（自动雕刻、自动打孔、洗净）。

（2）功效高，使用方便，具有完善的保护功能，故障率极低。

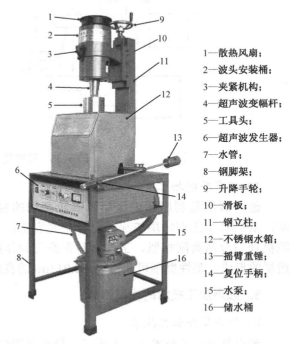

1—散热风扇；
2—波头安装桶；
3—夹紧机构；
4—超声波变幅杆；
5—工具头；
6—超声波发生器；
7—水管；
8—钢脚架；
9—升降手轮；
10—滑板；
11—钢立柱；
12—不锈钢水箱；
13—摇臂重锤；
14—复位手柄；
15—水泵；
16—储水桶

图 3-39　GSR-9800 系列超声波自动雕刻机/打孔机

（3）超声波振动换能器（波头）采用国外流行的"阶梯 CLASS"形式，声波传输顺畅，功率大。

（4）超声波发生器（波箱）的出力大、效率高、发热少，并设置十分完善的保护电路，具有很高的可靠性，能在潮湿、高温的恶劣环境中连续工作，产品使用寿命长。

（5）能适用于一般工人操作，一人可操作 10 台以上。

3.3.7　电子束加工

利用高能量密度的电子束对材料进行工艺处理的一切方法统称为电子束加工，包括电子束焊接、打孔、表面处理、熔炼、镀膜、物理气相沉积、雕刻、铣削、切割及电子束曝光等。其中以电子束焊接、打孔、物理气相沉积，以及电子束表面处理等在工业上的应用最为广泛。随着该项技术的不断发展，它已用于大批量生产、大型零件制造，以及复杂零件的加工，尤其是在表面工程应用等方面显示出其独特的优越性。

1. 电子束加工原理

电子束加工作为一种特种加工方法，其机理是利用电子束的能量对材料进行加工，是一种完全不同于传统机械加工的新工艺。

电子束加工工艺按其对材料的作用原理，可以分为两大类：一类是电子束热效应；另一类是电子束化学效应。目前已经比较成熟地应用于工业生产的是电子束热效应加工。

1）电子束热效应

电子束热效应是将电子束的动能在材料表面转化成热能以实现对材料的加工，其中包括：

（1）电子束切削，可完成打孔、切缝和刻槽等工艺，这种设备一般都采用微机控制，并且常为一机多用。

（2）电子束焊接，与其他电子束加工设备不同之处在于，除高真空电子束焊机外，还有低真空、非真空和局部真空等类型。

（3）电子束镀膜，可蒸镀金属膜和介质膜。

（4）电子束熔炼，包括难熔金属的精炼、合金材料的制造，以及超纯单晶体的拉制等。

（5）电子束热处理，包括金属材料的局部热处理，以及对离子注入后半导体材料的退火等。

上述各种电子束加工统称为高能量密度电子束加工。

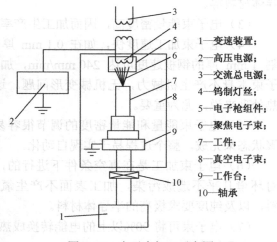

图 3-40 为典型的电子束加工示意图。它由高压电源、电子枪组件、真空系统和有关控制系统组成。电子加工是在真空条件下，利用高压静电场（或电磁凸镜）聚焦后能量密度极高的电子束，以极高的速度冲击到工

1—变速装置；
2—高压电源；
3—交流总电源；
4—钨制灯丝；
5—电子枪组件；
6—聚焦电子束；
7—工件；
8—真空电子束；
9—工作台；
10—轴承

图 3-40　电子束加工示意图

件表面极小的面积上，在极短的时间（几分之一微秒）内其大部分能量转换为热能，使

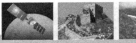

被冲击部分的工件材料达到几千摄氏度以上的高温。通过控制电子束能量密度的大小和能量注入时间，就可以达到不同的加工目的。例如，只要材料局部加热就可进行电子束热处理，使材料局部熔化可进行电子束焊接，使材料熔化或汽化便可进行打孔、切割等加工。

利用电子束的热效应可加工特硬、难熔的金属与非金属材料，穿孔的孔径可小至几微米。由于加工是在真空中进行的，所以可防止被加工零件受到污染和氧化。但由于需要高真空和高电压的条件，且需要防止 X 射线逸出，设备较复杂，因此多用于微细加工和焊接等方面。

2）电子束化学效应的利用

电子束化学效应是利用电子束代替常规的紫外线照射抗蚀剂以实现曝光，其中包括：

（1）扫描电子束曝光，用电子束按所需的图形，以微机控制进行扫描曝光。其特点是图形变换的灵活性好，分辨率高。

（2）投影电子束曝光，这是一种大面积曝光法，由光电阴极产生大面积平行电子束进行曝光。其特点是效率高，但分辨率较差。

（3）软 X 射线曝光，软 X 射线由电子束产生，是一种间接利用电子束的投影曝光法。

电子束曝光利用电子束对电致抗蚀剂产生化学作用，因此，电子束的能量应能使材料曝光而又不产生熔化或热变形，否则，会影响曝光精度，甚至导致工件报废。

2．电子束加工特点

主要优点是：

（1）由于电子束能够极其微细地聚焦，电子束能聚焦成很小的斑点（直径一般为 0.01～0.05 mm），适合于加工微小的圆孔、异形孔或槽，是一种精密微细加工方法。

（2）电子束能量密度很高，足以使被轰击的任何材料迅速熔化或汽化，能加工高熔点、导热较差和难加工材料如钨、钼、不锈钢、金刚石、蓝宝石、水晶、玻璃、陶瓷和半导体材料等。

（3）电子束能量密度高，因而加工生产率很高。

（4）电子束加工速度快，如在 0.1 mm 厚的不锈钢板上穿微小孔每秒可达 3 000 个，切割 1 mm 厚的钢板速度可达 240 mm/min，加工点向基体散失的热量少，工件热变形小；电子束本身不产生机械力，无机械变形问题。这些优异性能，对于打孔、焊接和零件的局部热处理来说，尤为重要。

（5）电子束能量和能量密度的调节很容易通过调节加速电压、电子束流和电子束的汇聚状态来完成，整个过程易于实现自动化。

（6）电子束加工是在真空条件下进行的，既不产生粉尘，也不排放有害气体和废液，对环境几乎不造成污染，加工表面不产生氧化，特别适合于加工易氧化的金属及合金材料，以及纯度要求极高的半导体材料。

（7）电子束可将 90%以上的电能转换成热能。此外，电子束的能量集中，损失较小。

主要缺点是：

（1）由于使用高电压，会产生较强 X 射线，必须采取相应的安全措施；

（2）需要在真空装置中进行加工；

（3）设备造价高等，因此，在生产和应用上有一定的局限性。

3．电子束加工的应用

电子束加工按其功率密度和能量注入时间的不同，可分别用于打孔、切割、蚀刻、焊接、热处理、光刻加工等。

1）电子束打孔

电子束打孔具有如下优点：能加工各种孔，包括异形孔、斜孔、锥孔和弯孔；生产效率高；加工材料范围广；加工质量好，无毛刺和再铸层等缺陷。

目前利用电子束打孔，最小可达 ϕ0.003 mm 左右，而且速度极高。例如，玻璃纤维喷丝头上直径为 ϕ0.8 mm、深 3 mm 的孔，用电子束加工效率可达 20 孔/s，比电火花打孔快 100 倍。用电子束打孔时，孔的深径比可达 10:1。电子束还能在人造革、塑料上进行 50 000 孔/s 的极高速打孔。值得一提的是，在用电子束加工玻璃、陶瓷、宝石等脆性材料时，由于在加工部位附近有很大的温差，容易引起变形以致破裂，所以在加工前和加工时需进行预热。

电子束打孔在国外已被广泛应用于航空、核工业，以及电子、化学等工业，如喷气发动机的叶片及其他零件的冷却孔，涡轮发动机燃烧室头部及燃气涡轮，化纤喷丝头和电子电路印制板等。

2）电子束加工型孔和特殊表面

电子束不仅可以加工各种特殊形状截面的直型孔（如喷丝头型孔）和成型表面，而且也可以加工弯孔和立体曲面。利用电子束在磁场中偏转的原理，使电子束在工件内部偏转，控制电子速度和磁场强度，即可控制曲率半径，便可以加工一定要求的弯曲孔。如果同时改变电子束和工件的相对位置，就可进行切割和开槽等加工。用电子束切割和截割各种复杂型面，切口宽度为 6～3 μm，边缘表面粗糙度值可控制在 Ra 为±0.5 μm。

3）电子束焊接

电子束焊接具有焊缝深宽比大、焊接速度快、工件热变形小、焊缝物理性能好、工艺适应性强等优点，并且能改善接头机械性能、减少缺陷、保证焊接稳定性和重复性，因而具有极为广阔的应用前景。

电子束焊接的加工范围极为广泛，尤其在焊接大型铝合金零件中，电子束焊接工艺具有极大的优势，并且可用于不同金属之间的连接。西欧国家采用电子束代替过去的氢弧焊焊接大型铝合金筒体，在提高生产效率的同时得到了性能良好的焊接接头。

美国和日本均采用电子束焊接工艺加工发电厂汽轮机的定子部件。美国近年来还在大型飞机制造中广泛应用电子束焊接工艺。

4）电子束物理气相沉积技术

电子束物理气相沉积（EB-PVD）是利用高速运动的电子轰击沉积材料表面，使材料升温变成蒸气而凝聚在基体材料表面的一种表面加工工艺。根据该工艺沉积材料的性质，可以使涂层具有优良的隔热、耐磨、耐腐蚀和耐冲刷性能，从而对基体材料有一定的保护作用，因此，被广泛应用于航空航天、船舶和冶金等工业领域。

EB-PVD 主要应用于飞机发动机的涡轮叶片热障涂层，涂层厚度最大可达 30 μm，涂层显微结构明显有利于抗热震性，涂层无需后续加工，空气动力学性能明显优于等离子涂层，因此涂层寿命大大高于等离子喷涂涂层寿命。目前，EB-PVD 还可用于结构涂层，例如叶片和反射镜的冷却槽等也可采用 EB-PVD 方法加工，刀具、带材、医用手术刀、耳机保护膜、射线靶子及材料提纯均可用 EB-PVD 方法进行表面处理。

5）电子束表面改性技术

利用电子束的加热和熔化技术还可以对材料进行表面改性。例如，电子束表面淬火、电子束表面熔凝、电子束表面合金化、电子束表面熔覆和制造表面非晶态层。经表面改性的表层一般具有较高的硬度、强度，以及优良的耐腐蚀和耐磨性能。

电子束表面改性的特点如下：

（1）快速加热淬火可以得到超微细组织，提高材料的强韧性。

（2）处理过程在真空中进行，减小了氧化等影响，可以获得纯净的表面强化层。

（3）能进行快速表面合金化，在极短时间内取得热处理几小时甚至几十小时的渗层效果。

（4）电子束的能量利用率较高，可以对材料进行局部处理，是一种节能型的表面强化手段。

（5）表面淬火是自行冷却，无需冷却介质和设备。

（6）能对复杂零件的表面进行处理，用途广泛。

（7）电子束功率参数可控，因此，可以控制材料表面改性的位置、深度和性能指标。

4．电子束加工装置的构成

电子束加工装置的基本结构主要包括电子枪、真空系统、控制系统和电源等。

1）电子枪

电子枪是获得电子束的装置，它包括电子发射阴极、控制栅极和加速阳极等。阴极经电流加热发射电子，带负电荷的电子高速飞向带高电位的正极，在飞向正极的过程中，经过加速极加速，又通过电磁透镜把电子束聚焦成很小的束流。发射阴极一般用纯钨或钽做成丝状阴极，大功率时用钽做成块状阴极。在电子束打孔装置中，电子枪阴极在工作过程中受到损耗，因此每过 10～30 h 就得进行定期更换。控制栅极为中间有孔的圆筒形，其上加以较阴极为负的偏压，既能控制电子束的强弱，又有初步的聚集作用。加速阳极通常接地，而在阴极加以很高的负电压以驱使电子加速。

2）真空系统

真空系统能够保证在电子束加工时达到 $1.33 \times 10^{-2} \sim 1.33 \times 10^{-4}$ Pa 的真空度。因为只有在高真空时，电子才能高速运动。为了消除加工时的金属蒸气影响电子发射，使其产生不稳定现象，需要不断地把加工中产生的金属蒸气抽去。

真空系统一般由机械旋转泵和油扩散泵或涡轮分子泵两级组成，先用机械旋转泵把真空室抽至 1.4～0.14 Pa 的初步真空度，然后由油扩散泵或涡轮分子泵抽至 0.014～0.000 14 Pa 的高真空度。

3）控制系统和电源

电子束加工装置的控制系统包括束流聚焦控制、束流位置控制、束流强度控制及工作

台位移控制等。

　　束流聚焦控制是为了提高电子束的能量密度，使电子束聚焦成很小的束流，它基本上决定着加工点的孔径或缝宽。聚焦方法有两种：一种是利用高压静电场使电子流聚焦成细束；另一种是利用"电磁透镜"靠磁场聚焦。后者比较安全可靠。所谓电磁透镜，实际上为一电磁线圈，通电后它产生的轴向磁场与电子束中心线相平行，径向磁场则与中心线相垂直。根据左手定则，电子束在前进运动中切割径向磁场时将产生圆周运动，而在圆周运动时在轴向磁场中又将产生径向运动，所以实际上每个电子的合成运动为一半径愈来愈小的空间螺旋线而聚焦交于一点。根据电子光学的原理，为了消除像差和获得更细的焦点，常再进行第二次聚焦。

　　束流强度控制是为了使电子流得到更大的运动速度，常在阴极上加上 50～150 kV 的负高压。电子束加工时，为了避免热量扩散至工件上不加工部位，常使电子束间歇脉冲性地运动（脉冲延时为一微秒至数十微秒），因此加速电压也常是间歇脉冲性的。工作台位移控制是为了在加工过程中控制工作台的位置。因为电子束的偏转距离只能在数毫米之内，过大将增加像差和影响线性。因此，在大面积加工时需要用伺服电机控制工作台移动，并与电子束的偏转相配合。

　　WG-DZW-6C 系列电子束焊机如图 3-41 所示，它针对齿轮行业定型生产的、适合焊接端面环形焊缝的专用焊机，硬件配置高，稳定性极高。机床的主要技术规格及指标如下。

图 3-41　WG-DZW-6C 系列电子束焊机

（1）电子枪

　　① 加速电压：30～60 kV 连续可调，稳定度优于±1%。并在 60 kV 加速电压下可连续长期工作。

　　② 最大束功率：6 kW。

　　③ 束流调节范围：0～100 mA，稳定度优于±1%，并设有大、小束流切换功能。

　　④ 聚焦电流范围：0.4～0.8 A，稳定度优于±0.1%。

　　⑤ 焊缝可调范围：$\phi 30 \sim \phi 40$ mm 端面环形焊缝。

（2）焊接室及转台

　　① 焊接室容积：300 mm×300 mm×240 mm。

　　② 被焊工件最大直径：$\phi 295$ mm。

　　③ 主轴孔尺寸：$\phi 64$ mm×305 mm，焊接胎具可采用法兰或锥柄两种方式定位。

　　④ 主轴运动速度范围：1～60 rpm。

（3）工艺及整机

　　① 最大实用熔深：≥20 mm。

　　② 焊缝熔池最大深宽比：优于 10:1。

③ 整机噪声：≤80 dB。

④ X 射线泄漏量：≤2.1 μGy/h。

3.3.8 复合加工

复合加工 CM（Combined Machining）是指用多种能量组合进行材料去除的工艺方法，以便能提高加工效率或获得很高的尺寸精度、形状精度和表面完整性。对于陶瓷、玻璃和半导体等高脆性材料，复合加工是经济、可靠地实现高的成型精度和极低的表面粗糙度（可达 10 nm），并使表面和亚表层的晶体结构组织的损伤减小至最低程度的有效方法。

复合加工的方法大多是在机械加工的同时，应用流体力学、化学、光学、电力、磁力和声波等能量进行综合加工。也有不用常规的加工方法而仅仅依靠化学、光学或液动力等作用的复合加工。

1．切削复合加工

切削复合加工 CCM（Cutting Combined Machining）主要以改善切屑形成过程为目标。又可分为加热切削和超声复合切削两种。

（1）加热切削：通过对工件局部瞬时加热，改变其物理力学性能和表层的金相组织，以降低工件在切削区材料的强度，提高其塑性使切削加工性能改善。它是对铸造高锰钢、无磁钢和不锈钢等难切削材料进行高效率切削的一种方法，如等离子电弧加热车削和激光辅助车削。

（2）超声复合切削：它以超声振动的能量来减小刀具与工件之间的摩擦，并提高被加工金属工件的塑性，从而可改善车、钻、锪、铰、插和攻螺纹、切断等的切削过程并提高加工质量。

2．磨削复合加工

磨削复合加工 GCM（Grinding Cutting Combined Machining）主要用于获得高的形状精度和表面质量，随着大规模集成电路的发展，要求晶片达到<0.01 μm 的平面度和纳米级的表面微观粗糙度，晶片表面上应无细微划痕、擦伤和裂纹，表层的变质层应极微小，因此采用磨削复合加工晶片。按照工艺机理可以分为下列两种。

（1）基于松散磨料或游离磨料基础上的复合加工：由于松散磨料加工应用柔性材料研具，而游离磨料加工通过磨料流运动且无研具约束，因而能根据与工件的接触情况自动地调整吃刀量（切削深度），并使磨粒切削方位随机变换，易于保持磨粒的锐利性，从而实现微量切削，形成高质量的加工表面。在此基础上再复合液力、电子、磁场和化学等能量作用，可有选择地控制工件表面不平度突起点的加工并促进高质量表面的形式。

（2）电解在线修整磨削法 ELID：ELID 磨削技术是把细粒度金刚石或 CBN 砂轮与电解方法在线连续修整砂轮相结合，使磨料保持刀刃锋利和排列均一，可获得镜面加工质量并有较高的生产率。

ELID 磨削技术一出现，在美国、英国、德国等国家就得到了重视和研究应用，并且被用来对脆性材料表面进行超精密加工。目前对硬质合金、陶瓷、光学玻璃等脆性材料均实现了镜面磨削，磨削表面粗糙度数值与在同样机床条件下普通砂轮磨削相比有了大幅度的提高，部分工件的表面粗糙度 Ra 值已达纳米级，其中，对硅微晶玻璃的磨削表面粗糙度

Ra 可达 0.012 μm。这表明 ELID 磨削技术可以实现对脆性材料表面的超精密加工，但是加工过程中仍存在砂轮表面氧化膜或砂轮表面层未电解物质被压入工件表面，形成表面层釉化和电解磨削液的配比等问题。

3．电火花复合加工

电火花复合加工，是以火花放电所产生的热能为主，与磨料机械能、超声振动能和电解液的化学能等中的一种或几种能量相复合进行加工，以提高表面质量和加工效率。

4．电解复合加工

电解复合加工，是以电解的电化学能为主，与磨料机械能、超声振动能和电弧放电能等中的一种或几种能量相复合进行加工。

5．其他复合加工

它们多以化学加工为主，辅以光学或液动力学能量，而不用磨料或电火花等常规加工方法。这类复合加工有光刻加工、水合抛光和非接触化学抛光，前者用于复杂图形加工，后两者用于加工蓝宝石。

6．复合加工技术发展趋势

（1）复合加工是对传统中常用的单一的机械加工、电加工和激光加工等方法的重要发展和补充。随着精密机械大量使用脆性材料（如陶瓷、光学玻璃和宝石晶体等），以及电子工业要求超精密的晶体材料（如超大规模集成电路的半导体晶片、蓝宝石等），将促使对其他能量形式的加工机理进行深入研究，并发展出多种多样的适用于各类特殊需求的最佳复合加工方法。

（2）发展虚拟制造技术。在实验基础上，应用计算机仿真模拟有限元分析方法来精确优化加工参数。例如，对脆性材料的物理、化学特性多样的研究，可以开发出对脆性材料进行无微细裂纹且经济性高的有效工艺，并可预测出各种不同的复合加工工艺的物理参数和磨料特性下的表面精整质量、形状精度和材料去除率，以利于对加工过程进行优化控制。

3.4 微细加工技术

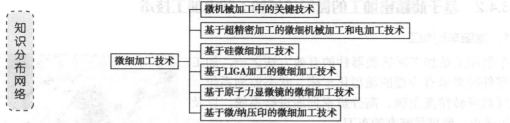

微细加工技术自 20 世纪 80 年代中期发展至今一直受到世界各发达国家的广泛重视，被认为是一项面向 21 世纪可以广泛应用的新技术。目前所谓的微机械，大致分为两大类：一类称之为微机械电子系统（MEMS），侧重于用集成电路可兼容技术加工制造的元器件；另一类就是微缩后的传统机械，如微型机床、微型汽车、微型飞机、微机器人等。

微细加工起源于半导体制造工艺，指加工尺度在微米级的加工方式，在微机械研究领域

中，它是微米级、亚微米级乃至纳米级微细加工的通称。微细加工方式十分丰富，目前常用的微机械器件加工技术主要有三种：以日本为代表的精密机械加工手段（微机械，Micro-Machine）；以德国为代表的 LIGA 技术（微系统，Micro-System）；以美国为代表的硅微细加工技术（微机电系统，Micro-Electro-Mechanical Systems）。随着现代科学技术的迅速发展，新的高科技微细加工方法层出不穷，如聚焦离子束（FIB）微细加工技术、微/纳压印加工技术等。

3.4.1　微机械加工中的关键技术

与传统机械相比，微机械在许多方面都具有自身特色，这是因为在微小尺寸和微小尺度空间内，许多宏观状态下的物理量和机械量都发生了变化，并在微观领域状态下呈现出特有规律，由此决定了微机械具有自身特有的理论基础。目前，微机械加工中的主要关键技术有以下几项。

（1）微系统设计技术：主要是微结构设计数据库、有限元和边界分析、CAD/CAM 仿真和拟实技术、微系统建模等，微小型化的尺寸效应和微小型理论基础研究也是设计研究不可缺少的课题，如力的尺寸效应、微结构表面效应、微观摩擦机理、热传导、误差效应和微构件材料性能等。

（2）微细加工技术：主要指高深宽比多层微结构的硅表面加工和体加工技术，利用 X 射线光刻、电铸的 LIGA 和利用紫外线的准 LIGA 加工技术；微结构特种精密加工技术包括微火花加工、能束加工、立体光刻成形加工；特殊材料特别是功能材料微结构的加工技术；多种加工方法的结合；微系统的集成技术；微细加工新工艺探索等。

（3）微型机械组装和封装技术：主要指材料的黏接、硅玻璃静电封接、硅键合技术和自对准组装技术，具有三维可动部件的封装技术和真空封装技术。

（4）微系统的表征和测试技术：主要有结构材料特性测试技术，微小力学、电学等物理量的测量技术，微型器件和微型系统性能的表征和测试技术，微型系统动态特性测试技术，微型器件和微型系统可靠性的测量与评价技术。

（5）自组织成型工艺：模仿生物的生长发育过程，让材料通过自组织作用，自动生长成为所要求形状，以超分子的自组织实验模拟生物自组织生长过程，并以生物酶对之进行加工和修饰，并可对形状和尺寸进行控制的方法。

3.4.2　基于超精密加工的微细机械加工和电加工技术

1. 微细车削加工

车削加工是加工回转类器件的有效方法之一，加工微型零件时要求有合理的微型化车床、状态监测系统、高速度高回转精度主轴、高分辨率伺服进给系统，以及刀刃足够小、硬度足够高的车刀。

日本通产省工业技术院机械工程实验室（MEL）于 1996 年开发了世界上第一台微型化的机床——微型车床，长 32 mm、宽 25 mm、高 30.5 mm，质量为 100 g，图 3-42 为该车床与硬币的比较；主轴电机额定功率为

图 3-42　世界上第一台微型车床

1.5 W，转速为 1 000 r/min。用该机床切削黄铜，沿进给方向的表面粗糙度值为 1.5 μm，加工工件的圆度为 2.5 μm，最小外圆直径为 60 μm。切削试验中的功率消耗仅为普通车床的 1/500。

日本金泽大学的 Zinan Lu 和 Takeshi Yoneyama 研究了一套微细车削系统，由微细车床、控制单元、光学显微装置和监视器组成。机床长约 200 mm。在该系统中，采用了一套光学显微装置来观察切削状态，还配备了专用的工件装卸装置。该机床的明显不足是切削速度低，因此得不到满意的表面质量，表面粗糙度值为 1 μm 以下。它的开发成功，证实了利用切削加工技术也能加工出微米尺度的零件。

从以上两例可知，并非机床的尺寸越小，加工出的工件尺度就越小、精度就越高。微细车床的发展方向一方面是微型化和智能化；另一方面是提高系统的刚度和强度，以便于加工硬度比较大、强度比较高的材料。

2．微细磨削加工

磨削加工主要是将砂轮和砂带表面上的磨粒近似看成微刃，整个砂轮可看成铣刀。磨削加工微器件时需注意以下问题：磨粒在高速、高压和高温作用下会变钝，且切削能力会下降；磨粒可能脱落，砂轮失去外形精度；选用磨粒材料时要求耐高温高压，常用的磨粒材料有人造金刚石等。

3．微细钻削加工

微细钻削一般用来加工直径小于 0.5 mm 的孔。钻削现已成为微细孔加工的最重要工艺之一，可用于电子、精密机械、仪器仪表等行业，近年来备受关注。

在钟表制造业中，最早使用钻头加工小孔。随着工艺方法的不断改进，相继出现了各种特种加工方法，但至今在一般情况下仍采用机械钻削小孔的方法。近年来，研制出多种形式的小孔钻床，如手动操作的单轴精密钻床、数控多轴高速自动钻床、曲柄驱动群孔钻床，以及加工精密小孔的精密车床和铣床等。20 世纪 80 年代后，由于 NC 技术和 CAD/CAM 的发展，小孔加工技术向高自动化和无人化发展。目前机械钻削小孔的研究方向主要有：难加工材料的钻削机理研究；小孔钻削机床研制和小钻头的刃磨、制造工艺研究；超声振动钻削等新工艺的研究等。

微细钻削加工的关键除了车削要求的几项之外，还有微细钻头的制作问题。目前，商业供应的微细钻头的最小直径为 50 μm，要得到更细的钻头，必须借助于特种加工方法。有人用聚焦离子束溅射技术制成了直径分别为 22 μm 和 35 μm 的钻、铣削刀具。但是，聚焦离子束溅射设备复杂，加工速度较慢。用电火花线放电磨削 WEDG 技术则可以稳定地制成 10 μm 的钻头，最小可达 6.5 μm。

用 WEDG 技术制成的微细钻头的形状如图 3-43 所示，图 3-44 是其工艺过程。

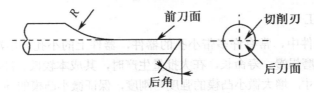

图 3-43　用 WEDG 技术制成的微细钻头的形状

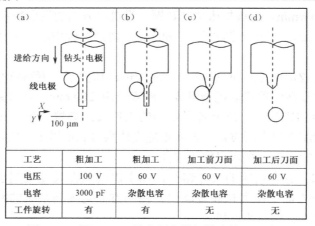

图 3-44　用 WEDG 技术制作微细钻头的工艺过程

用 WEDG 技术制作的微细钻头，如果从微细电火花机床上卸下来再装夹到微细钻床的主轴上，势必造成安装误差而产生偏心。这将影响钻头的正常工作甚至无法加工。因此，用这种钻头钻削时，必须在制作该钻头的微细电火花机床上进行。

4．微细铣削加工

微细铣削加工可以满足各种形状的三维微结构器件的加工需求，工作效率高，且对 MEMS 的实用化开发具有一定的价值。日本 FANUC 公司与电气通信大学合作研制出车床型超精密铣床，首次用切削方法实现了自由曲面的微细加工。另外，微细铣削加工还可以使用切削刀具对各种材料进行微细加工，采用 CAD/CAM 技术实现三维数控加工，工作效率与相对精度都较高。

图 3-45 所示为用该机床铣削的在日语中叫做"能面"的微型脸谱。其加工数据由三坐标测量机从真实"能面"上采集，采用单刃单晶金刚石球形铣刀（$R30\ \mu m$），在 18 K 金材料上加工出的三维自由曲面。其直径为 1 mm，表面高低差为 30 μm，加工后的表面粗糙度值为 0.058 μm。这是光刻技术领域中的微细加工技术、半导体平面硅工艺以及同步辐射 X 射线深度光刻、电镀工艺和铸塑工艺组成的 LIGA 工艺等技术所不及的。

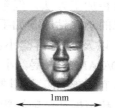

图 3-45　微型脸谱"能面"

目前数控铣削技术几乎可以满足任意复杂曲面和超硬材料的加工要求。与某些特种加工方法，如电火花、超声加工相比，切削加工具有更快的加工速度、更低的加工成本、更好的加工柔性和更高的加工精度。

微细铣削可以实现任意形状的微三维结构的加工，生产率高，便于扩展功能。微细铣床的研究对于微型机械的实用化开发研究是很有价值的。

5．微细冲压加工

在 MEMS 微器件中，常有许多带小孔的器件，器件上的小孔可用冲孔方法加工，效率高、尺寸稳定、凸模磨损慢、寿命长，在大批量生产时，其成本较低。冲小孔技术的研究方向是如何减小冲床的尺寸，增大微小凸模的强度与刚度，保证微小凸模的导向和保护等。

MEL 开发的微冲压机床，长 111 mm、宽 66 mm、高 170 mm，装有一个 100 W 的交流

伺服电机，可产生 3 kN 的压力。伺服电机的旋转通过同步带传动和滚珠丝杠传动转换成直线运动。该冲压机床带有连续的冲压模，能实现冲裁和弯板。

日本东京大学生产技术研究所利用 WEDG 技术，制作微冲压加工的冲头和冲模，然后进行微细冲压加工，在 50 μm 厚的聚酰胺塑料上冲出宽度为 40 μm 的非圆截面微孔。

6. 微细电加工工艺

微型轴和异形截面杆（图 3-46）的加工可采用线放电磨削法 WEDG 加工。它独特的放电回路，使放电能仅为一般电火花加工的 1/100。图 3-47 为 WEDG 法加工微型轴的原理示意图，电极线沿着导丝器中的槽以 5～10 mm/min 的低速滑动，就能加工出圆柱形的轴。如果导丝器通过数字控制做相应的运动，就能加工出如图 3-46 所示的各种形状的杆件。

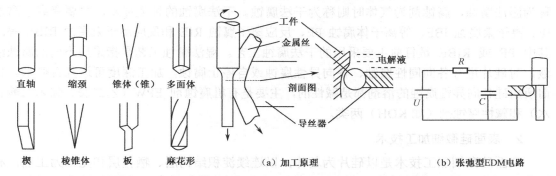

图 3-46　WEDG 加工的微型轴和异形截面杆　　　图 3-47　WEDG 加工微型轴的原理

若需获得更为光滑的表面，则可以在 WEDG 加工后，再采用线电极电化学磨削（Wire Electrical Chemical Grinding，WECG），它是用去离子水在低电流下去除极薄的表面层。

微细电火花加工 MEDM 所用的机床，如日本松下电气产业公司的 MG-ED71，它的定位控制分辨率为 0.1 μm，最小加工孔径达 5 μm，表面粗糙度达 0.1 μm。加工齿轮节圆直径 300 μm、厚 100 μm 的 9 齿不锈钢齿轮时，先用 ϕ24 μm 的电极连续打孔加工出粗轮廓，再用 ϕ31 mm 电极按齿形曲线扫描出轮廓，精度达±3 μm。也可用它加工微型阶梯轴，最小直径为 30 μm，加工的键槽截面为 10 μm×10 μm。

加工微小零件的电极应在同一台电加工机床上制作，否则由于电极的连接和安装误差很难加工出直径小于 100 μm 的微型孔。如在微细电火花机床上加工电极或超声加工工具，就可加工出 5～10 μm 微型孔。在一台冲模机上用 WEDG 法制作出电火花加工所用的电极，如图 3-48（a）所示，以此电极使用 MEDM 法加工出凹模，如图 3-48（b）所示，并用与做电极相似的方法 WEDG 法加工出凸模，如图 3-48（c）所示，即成为一套冲模，可生产出所需的微型零件，如图 3-48（d）所示。

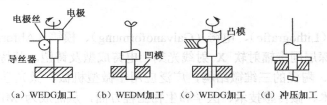

（a）WEDG加工　（b）WEDM加工　（c）WEDG加工　（d）冲压加工

图 3-48　同一台机床上集成制作的微细冲压系统

微细电加工与微细机械加工相比虽材料切除率较低，但加工尺寸能更细小，孔的长径比更大，可达 5～10，尤其对于微细的复杂凹形内腔加工更有其优越性。

3.4.3 基于硅微细加工技术

硅微机械加工技术是 MEMS 微结构中一种常用加工方法，源于集成电路（IC）加工技术，是由 IC 平面加工工艺发展的三维微细加工技术。

1．体硅微细加工技术

体硅微细加工技术是以单晶硅为加工对象，采用腐蚀、镀膜、键合等加工工艺，在硅基上有选择性地去除部分材料，从而获得所需的微结构。当腐蚀剂为液体时所进行的腐蚀称为湿法腐蚀，腐蚀剂为气体时则称为干法腐蚀。干法腐蚀的种类很多，主要有离子腐蚀 IE、离子束腐蚀 IBE、等离子体腐蚀 PE、反应离子腐蚀 RIE 和反应离子束腐蚀 RIBE 等。其中 PE 或 RIBE 是目前主要采用的干法腐蚀工艺。湿法腐蚀工艺是指采用不同的腐蚀溶液，对硅片进行各向同性腐蚀、各向异性腐蚀或自停止腐蚀，加工深度可达几百微米。目前所用硅各向异性腐蚀的溶剂都是碱性的，主要是有机腐蚀剂 EPW（乙二胺、邻苯二酸和水）和碱性腐蚀剂（如 KOH）两类。

2．表面硅微细加工技术

表面硅微细加工技术是以硅片为基体，以连续淀积结构层、牺牲层和光刻为工艺，利用微电子加工技术中的氧化、淀积、光刻、腐蚀等工艺，在硅片表面上形成多层薄膜图形，然后把下面的牺牲层腐蚀掉，以保留上面的微结构图形。此类微细加工技术可以制作活动构件，如转子、齿轮等，还可以制造多种谐振式、电容式、应变式传感器和静电式、电磁式执行器，如微电机、谐振器等。

3．键合技术

在微型机械的制作工艺中，键合技术十分重要。固相键合技术是指不用液态粘连剂而将两块固体材料键合在一起，键合过程中材料始终处于固相状态的一种加工方法。主要包括静电键合和直接键合两种，主要用于硅-玻璃键合，玻璃可以是基片，也可用于两片硅晶片之间的键合。直接键合 SDB 又称硅热键合技术，主要用于硅-硅键合，它可以将两种高度抛光的硅晶片在没有外加电场的情况下进行永久性键合。静电键合技术是在 1969 年由 Wallis 和 Pomeranty 首次提出的，SDB 也称硅熔融键合 SFB，是由 Lasky 于 1985 年提出的，硅片与硅片直接或通过一层薄膜（如 SiO_2）进行原子键合。

3.4.4 基于 LIGA 加工的微细加工技术

1．LIGA 技术

LIGA 是光刻（Lithografie）、电铸（Galvanoformung）、模铸（Abformung）的缩写，主要包括三个工艺：深层同步辐射软 X 射线光刻、电铸成型及铸塑。其特点是能制作高径比很大的塑料、金属、陶瓷的三维微结构，广泛应用于微型机械、微光学器件制作、装配和内连技术、光纤技术、微传感技术、医学和生物工程方面，从而成为 MEMS 极其重要的一种微制造技术。图 3-49 为 LIGA 技术的工艺过程。

　　光刻加工又称光刻蚀加工或刻蚀加工，简称刻蚀，是微细加工中广泛使用的一种加工方法，主要用于制作半导体集成电路。用它制造的微机械零件有：刻线尺、微电机转子、摄像管的帘栅网等。其工作原理如图 3-50 所示。光刻加工可分为两个阶段：第一阶段为原版制作，生成工作原版或工作掩膜，为光刻时的模板，第二阶段为光刻。光刻加工的主要过程如下。

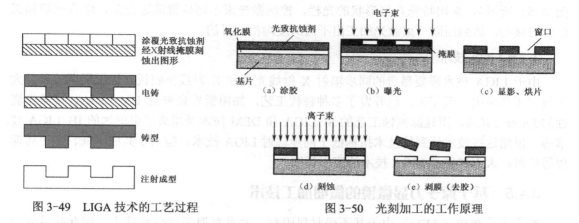

图 3-49　LIGA 技术的工艺过程　　　　　　图 3-50　光刻加工的工作原理

　　1）涂胶

　　把光致抗蚀剂涂敷在已镀有氧化膜的半导体基片上。

　　2）曝光

　　曝光通常有两种方法：

　　（1）由光源发出的光束，经掩膜在光致抗蚀剂上成像，称为投影曝光。

　　（2）将光束聚焦形成细小束斑，通过扫描在光致抗蚀剂涂层上绘制图形，称为扫描曝光。常用的光源有电子束、离子束等。

　　3）显影与烘片

　　曝光后的光致抗蚀剂在一定的溶剂中将曝光图形显示出来，称为显影。显影后进行200～250℃的高温处理，以提高光致抗蚀剂的强度，称为烘片。

　　4）刻蚀

　　利用化学或物理方法，将没有光致抗蚀剂部分的氧化膜除去。常用的刻蚀方法有化学刻蚀、离子刻蚀、电解刻蚀等。

　　5）剥膜（去胶）

　　用剥膜液去除光致抗蚀剂。剥膜后需进行水洗和干燥处理。

　　应用光刻加工技术可以使制造的电机更微型化，且无须组装和易于实现批量生产。但由于它刻制的薄膜厚度仅有 2 μm，与用电火花制出的微型电机相比，由于电机的电极面积很小，因而电机的转矩仅为后者的万分之一。

　　2. 激光、准分子激光刻蚀技术

　　由于激光对气相或液相物质具有良好的透光性，所以强聚焦的紫外或可见光激光束能够穿透稠密的、化学性质活泼的基片表面的气体或液体，并且有选择地对气体或液体进行

激发。受激发的气体或液体与衬底可以进行微观的化学反应，从而进行刻蚀、沉淀、掺杂等微细加工。这些反应可分为热激活反应或化学反应。

随着激光技术的飞速发展，国外一些学者开展了用激光进行三维微小型腔的加工技术的研究，如用激光对掩膜和工件同步扫描（动态掩膜与工件同步运动）加工三维型腔（如图 3-51 所示），采用特殊几何形状的光栏，控制激光束不同位置的透光量，结合掩膜和工作台的移动，达到用同一束激光加工出不同深度沟槽的目的。

3．准 LIGA 技术

由于 LIGA 技术需要昂贵的同步辐射 X 射线光源和 X 射线掩膜板，加工周期较长，大大限制了其应用。近年来，已开发了多种替代工艺，如用紫外光刻的 UV-LIGA，用激光烧蚀的 Laser-LIGA，用硅深刻蚀工艺的 Si-LIGA 和 DEM 技术及用离子束刻蚀的 IB-LIGA 技术等。虽然这些技术达到的技术指标低于同步辐射 LIGA 技术，但由于其成本低、加工周期短等优点，大大扩展了 LIGA 技术的应用领域。

3.4.5 基于原子力显微镜的微细加工技术

原子力显微镜（AFM）由于其不受材料限制，并具有原子级分辨能力，因此被看做一种重要的微加工工具，广泛应用于微纳米技术的研究。

3.4.6 基于微/纳压印的微细加工技术

从 1995 年微/纳压印技术（NIL）发展以来，就被 MIT 列为十项最可能改变世界的技术之一。NIL 技术具有成本低、生产效率高且设备简单而廉价等优点，且是一种并行加工技术，对于大面积高精度图案形状的微纳结构器件加工是非常有效的。典型的加工工艺过程有制作印章、压印过程和转移图形三个基本步骤。

纳米压印技术一经提出就引起科技界的广泛注意。NIL 已被应用到许多电子、光学和磁性器件的制作中，图 3-52 所示为倾斜式和旋转式微结构。

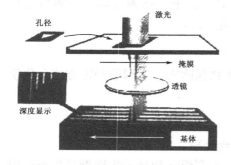

图 3-51　激光同步扫描成型原理　　图 3-52　UV 压印加工的微结构（左，倾斜式；右，旋转式）

3.4.7 微细加工技术发展趋势

近年来微细加工技术迅速发展，已成为机电领域的研究热点。在其发展过程中呈现出以下几个特点与趋势：

（1）产品的应用及工艺技术的确定性，针对产品确定其市场潜力，进行加工工艺与设

备技术研究。

（2）随着 MEMS 应用范围的拓宽，对微细加工材料的要求也趋于多样化，需建立微尺度下的各种材料性能数据库。

（3）微结构更趋于复杂化，功能要求越来越高，随着材料和加工工艺的日益发展，从二维到三维、从微米到纳米，运动部件不断增多，扩大了其使用功能。

（4）针对微尺度下器件质量和产品的功能性测量与评定，制定出一系列有关器件的尺寸、形状、表面粗糙度等的计量方法。

（5）研发出更新、更适用于现代科技需求的微细加工技术，不能仍以物理与化学能量的特种加工为主，因为微细加工主要是在微米级进行的。MEMS 的尺寸微小及加工材料的局限性，使得传统的机械加工方法与硅微加工技术不能满足需求。

（6）基于微型装备、微型工厂及微加工系统，发挥微细加工方法的复合化。微细加工是高技术的集成，是集光、机、电、化学等多种能量于一体，从而实现器件的微细加工要求。

（7）能在短期内实现大批量微细加工，降低成本，及时开发出需求的微型结构及系统，实现商业化发展。

知识梳理与总结

超精密加工，以不改变工件材料物理特性为前提，以获得极限的形状精度、尺寸精度、表面粗糙度、表面完整性（无或极少的表面损伤，包括微裂纹等缺陷、残余应力、组织变化）为目标。

超高速加工是指高于常规切削速度 5 倍乃至十几倍条件下所进行的切削加工。超高速加工不但可以大幅度提高零件的加工效率、缩短加工时间、降低加工成本；而且可以使零件的表面加工质量和加工精度达到更高的水平。

特种加工技术是直接借助电能、热能、声能、光能、电化学能、化学能及特殊机械能等多种能量或其复合施加在工件的被加工部位上以实现材料切除的加工方法，从而实现材料被去除、变形、改变性能或被镀覆等的非传统加工方法统称为特种加工。各种特种加工方法已达数十种，其中也包含一些借助机械能切除材料，但又不同于一般切削和磨削的加工方法，如磨粒流加工、液体喷射流加工、磨粒喷射加工、磁磨粒加工等等。

微细加工起源于半导体制造工艺，是指加工尺度在微米级的加工方式，在微机械研究领域中，它是微米级、亚微米级乃至纳米级微细加工的通称。微细加工方式十分丰富，目前常用的微机械器件加工技术主要有三种：以日本为代表的精密机械加工手段（微机械，Micro-Machine）；以德国为代表的 LIGA 技术（微系统，Micro-System）；以美国为代表的硅微细加工技术（微机电系统，Micro-Electro-Mechanical Systems）。

思考与练习题 3

3-1　超精密加工技术分为哪几类？

3-2 简述快速原型技术的特点及工艺。

3-3 就目前技术条件下精密加工和超精密加工是如何划分的？

3-4 超精密加工所涉及的技术范围包含哪些？

3-5 叙述精密和超精密加工方法的分类、加工机理及加工方法示例。

3-6 试说明超精密切削、超精密磨削加工的特点和各自的适应场合。

3-7 超精密加工时对机床设备和环境有何要求？

3-8 在怎样的速度范围下加工属于高速加工？分析高速切削加工所要解决的关键技术。

3-9 超高速切削包含哪些相关技术？

3-10 简述超高速磨削加工的特点及关键技术。

3-11 简述超高速铣削加工的特点及关键技术。

3-12 简述特种加工技术的特点及应用领域。

3-13 简述电火花加工的原理与应用。

3-14 电解加工的应用有哪些？

3-15 简述超声加工的工艺特点及应用。

3-16 试说明离子束刻蚀的加工方法及应用。

3-17 LIGA 技术加工工艺及主要应用对象是哪些？

3-18 微机械加工中的关键技术是什么？

第4章

制造自动化技术

学习目标	机械制造系统自动化的发展和主要技术构成，数控机床、加工中心、CAD、CAM、CAPP、FMS、CIMS 技术的功能及应用
建议学时	10
知识点	机械制造系统自动化的发展和主要技术构成，数控机床、加工中心、CAD、CAM、CAPP、FMS、CIMS 技术的功能及应用
重点与难点	CAD、CAM、CAPP、FMS、CIMS 的含义与构成

4.1 制造自动化技术的概念、关键技术与主要内容

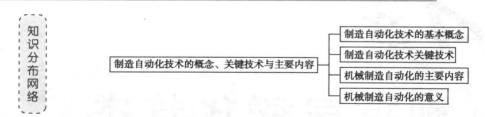

4.1.1 制造自动化技术的基本概念

制造自动化技术是制造业的关键技术，对制造业的发展具有非常重要的作用。制造自动化概念是一个动态发展的过程。20世纪初，对制造自动化的理解或者说制造自动化的功能目标是以机械的动作代替人力操作，自动地完成特定的作业。这实质上是自动化代替人的体力劳动的观点。后来随着电子和信息技术的发展，特别是随着计算机的出现和广泛应用，制造自动化的概念已扩展为不仅包括用机器（包括计算机）代替人的体力劳动和脑力劳动，而且还包括人和机器及制造过程的控制、管理和协调优化，以使产品制造过程实现高效、优质、低耗、及时和洁净的目标。

制造自动化就是在广义制造过程的所有环节采用自动化技术，实现制造全过程的自动化。在"狭义制造"概念下，制造自动化的含义是生产车间内产品的机械加工和装配检验过程的自动化，包括切削加工自动化、工件装卸自动化、工件储运自动化、零件及产品清洗及检验自动化、断屑与排屑自动化、装配自动化、机器故障诊断自动化等。而在"广义制造"概念下，制造自动化则包含了产品设计自动化、企业管理自动化、加工过程自动化和质量控制自动化等产品制造全过程以及各个环节的综合集成自动化，以便产品制造过程实现高效、优质、低耗、及时和洁净的目标。

制造自动化促使制造业逐渐由劳动密集型产业向技术密集型和知识密集型产业转变。制造自动化技术是制造业发展的重要标志，代表着先进的制造技术水平，也体现了一个国家科技水平的高低。

表4-1列出了制造技术和制造自动化技术发展中的重大事件，粗略地介绍了制造自动化技术的发展概况，但是表中所给出的信息比较分散而不系统，特别是制造自动化技术发展中的系统化过程和发展规律还难以清楚反映。鉴于此，下面再总结一下制造技术和制造自动化技术在20世纪的发展过程和有关规律，机械制造自动化技术由最初主要依靠机械结构加上继电器等组成的刚性自动化机床和生产线，发展到现今依靠信息技术和先进的生产管理方法形成的高柔性化设备技术。如表4-2所示，其发展历程及典型产品大致经历了以下几个阶段。

第一阶段主要依靠传统的机械结构和继电器配合组成的刚性自动化机床和自动化生产线，被广泛使用在汽车制造等领域，其显著的特点是高效率和高刚性化，一旦产品设计变更，可能整条流水线都要重新设计。

第二阶段是数字控制技术应用在机械加工以后，数控机床的产生使得制造技术向柔性化方向发展，尤其是加工中心，是工序集中的典型代表，使得自动化制造技术更加灵活。

第三阶段是柔性制造系统的发展，将微型计算机技术引入数控技术是数控技术发展的

一个里程碑，从 NC 到 CNC，使得数控机床的加工能力大大地得到了提高。在此基础上发展起来了分布式数控系统 DNC、柔性制造系统 FMS 等技术，使得加工更加柔性化、自动化，效率更高。

第四阶段是自动化技术高度集成的时代，将 CAD/CAPP/CAM 集成，加上信息技术与现代化的生产管理与调度（MRPⅡ）理念，使得制造自动化技术趋向于全盘自动化、最优化、智能化、网络化，从产品的设计制造到生产管理、售后服务，整个产品的生命周期均体现了高度的自动化技术。

表 4-1　制造技术和制造自动化技术的发展

年　份	制造技术和制造自动化技术发展中的重大事件
1900	电液仿形机床（意大利）
1913	福特：流水装配线（美国）
1920	卡培克（Capek）术语：机器人（捷克斯洛伐克）
1923	凯拉（Keller）：仿形牛头刨床（美国）
1924	自动生产线（英国）
1924—1926	硬质合金刀具（德国）
1930	机床数控专利（美国）
1936	哈德尔（Harder）术语：自动化
1945	数控铣床（美国）
1947	哈德尔（Harder）：底特律机械自动线（美国，福特公司）
1947	遥控机械手（美国）
1950	全自动锻压机（美国，福特公司）
1950	全自动活塞生产（俄国）
1950—1960	过程自动化（美国）
1952	帕森斯（Parsons）：三轴数控立式铣床（美国 MIT）
1954	德沃尔（Devol）：工业机器人专利（美国）
1958	自动编程系统（美国）
1958	加工中心（美国）
1958 前后	自动绘图机（美国）
1959	工业机器人（极坐标型）（美国）
1960	自适应控制铣床（美国）
1960	术语：FMS（美国）
1961	计算机控制电阻生产线（美国）
1962	工业机器人（圆柱坐标型）（美国）
1962	二维 CAD（美国）
1965 前后	低成本自动化（美国，宾州大学）
1965 前后	生产过程的计算机直接数字控制（DDC）（美国）
1966	自动编程语言 EXAPT（德国）
1967	CAD/CAM 软件：CADAM（美国）
1968	DNC 系统（美国）
1969	CAM（美国）
1970	IMS：机器人生产线作业（本体焊接）（美国）
1970	FMS 专利（美国）
1973	哈林顿（Harrington）：计算机集成制造 CIM 概念
1973	三维实体模型 CAD（英国，日本）
1977	无传送带小组装配法（瑞典）
1980	制造自动化协议（MAP）（美国）
1980	CAE（美国）
1989	CIM 专利：生产实施法（美国：AT&T）
1989	精良生产（日本）
1991	智能制造系统 IMS 研究（日本、美国、欧共体）
1991	全球制造（日本、美国、欧共体）
1991	敏捷制造（美国）
1991	虚拟制造（美国）
1994	先进制造技术计划（美国）
1996	绿色制造（美国）

表4-2　机械制造自动化发展的四个阶段

发展阶段	名称	引入的新技术	特　征	机械制造学科发展与制造系统科学相关的背景	发展与成熟应用的年代（20世纪）	适　用
第一阶段	传统的机械制造自动化	自动化单机自动化生产线	· 继电器程序控制 · 组合机床	刚性、高效率	传统的机械设计制造工艺方法	40～50年代	大批量生产
第二阶段	数控机床加工中心	· NC · CNC	灵活性、工序集中	· 电子技术/数字电路 · 计算机编程技术	50～70年代（NC） 70～80年代（CNC）	单件或数件多品种生产
第三阶段	现代机械制造自动化	柔性制造系统柔性生产线	· CAD · 机器人（Robot） · CAM · 成组技术（GT） · DNC、FMS · FMT（或FML）	柔性与效率的理想结合	· 计算机几何图形技术 · 离散事件系统理论方法与仿真技术 · 车间生产计划与控制 · 计算机控制与通信网络	70～80年代	中小批量多品种大批量
第四阶段		计算机集成制造系统	· CAD/CAM集成 · CAPP · 生产管理与调度（MRPⅡ） · 自动化加工系统 · 信息技术 · 仿真技术与车间动态调度	全盘自动化、最优化、智能化，分布通信网络支持全厂范围的信息处理	· 设计、工艺计划、制造集成的信息处理 · 人工智能/智能制造 · 组织学 · 决策支持 · 全厂范围分布式网络通信与数据资源共享	80年代以后	设计、制造、经济管理全厂自动化

4.1.2　制造自动化技术关键技术

实现21世纪制造自动化所涉及的关键技术主要有下面几方面。

（1）集成化技术：在过去制造系统中仅强调信息的集成，这是不够的。现在更强调技术、人和管理的集成。在开发制造系统时强调"多集成"的概念，即信息集成、智能集成、串并行工作机制集成、资源集成、过程集成、技术集成及人员集成。

（2）智能化技术：应用人工智能技术实现产品生命周期（包括产品设计、制造、发货、支持用户到产品报废等）各个环节智能化，实现生产过程（包括组织、管理、计划、调度、控制等）各个环节的智能化，并实现人与制造系统的融合及人的智能的充分发挥。

（3）网络技术：网络技术包括硬件与软件的实现。各种通信协议及制造自动化协议、信息通信接口、系统操作控制策略等，是实现各种制造系统自动化的基础。

（4）分布式并行处理技术：该技术实现制造系统中各种问题的协同求解，获得系统的全局最优解，进而实现系统的最优决策。

（5）多学科、多功能综合产品开发技术：机电产品的开发设计不仅涉及机械科学的理论与知识，而且还涉及电磁学、光学、控制理论等，不仅要考虑技术因素，还必须考虑经济、心理、环境、人文及社会等方面因素。机电产品的开发要进行多目标全性能的优化设

计，以追求机电产品的动静特性、效率、精度、使用寿命、可靠性、制造成本与制造周期的最佳组合。

（6）虚拟现实技术：利用虚拟现实技术、多媒体技术及计算机仿真技术，实现产品设计制造过程中的几何仿真、物理仿真、制造过程仿真，采用多种介质来存储、表达、处理多种信息，融文字、语音、图像、动画于一体，给人一种真实感及身临其境感。

（7）人机环境系统技术：将人、机器和环境作为一个系统来研究，发挥系统的最佳效益。研究的重点是：人机环境的体系结构及集成技术、人在系统中的作用及发挥、人机柔性交互技术、人机智能接口技术、清洁制造等。

这些主要关键技术体现了 21 世纪制造技术对 CAD/CAM 集成系统的要求，表达了 CAD/CAM 集成发展的方向。

4.1.3　机械制造自动化的主要内容

机械制造自动化包括狭义的机械制造过程和广义的机械制造过程，狭义制造过程包括机械加工过程以及与此关系紧密的物料储运、质量控制、装配等过程。因此，机械制造过程中主要有以下自动化技术。

（1）机械加工自动化技术：包括上下料自动化技术、装夹自动化技术、换刀自动化技术和零件检测自动化技术等。

（2）物料储运过程自动化技术：包含工件储运自动化技术、刀具储运自动化技术和其他物料储运自动化技术等。

（3）装配自动化技术：包含零部件供应自动化技术和装配过程自动化技术等。

（4）质量控制自动化技术：包含零件检测自动化技术，产品检测自动化和刀具检测自动化技术等。

4.1.4　机械制造自动化的意义

1）提高生产率

制造系统生产率表示在一定的时间范围内系统生产总量的大小，而系统的生产总量是与单位产品制造所花费的时间密切相关的。采用自动化技术后，不仅可以缩短直接的加工制造时间，更可以大幅度缩短产品制造过程中的各种辅助时间，从而使生产率得以提高。

2）缩短生产周期

现代制造系统所面对的产品特点是：品种不断增多，而批量却在不断减小。据统计，在机械制造企业中，单件、小批量的生产占 85%左右，而大批量生产仅占 15%左右。单件、小批量生产占主导地位的现象目前还在继续发展，因此可以说，传统意义上的大批大量生产正在向多品种、小批量生产模式转换。据统计，在多品种、小批量生产中，被加工零件在车间的总时间的 95%被用于搬运、存放和等待加工中，在机床上的加工时间仅占 5%。而在这 5%的时间中，仅有 1.5%的时间用于切削加工，其余 3.5%的时间又消耗于定位、装夹和测量的辅助动作止。采用自动化技术的主要效益在于可以有效缩短零件 98.5%的无效时间，从而有效缩短生产周期。

3）提高产品质量

在自动化制造系统中，由于广泛采用各种高精度的加工设备和自动检测设备，减少了工人因情绪波动给产品质量带来的不利影响，因而可以有效提高产品的质量和质量的一致性。

4）提高经济效益

采用自动化制造技术，可以减少生产面积，减少直接生产工人的数量，减少废品率，因而就减少了对系统的投入。由于提高了劳动生产率，系统的产出得以增加。投入和产出之比的变化表明，采用自动化制造系统可以有效提高经济效益。

5）降低劳动强度

采用自动化技术后，机器可以完成绝大部分笨重、艰苦、烦琐甚至对人体有害的工作，从而降低工人的劳动强度。

6）有利于产品更新

现代柔性自动化制造技术使得变更制造对象非常容易，适应的范围也较宽，十分有利于产品的更新，因而特别适合于多品种、小批量生产。

7）提高劳动者的素质

现代柔性自动化制造技术要求操作者具有较高的业务素质和严谨的工作态度，无形中就提高了劳动者的素质。特别是采用小组化工作方式的制造系统中，对人的素质要求更高。

8）带动相关技术的发展

实现制造自动化可以带动自动检测技术、自动控制技术、产品设计与制造技术、系统工程技术等相关技术的发展。

9）体现一个国家的科技水平

自动化技术的发展与国家的整体科技水平有很大的关系。例如，1870 年以来，各种新的自动化制造技术和设备基本上都首先出现在美国，这与美国高度发达的科技水平密切相关。

总之，采用自动化制造技术可以大大提高企业的市场竞争能力。

4.2 自动化制造装备

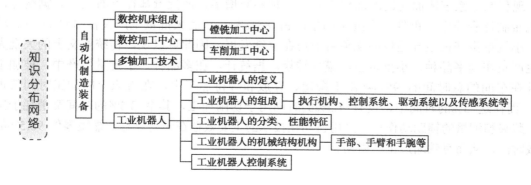

20 世纪中期，随着电子技术的发展，自动信息处理、数据处理及电子计算机的出现，给自动化技术带来了新的概念，用数字化信号对机床运动及其加工过程进行控制，推动了机床自动化的发展。

采用数字技术进行机械加工，最早是在 20 世纪 40 年代初由美国的一个小型飞机工业承包商帕森斯公司（Parsons Corporation）实现的。他们在制造飞机的框架及直升飞机的转动机翼时，利用全数字电子计算机对机翼加工路径进行数据处理，并考虑到刀具直径对加工路线的影响，使得加工精度达到±0.0381 mm（±0.001 5 in），达到了当时的最高水平。

1952 年，麻省理工学院在一台立式铣床上，装上了一套试验性的数控系统，成功地实现了同时控制三轴的运动。这台数控机床被称为世界上第一台数控机床。数控技术是综合了计算机技术、微电子技术、电力电子技术及现代机械制造技术等的柔性制造自动化技术。

4.2.1 数控机床

为了满足多品种、小批量，特别是结构复杂、精度要求高的零件的自动化生产，迫切需要一种灵活的、通用的、能够适应产品频繁变化的"柔性"自动化机床。由于计算机科学技术的发展，1952 年美国帕森斯公司（Parsons）和麻省理工学院（MIT）合作，研制成功了世界上第一台用专用电子计算机控制的三坐标立式数控铣床。1955 年实现了产业化，进入实用阶段。这种用计算机以数字指令方式控制的机床便应运而生，而且以惊人的速度向前发展，成为一种灵活的、通用的、能够适应产品频繁改型的"柔性"数字控制机床，即计算机数控机床 CNC（Computer Numerical Control）。

数控机床是机电一体化的典型产品，它是以电子信息技术为基础的，集传统的机械制造技术、计算机技术、成组技术与现代控制技术、传感检测技术、信息处理技术、网络通信技术、液压气动技术、光机电技术于一体的由数字程序实现控制的机床。数控技术是当今先进制造和装备最核心的技术。数控机床的高精度、高效率及高柔性，决定了发展数控机床是我国机械制造业技术改造的必由之路，是未来工厂自动化的基础。数控机床也是发展新兴技术和尖端技术产业（如信息技术及其产业、生物技术及其产业、航空航天等国防工业）最基本的装备。

1. 数控机床的现状

目前，我国已连续多年成为世界机床第一消费国和第一进口国，机床需求不断增加，机床工具行业总产值也不断提高。我国机床工具行业的工业总产值从 2001 年的 631.95 亿元，2012 年已增长到 7210.5 亿元，但受我国经济增速总体放缓的影响，产值增速近几年有所放缓。

随着制造业升级需求的增加，2003 年以后数控金切机床在金切机床中所占比例已提升到 10%以上，且逐年提升。据统计，2014 年前 7 月中数控金属切削机床产量同比增速已超过金属切削机床整体，占比已提升至 30.18%。预计到 2020 年，高档数控机床的装备率将要达到 80%。目前我国每年消费的中高档数控机床的数量在 5～6 万套，金额在 60 亿元左右，其中进口量占到总量的 85%左右。未来我国数控机床行业具有很好的发展潜力，进口替代的空间较大。

在数控机床行业，信息化和网络化是一个必然的趋势，是智能化的基础。这几年随着网络技术的发展以及传感技术的发展，机床越来越多地用于大批量生产，其管理、产量、产值、调度等都可以与自动化技术联系上，从而可以全面实现全数字化、误差控制、数据补偿、网络诊断等功能。

2. 数控机床的组成

数控机床一般由输入/输出设备、CNC 装置（或称 CNC 单元）、伺服单元、驱动装置（或称执行机构）、可编程控制器 PLC 及电气控制装置、辅助装置、机床本体及测量装置组成。图 4-1 是数控机床的组成框图。其中除机床本体之外的部分统称为计算机数控（CNC）系统。

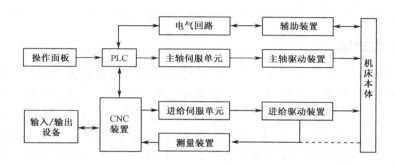

图 4-1　数控机床的组成框图

1）机床本体

CNC 机床由于切削用量大、连续加工发热量大等因素对加工精度有一定影响，加之在加工中是自动控制，不能像在普通机床上那样由人工进行调整、补偿，所以其设计要求比普通机床更严格，制造要求更精密，采用了许多新的加强刚性、减小热变形、提高精度等方面的措施。

2）CNC 装置

CNC 装置是 CNC 系统的核心，主要包括微处理器 CPU、存储器、局部总线、外围逻辑电路，以及与 CNC 系统的其他组成部分联系的接口等。数控机床的 CNC 系统完全由软件处理数字信息，因而具有真正的柔性化，可处理逻辑电路难以处理的复杂信息，使数字控制系统的性能大大提高。

3）输入/输出设备

键盘、磁盘机等是数控机床的典型输入设备。此外，还可以用串行通信的方式输入。数控系统一般配有 CRT 显示器或点阵式液晶显示器，显示的信息比较丰富，并能显示图形。操作人员通过显示器获得必要的信息，FANUC 数控系统的操作面板如图 4-2 所示。

4）伺服单元

伺服单元是 CNC 和机床本体的联系环节，它把来自 CNC 装置的微弱指令信号放大成控制驱动装置的大功率信号。根据接收指令的不同，伺服单元有脉冲式和模拟式之分，而模拟式伺服单元按电源种类又可分为直流伺服单元和交流伺服单元。

图 4-2　FANUC 数控系统的操作面板

5）驱动装置

驱动装置把经放大的指令信号变为机械运动，通过简单的机械连接部件驱动机床，使工作台精确定位或按规定的轨迹做严格的相对运动，最后加工出图纸所要求的零件。和伺服单元相对应，驱动装置有步进电机、直流伺服电机和交流伺服电机等。

伺服单元和驱动装置可合称为伺服驱动系统，它是机床工作的动力装置，CNC 装置的指令要靠伺服驱动系统付诸实施，所以，伺服驱动系统是数控机床的重要组成部分。从某种意义上说，数控机床功能的强弱主要取决于 CNC 装置，而数控机床性能的好坏主要取决于伺服驱动系统。

6）可编程控制器

可编程控制器 PC（Programmable Controller）是一种以微处理器为基础的通用型自动控制装置，专为在工业环境下应用而设计的。由于最初研制这种装置的目的是为了解决生产设备的逻辑及开关控制，故称为可编程逻辑控制器 PLC（Programmable Logic Controller）。当 PLC 用于控制机床顺序动作时，也称之为编程机床控制器 PMC（Programmable Machine Controller）。

PLC 已成为数控机床不可缺少的控制装置。CNC 和 PLC 协调配合，共同完成对数控机床的控制。用于数控机床的 PLC 一般分为两类：一类是 CNC 的生产厂家为实现数控机床的顺序控制，而将 CNC 和 PLC 综合起来设计，称为内装型（或集成型）PLC，内装型 PLC 是 CNC 装置的一部分；另一类是以独立专业化的 PLC 生产厂家的产品来实现顺序控制功能，称为独立型（或外装型）PLC。

7）测量装置

测量装置也称反馈元件，通常安装在机床的工作台或丝杠上，相当于普通机床的刻度

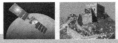

盘和人的眼睛，它把机床工作台的实际位移转变成电信号反馈给 CNC 装置，供 CNC 装置与指令值比较产生误差信号，以控制机床向消除该误差的方向移动。按有无检测装置，CNC 系统可分为开环数控系统与闭环数控系统，而按测量装置的安装位置又可分为闭环数控系统与半闭环数控系统。开环数控系统的控制精度取决于步进电机和丝杠的精度，闭环数控系统的控制精度取决于检测装置的精度。因此，测量装置是高性能数控机床的重要组成部分。此外，由测量装置和显示环节构成的数显装置，可以在线显示机床移动部件的坐标值，大大提高了机床工作效率和工件的加工精度。

3．数控机床的发展趋势

为了满足市场和科学技术发展的需要，为了达到现代制造技术对数控技术提出的更高的要求，当前，世界数控技术及其装备的发展趋势主要体现在以下几个方面。

1）高速、高效、高精度、高可靠性

要提高加工效率，首先必须提高切削和进给速度，同时还要缩短加工时间；要确保加工质量，必须提高机床部件运动轨迹的精度，而可靠性则是上述目标的基本保证。为此，必须要有高性能的数控装置做保证。

（1）高速、高效

机床向高速化方向发展，可充分发挥现代刀具材料的性能，不但可大幅度地提高加工效率、降低加工成本，而且还可提高零件的表面加工质量和精度。

新一代数控机床（含加工中心）只有通过高速化大幅度缩短切削工时才可能进一步提高其生产率。超高速加工特别是超高速铣削与新一代高速数控机床特别是高速加工中心的开发应用紧密相关。高速主轴单元（电主轴，转速为 15 000～100 000 r/min）、高速且高加/减速度的进给运动部件（快移速度为 60～120 m/min，切削进给速度高达 60 m/min）、高性能数控和伺服系统及数控工具系统都出现了新的突破，达到了新的技术水平。

（2）高精度

从精密加工发展到超精密加工（特高精度加工），精度从微米级到亚微米级，乃至纳米级（<10 nm），其应用范围日趋广泛。超精密加工主要包括超精密切削（车、铣）、超精密磨削、超精密研磨抛光及超精密特种加工（三束加工、微细电火花加工、微细电解加工和各种复合加工等）。

近 10 多年来，普通级数控机床的加工精度已由±10 μm 提高到±5 μm，精密级加工中心的加工精度则从±(3～5) μm，提高到±(1～1.5) μm。

（3）高可靠性

高可靠性是指数控系统的可靠性要高于被控设备的可靠性一个数量级以上。对于每天工作两班的无人工厂而言，如果要求在 16 h 内连续正常工作、无故障率 $P(t) \geqslant 99\%$ 时，则数控机床的平均无故障运行时间 MTBF 就必须大于 3 000 h。

2）模块化、智能化、柔性化和集成化

（1）模块化、专门化与个性化

为了适应数控机床多品种、小批量的特点，机床结构模块化，数控功能专门化，机床性能价格比显著提高并加快优化。个性化是近几年来特别明显的发展趋势。

（2）智能化

为追求加工效率、加工质量、驱动性能、使用连接方便、简化编程操作、诊断与监控的智能化，数控系统应具备自适应控制、工艺参数自动生成、前馈控制、电机参数的自适应运算、自动识别负载、自动选定模型、自整定、自动编程、系统的诊断及维修等功能。

（3）柔性化和集成化

数控机床向柔性自动化系统发展。一方面从点（数控单机、加工中心和数控复合加工机床）、线（FMC、FMS、FTL、FML），向面（工段车间独立制造岛、FA）、体（CIMS、分布式网络集成制造系统）的方向发展；另一方面向注重应用性和经济性方向发展。CNC单机向高精度、高速度和高柔性方向发展；数控机床及其构成柔性制造系统能方便地与CAD、CAM、CAPP、MTS 联结，向信息集成方向发展；网络系统向开放、集成和智能化方向发展。

3）开放性

为适应数控进线、联网、普及型个性化、多品种、小批量、柔性化及数控迅速发展的要求，最重要的发展趋势是体系结构的开放性，美国、欧共体及日本相继设计生产了开放式的数控系统。

4）出现新一代数控加工工艺与装备

为适应制造自动化的发展，向 FMC、FMS 和 CIMS 提供基础设备，要求数字控制制造系统不仅能完成通常的加工功能，而且还要具备自动测量、自动上下料、自动换刀、自动更换主轴头（有时带坐标变换）、自动误差补偿、自动诊断、进线和联网等功能，使之广泛地应用于机器人、物流系统。

4.2.2 数控加工中心

加工中心最初是在 1959 年 3 月，由美国卡耐·特雷克公司（Keaney & Trecker Corp.）开发出来的。这种机床在刀库中装有丝锥、钻头、铰刀、铣刀等刀具，根据穿孔带的指令自动选择刀具，并通过机械手将刀具装在主轴上，对工件进行加工。它可缩短机床上零件的装卸时间和更换刀具的时间，现在已经成为数控机床中一种非常重要的工艺装备。

数控加工中心是带有刀库和自动换刀装置的数控机床，又称为自动换刀数控机床，其特点是工序集中和自动化程度高，能控制机床自动地更换刀具，连续地对工件各加工表面自动进行加工，可减少工件的装夹次数，避免工件多次定位所产生的累积误差，节省辅助时间，实现高质、高效加工。

数控加工中心具有 X 轴、Y 轴、Z 轴三个数控轴，各坐标可以自动定位，工件在一次装夹后，可自动完成铣、钻、铰、攻丝等多种工序的加工。如果选用数控回转工作台，机床可以扩大为 4 轴控制，工件在一次装夹后，可自动完成多面加工。

由于数控加工中心的机床坐标可以自动定位，因而在加工时不需钻镗模具即可直接钻镗孔且能保证孔距加工精度，因而节省了工艺装备，缩短了生产周期，从而降低了成本，提高了经济效益。生产的高质量和高效率使得数控加工中心在机械加工行业中获得了广泛的应用。

1．数控加工中心的分类

数控加工中心按主轴的方向可分为立式和卧式两种，如图 4-3 所示。立式加工中心的主轴是垂直的，主要用于精密加工，适合复杂型腔的加工。卧式加工中心的主轴是水平的，一般具有回转工作台，可进行四面或五面加工，特别适合于箱体零件的加工。除此之外，还有用于精密加工的门形构造加工中心。

（a）立式加工中心　　　　　　　　　　　　（b）卧式加工中心

图 4-3　数控加工中心

按工艺用途可分为镗铣加工中心、车削加工中心、钻削加工中心、攻螺纹加工中心及磨削加工中心等。加工中心按主轴在加工时的空间位置可分为立式加工中心、卧式加工中心、立卧两用（也称万能、五面体、复合）加工中心。

在实际应用中，以加工棱柱体类工件为主的镗铣加工中心和以加工回转体类工件为主的车削加工中心最为多见。由于镗铣加工中心（1958 年由美国 KM 公司在数控铣床上加刀库实现）最早出现，且名为加工中心（Machining Center），所以习惯上常把"镗铣加工中心"称为"加工中心"。

1）镗铣加工中心

镗铣加工中心可完成镗、铣、钻、攻螺纹等工作，它与普通数控镗床和数控铣床的区别之处，主要在于它附有刀库和自动换刀装置。衡量加工中心刀库和自动换刀装置的指标有刀具存储量、刀具（加刀柄和刀杆等）最大尺寸与重量、换刀重复定位精度、安全性、可靠性、可扩展性、选刀方法和换刀时间等。

加工中心的刀库有链式、盘式和转塔式等基本类型，如图 4-4 所示。链式刀库的特点是存刀量多、扩展性好、在加工中心上的配置位置灵活，但结构复杂。盘式和转塔式刀库的特点是构造简单，适当选择刀库位置还可省略换刀机械手，但刀库容量有限。根据用途，加工中心刀库的存刀量可为几把到数百把，最常见的是 20～80 把。

加工中心的自动换刀装置常采用公用换刀机械手。公用换刀机械手有单臂式、双臂式、回转式和轨道式等。由于双臂式机械手换刀时，可在一只手臂从刀库中取刀的同时，另一只手臂从机床主轴上拔下已用过的刀具，这样既可缩短换刀时间又有利于使机械手保持平衡，所以被广泛采用，如图 4-5 所示。

常用双臂式机械手的手爪结构形式有钩手、抱手、伸缩手和叉手，如图 4-6 所示。除

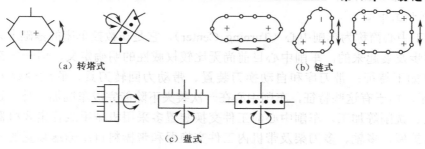

（a）转塔式 　　　　　　　　　　　　　　　（b）链式

（c）盘式

图 4-4　加工中心刀库的基本类型

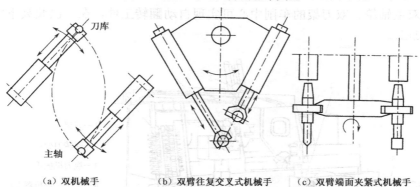

（a）双机械手　　　　　（b）双臂往复交叉式机械手　　　　（c）双臂端面夹紧式机械手

图 4-5　几种双臂式机械手示意图

上述的公用机械手换刀方式外，还有多机械手换刀方式，即刀库中每把刀有一个机械手，此外，还有不用机械手的直接换刀方式。

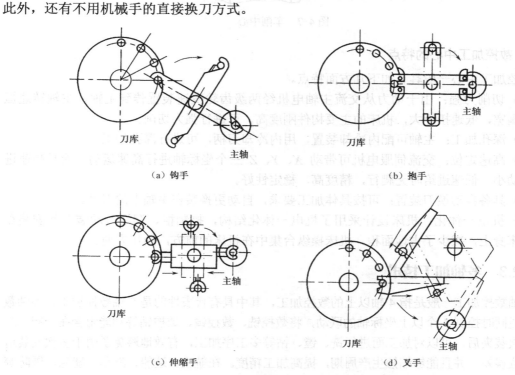

（a）钩手　　　　　　　　　　　　　　　　　　　（b）抱手

（c）伸缩手　　　　　　　　　　　　　　　　　　（d）叉手

图 4-6　双臂式机械手的手爪结构示意图

2）车削加工中心

车削加工中心简称为车削中心（Turning Center），它是在数控车床的基础上为扩大其工艺范围而逐步发展起来的。车削中心目前尚无比较权威性的明确定义，但一般都认为车削中心应具有如下特征：带刀库和自动换刀装置、带动力回转刀具、联动轴数大于 2，如图 4-7 所示。由于有这些特征，车削中心在一次装夹下除能完成车削加工外，还能完成钻削、攻螺纹、铣削等加工。车削中心的工件交换装置多采用机械手或行走式机器人。随着机床功能的扩展，多轴、多刀架及带机内工件交换器和带棒料自动输送装置的车削中心在 FMS 中发展较快，这类车削中心也被称为车削 FMM（Flexible Manufacturing Module）。例如，对置式双主轴箱、双刀架的车削中心可实现自动翻转工件，在一次装夹下完成回转体工件的全部加工。

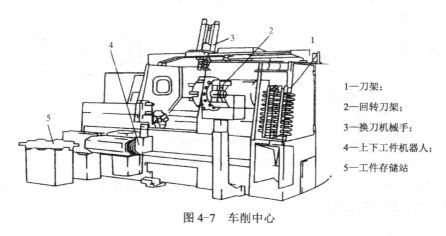

1—刀架；

2—回转刀架；

3—换刀机械手；

4—上下工件机器人；

5—工件存储站

图 4-7　车削中心

2. 数控加工中心的特点

数控加工中心一般具有如下几方面特点。

（1）切削力强：由于动力从交流主轴电机经两级齿轮变速装置传到主轴，主轴转速恒功率范围宽，低速扭矩大，机床的主要构件刚度高，可进行强力切削。

（2）深孔加工：主轴可配内冷却装置，用内冷却刀柄，可进行深孔加工。

（3）高速定位：交流伺服电机可带动 X、Y、Z 三个坐标轴进行高速运动，而且高速进给时振动小、低速进给时无爬行，精度高，稳定性好。

（4）具备自动换刀装置：可按具体加工要求，自动更换装在主轴上的刀具。

（5）机电一体化：机床设计采用了机电一体化结构，控制柜、润滑气动装置都安装在立柱和床身上，减少了占地面积，机床操纵台集中在机床的前方，操作方便。

4.2.3　多轴加工技术

多轴数控加工一般是指 4 轴以上的数控加工，其中具有代表性的是 5 轴数控加工。多轴数控加工能同时控制 4 个以上坐标轴的联动，将数控铣、数控镗、数控钻等功能组合在一起。工件在一次装夹后，可以对加工面进行铣、镗、钻等多工序加工，有效地避免了由于多次安装造成的定位误差，并且能够缩短生产周期，提高加工精度。在航空、造船、汽车、能源、国防等部门和行业中许多零件的外形均为自由曲面，如各种叶片曲面、螺旋浆叶曲面、许多变距螺旋

面以及模具工作表面等，其形状复杂、材料难以加工、精度要求高，对加工中心的加工能力和加工效率提出了更高的要求，因此多轴数控加工技术得到了飞速的发展。

1．多轴数控加工的类型

加工中心一般分为立式加工中心和卧式加工中心。三轴立式加工中心最有效的加工面仅为工件的顶面，卧式加工中心借助回转工作台，也只能完成工件的四面加工。多轴数控加工中心具有高效率、高精度的特点，工件在一次装夹后能完成 5 个面的加工。如果配置 5 轴联动的高档数控系统，还可以对复杂的空间曲面进行高精度加工，非常适于加工汽车零部件、飞机结构件等工件的成型模具。

根据回转轴形式，多轴数控加工中心可分为以下几种设置方式。

1）双摆台式

数控机床的坐标系是根据迪卡尔坐标系建立的，X、Y、Z 为三个直线轴，对应三个直线轴的旋转轴 A、B、C。双摆台式共有三种形式，分别是 $XYZ+A+B$、$XYZ+A+C$、$XYZ+B+C$。以 $XYZ+A+B$ 为例，其工作台可以围绕 X 轴回转，工作台的中间还设有一个回转台，环绕 Z 轴回转。通过 A 轴与 C 轴的组合，固定在工作台上的工件除了底面之外，其余的 5 个面都可以由立式主轴刀具进行加工，如图 4-8 所示。

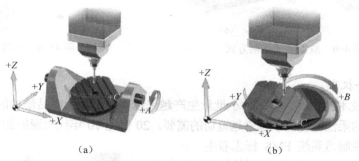

（a）　　　　　　　　　　　　（b）

图 4-8　工作台回转轴切削方式

A 轴和 C 轴的最小分度值一般为 0.001°，这样又可以把工件细分成任意角度，加工出倾斜面、倾斜孔等。A 轴和 C 轴如果与 X、Y、Z 轴实现 3 轴联动，就可以加工出复杂的空间曲面。很多中、小型五轴联动数控铣床均采用这种形式，其优点是：主轴结构比较简单，主轴刚性非常好，不仅制造成本比较低，而且刀具长度不会影响摆动误差。但两个旋转轴均在工作台上，工件加工时随工作台旋转，因此必须考虑装夹承重，一般工作台不能设计太大，承重也较小，能加工的工件尺寸比较小，可用于小型涡轮、叶轮及小型紧密模具等加工。

2）双摆头式

这类结构的数控机床，在主轴的前端是一个回转头，能自行环绕 Z 轴 360°，成为 C 轴，回转头上还带有可环绕 X 轴旋转的 A 轴，一般可达±90°以上。卧式的双摆头式数控机床多为 $B+C$ 轴组合，如图 4-9 所示。一般重型机床都采用这种设计形式，也有一些中小型机床采用这种设计。

这种双摆头式的多轴数控加工机床的优点是：主轴加工非常灵活，工作台也可以设计得

非常大，适合大型工件加工，常见于龙门式数控机床。在使用球面铣刀加工曲面时，当刀具中心线垂直于加工面时，由于球面铣刀的顶点线速度为零，顶点切出的工件表面质量会很差。而采用主轴回转的设计，令主轴相对工件转过一个角度，使球面铣刀避开顶点切削，保证有一定的线速度，可提高表面加工质量，这是工作台回转式加工中心难以做到的。

3）一转一摆式

一转一摆式结构是将两个旋转轴分别放在主轴和工作台上，摆动头和数控工作台的组合产生了新的加工方式，如图4-10所示。

这种结构的优点是：由于是工作台旋转，可装夹较大的工件，机床主轴摆动，改变刀轴方向灵活，很多中小型机床都是采用这种形式。

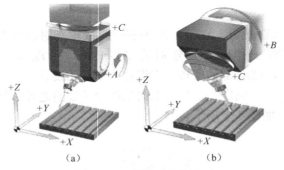

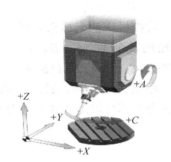

图4-9　双摆头式切削方式 　　　　　　　　图4-10　一转一摆式切削方式

4）车铣复合机床

随着社会和技术的发展，多品种小批量生产越来越普遍，加上产品结构的复杂程度大幅提高，对生产过程的柔性化提出了越来越迫切的需要。20世纪70年代出现的加工中心以及80年代开始出现的柔性制造系统FMS标志着生产过程柔性化的开始，90年代5面体加工中心的发展，基本实现了箱体零件的全部工序加工，这种工序集约化的新型加工中心是完整加工的先导。完整加工（Complete Machining）是指在一台机床上能加工完毕一个零件的所有工序，有时也可能需要2台机床，所以也称为综合加工或复合加工。近年来，在完整加工领域有了很大进展，工序集约化突飞猛进，扩展到回转体零件。首先是在数控车床上增加铣削加工，然后从车铣复合加工到完整加工。

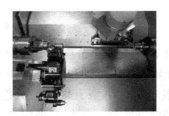

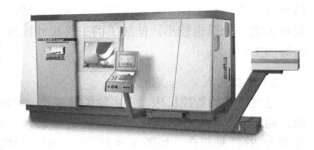

车铣复合加工机床集成了车削和铣削的加工方法，零件可以在不更换机床设备的情况下，对工件完成车铣的复合加工。如图4-11所示为GMX 250S linear系列机

图4-11　GMX 250S linear复合数控机床

床，该系列机床整合了最现代的车、铣技术，可针对复杂工件执行高精度的 6 面加工。GMX linear 所有直线轴均采闭环绝对测量系统，拥有 60/120 个刀位的刀架库，同时还应用了 DMG3D Turning 编程软件，可实现简易、快速又安全的编程设定，由此，GMX linear 系列机种在生产效率和精度方面树立了新的标准。

2. 多轴数控加工的特点

采用多轴数控加工，具有如下几个特点。

1）减少基准转换，提高加工精度

多轴数控加工的工序集成化不仅提高了工艺的有效性，而且由于零件在整个加工过程中只需一次装夹，加工精度更容易得到保证。

2）扩大工艺范围，减少工装夹具数量和占地面积

对于一些自由曲面零件的加工，如航空发动机上的整体叶轮，由于叶片本身扭曲和各曲面间相互位置的限制，加工时不得不转动刀具轴线，否则很难甚至无法加工，另外在模具加工中有时只能用五坐标数控才能避免刀身与工件的干涉。因此，尽管多轴数控加工中心的单台设备价格较高，但由于过程链的缩短和设备数量的减少，工装夹具数量、车间占地面积和设备维护费用也随之减少。

3）缩短生产过程链，简化生产管理

多轴数控机床的完整加工大大缩短了生产过程链，而且由于只把加工任务交给一个工作岗位，不仅使生产管理和计划调度简化，而且透明度明显提高。工件越复杂，它相对传统工序分散的生产方法的优势就越明显。同时由于生产过程链的缩短，在制品数量必然减少，可以简化生产管理，从而降低了生产运作和管理成本。

4）缩短新产品研发周期

对于航空航天、汽车等领域的企业，有的新产品零件及成型模具形状很复杂，精度要求也很高，因此具备高柔性、高精度、高集成性和完整加工能力的多轴数控加工中心可以很好地解决新产品研发过程中复杂零件加工的精度和周期问题，大大地缩短研发周期和提高新产品的成功率。

5）有利于制造系统的集成化

机械加工的发展方向都向着加工中心、FMS 等方向发展，加工中心能在同一工位上完成多面加工，保证位置精度且提高加工效率。目前，国外数控镗铣床和加工中心为了适应多面体和曲面零件的加工，均采用多轴加工技术，其中包含有五轴联动功能，因此在加工中心上扩展五轴联动功能可大大提高加工中心的加工能力，也便于系统的进一步集成化。

3. 多轴数控加工编程技术

多轴数控加工与三轴数控加工的本质区别在于：在 3 轴数控加工情况下，刀具轴线在工件坐标系中是固定的，总是平行于 Z 轴；而在 5 轴数控加工情况下，刀具轴线一般是变化的。刀具轴线的控制原则是兼顾高的加工质量和切削效率，同时避免加工中存在的刀具

与工件、夹具的干涉。因此 3 轴数控加工的研究关键在于加工特征的识别和刀具路径的规划，多轴数控加工的研究关键在于刀具姿态的优化。

常见的刀具轴线控制方式有：垂直于加工表面，平行于加工表面，倾斜于加工表面。倾斜方式是 5 轴加工的一般控制方法，垂直于加工表面和平行于加工表面均为其特殊形式。复杂曲面加工过程中往往通过改变倾斜角度，来避免刀具、工件、夹具、机床间的干涉和优化数控程序。多轴数控加工编程一般有下面几个步骤。

1）根据模型定义切削策略

可变轴轮廓铣是多轴加工的常用方式，首先从驱动几何体上生成驱动点，将驱动点沿着设定的矢量映射到零件模型上，生成刀位轨迹。判断刀位轨迹的要素为刀位轨迹的长短和方向的变化。

2）刀轴控制方式

与 3 轴固定轮廓铣不同之处在于对刀具轴线矢量的控制，驱动方法通常有点、线、面等 3 种方式，其选择原则是尽量使刀具轴线变化平稳，以保持切削载荷的稳定。

3）切削参数的选择

切削参数的选择要考虑到整个加工系统的每个因素，其中，刀具和工件的影响最为明显。在加工对象确定的情况下，根据工件的形状、大小、切削性能等特点，选择合适的刀具材料、直径等各项参数，进而确定切削速度、主轴转速、切削深度等参数。

多轴数控编程技术是一个数字化仿真评价及优化的过程，其关键技术包括：

（1）复杂形状零件的三维造型及定位；

（2）多轴联动刀位轨迹规划和计算；

（3）加工雕塑曲面体的刀轴控制技术；

（4）切削仿真及干涉检验以及后处理技术等。

4．多轴数控加工技术的现状

国外多轴数控加工技术的研究比较早，德国、西班牙、瑞士、日本、意大利等国家以及我国台湾地区已经形成了自己在国际上的知名品牌，如德国 DMG、瑞士米克朗、台湾匠泽、西班牙 PANTERA 等等。

德国 DMG 5 轴联动立式加工中心共有多种机型，采用直线电机驱动技术、主轴摆动和回转工作台摆动，可以胜任从 5 面加工到 5 轴联动加工的各种工作，优质高效。数控回转摆动工作台可在围绕工件重心旋转工件的同时允许进行最大摆角达 18°的底部切削，经过一次装夹即可完成工件的加工。其 HSC 20linear 高速立式加工中心如图 4-12 所示。

台湾匠泽 U 系列 5 轴联动高速龙门加工中心，具有高速、龙门架结构、5 轴联动的特点，主要有 U25、U40、U series 3 个规格，其中 U series 最高主轴转速达 20 000 r/min，带 A 轴和 C 轴两个辅助轴，A 轴旋转角度为-95°至+110°，C 轴旋转角度为 270°，可一次定位加工工件，降低加工时间并提高精度，而且不需使用特殊夹具即可加工具有倾斜面的工件，可容易铣削规则曲面，如用球型铣刀切削具有锥度的规则曲面。其 V22 高速加工中心如图 4-13 所示。

从 1999 年开始，在中国国际机床展览会（CIMT）、中国数控机床展览会（CCMT）等国内机床展览会上，国内家的多轴数控机床产品纷纷亮相。随后国际机床巨头纷至沓来，多轴数控机床的品种和数量逐年上升。在 CIMT2001 展览会上，北京第一机床厂和桂林机床股份有限公司分别展出了主轴转速 10 000 r/min 的 5 轴高速龙门加工中心，北京市机电研究院展出了主轴转速 15 000 r/min 的 5 轴高速立式加工中心；清华大学与昆明机床股份有限公司联合研制的 XNZ63，采用标准 Stewart 平台结构，可实现 6 个自由度联动；大连机床厂自行研制的串并联机床 DCB-510，其数控系统由清华大学开发，该机床通过并联机构实现 X、Y、Z 轴直线运动，由串联机构实现 A、C 轴旋转运动，从而实现 5 轴联动，其直线快速进给速度可达 80 m/min。

图 4-12　德国 HSC 20linear 加工中心　　　　图 4-13　台湾匠泽 V22 高速加工中心

国产数控系统企业与国内主机厂配套研制生产全国产化的中、高档数控机床，代表了我国制造装备自主化的主流方向。在 CCMT2008 展会上，国产数控系统企业首次展示了配置国产中、高档数控系统的全国产化数控机床，如沈阳第一机床厂展出了首台应用国产 5 轴数控系统的车铣复合加工中心 HTM63150iy（如图 4-14 所示），它是面向航空航天、国防工业领域开发的一款机床，与国内、外同类型机床比较，具有精度高、性能全、产品质量优异、价格低等特点。

图 4-14　车铣复合加工中心 HTM63150iy

中国利用自主研制的高、精、尖产品参与国际竞争，打破了国际技术的垄断，但我国多轴数控加工技术及其设备在各工业部门中的整体应用水平仍然偏低，与工业发达国家相比差距很大，迫切需要进一步大力发展多轴数控加工技术。

5. 实现多轴数控加工技术的难点

人们早已认识到多轴数控加工技术的优越性和重要性，但到目前为止，多轴数控加工

技术的应用仍然局限于少数资金雄厚的部门，并且仍然存在尚未解决的难题。

多轴数控加工由于干涉和刀具在加工空间的位置控制，其数控编程、数控系统和机床结构远比 3 轴机床复杂得多。目前，多轴数控加工技术存在以下几个问题：

1）多轴数控编程抽象、操作困难

这是每一个传统数控编程人员都深感头疼的问题。3 轴机床只有直线坐标轴，而 5 轴数控机床结构形式多样；同一段 NC 代码可以在不同的 3 轴数控机床上获得同样的加工效果，但某一种 5 轴机床的 NC 代码却不能适用于所有类型的 5 轴机床。数控编程除了直线运动之外，还要协调旋转运动的相关计算，如旋转角度行程检验、非线性误差校核、刀具旋转运动计算等，处理的信息量很大，数控编程极其抽象。多轴数控加工的操作和编程技能密切相关，如果用户为机床增添了特殊功能，则编程和操作会更复杂。只有反复实践，编程及操作人员才能掌握必备的知识和技能。经验丰富的编程与操作人员的缺乏，是多轴数控加工技术普及的一大阻力。

2）刀具半径补偿困难

在 5 轴联动 NC 程序中，刀具长度补偿功能仍然有效，而刀具半径补偿却失效了。以圆柱铣刀进行接触成形铣削时，需要对不同直径的刀具编制不同的程序。

目前流行的 CNC 系统尚无法完成刀具半径补偿，因为 ISO 文件中没有提供足够的数据对刀具位置进行重新计算。用户在进行数控加工时需要频繁换刀或调整刀具的确切尺寸，按照正常的处理程序，刀具轨迹应送回 CAM 系统重新进行计算，从而导致整个加工过程效率不高。对这个问题的最终解决方案，有赖于新一代 CNC 控制系统，该系统能够识别通用格式的工件模型文件（如 STEP 等）或 CAD 系统文件。

3）机床昂贵，投入大

多轴数控加工机床和 3 轴数控加工机床之间的价格悬殊很大。多轴数控加工除了机床本身的投资之外，还必须对 CAD/CAM 系统软件和后置处理器进行升级，使之适应多轴数控加工的要求，以及对校验程序进行升级，使之能够对整个机床进行仿真处理。

6. 展望及发展趋势

多轴联动的高性能数控机床技术，对一个国家装备工业的发展具有重要战略意义。精密度高、专门用于加工复杂曲面的机床，对一个国家的航空、航天、军事、科研、精密器械、高精医疗设备等等行业有着举足轻重的影响力。目前，五轴 6 联动数控机床系统是解决叶轮、叶片、船用螺旋桨、重型发电机转子、汽车机转子、大型柴油曲轴等等加工的唯一手段。

多轴数控加工技术正朝着高速、高精、复合、柔性和多功能方向发展，努力达到高质量、高效率的目标。我国多轴数控加工技术研究起步较晚，与发达国家的技术水平还有很大的差距。经过多年自主研发，我国目前已经成功掌握这一关键技术，国产五轴联动高性能数控机床已在国内投产应用。但多轴数控加工中心的关键部件如 5 轴头、数控系统、电动机，国内企业多采用进口。

随着 5 轴联动数控系统和编程软件的普及，5 轴联动控制的加工中心和数控铣床已经成为当前的一个开发热点，由于在加工自由曲面时，5 轴联动控制对球头铣刀的数控编程比较简单，并且能使球头铣刀在铣削三维曲面的过程中始终保持合理的切速，从而显著改善加工表面的粗糙度和大幅度提高加工效率，而在 3 轴联动控制的机床无法避免切速接近于零的球头铣刀端部参与切削，因此，5 轴联动机床以其无可替代的性能优势已经成为各大机床厂家积极开发和竞争的焦点。最近，国外还在研究 6 轴联动控制使用非旋转刀具的加工中心，虽然其加工形状不限制且切深可以很薄，但加工效率太低一时尚难实用化。

4.2.4 工业机器人

1. 工业机器人的定义

机器人技术是涉及机械学、传感器技术、驱动技术、控制技术、通信技术和计算机技术的一门综合性高新技术，既是光机电一体化的重要基础，又是光机电一体化技术的典型代表。

进入 20 世纪，一些实用化的机器人相继问世。1927 年美国西屋公司工程师温兹利制造了第一个机器人"电报箱"，并在纽约举行的世界博览会上展出。它是一个电动机器人，装有无线电发报机，可以回答一些问题，但该机器人不能走动。1959 年第一台工业机器人（可编程、圆坐标）在美国诞生，开创了机器人发展的新纪元。

现代机器人的研究始于 20 世纪中期，其技术背景是计算机和自动化的发展，以及原子能的开发利用。50 余年后的今天，机器人的概念越来越深入到人们的意识之中，应用领域也不断扩大，从工业到农业再到服务业，从深水世界到浩瀚太空，机器人的触角已经伸向四面八方，成为社会生活中一道独特的科技风景。

20 世纪 50 年代末，美国在机械手和操作机的基础上，采用伺服机构和自动控制等技术，研制出有通用性的独立的工业用自动操作装置，并将其称为工业机器人；60 年代初，美国研制成功两种工业机器人，并很快地在工业生产中得到应用；1969 年，美国通用汽车公司用 21 台工业机器人组成了焊接轿车车身的自动生产线。此后，各工业发达国家都很重视研制和应用工业机器人。由于工业机器人具有一定的通用性和适应性，能适应多品种中、小批量的生产，70 年代起，常与数字控制机床结合在一起，成为柔性制造单元或柔性制造系统的组成部分。

中国科学家对机器人的定义是："机器人是一种自动化的机器，所不同的是这种机器具备一些与人或生物相似的智能能力，如感知能力、规划能力、动作能力和协同能力，是一种具有高度灵活性的自动化机器。"从完整的更为深远的现代机器人定义来看，更强调机器人智能，即能够感知环境、自我学习、对外界有逻辑判断思维且具有情感的机器。

工业机器人（通用及专用）一般指用于机械制造业中代替人完成具有大批量、高质量要求的工作，如汽车制造、摩托车制造、舰船制造、某些家电产品（电视机、电冰箱、洗衣机）、化工等行业自动化生产线中的点焊、弧焊、喷漆、切割、电子装配，以及物流系统的搬运、包装、码垛等作业的机器人。图 4-15 所示为喷涂机器人，图 4-16 分别为视觉机器人和焊接机器人。

图 4-15　喷涂机器人

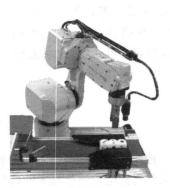

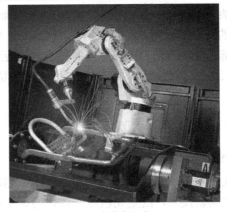

（a）视觉机器人 （b）焊接机器人

图 4-16 视觉机器人和焊接机器人

2．机器人技术与基本组成

当代机器人技术的发展，一方面表现在机器人应用领域的扩大和机器人种类的增多，另一方面表现在机器人性能的不断提高和向智能化发展。前者是指应用领域的横向拓宽，后者是指在性能和水平上的纵向提高。机器人应用领域的拓宽和性能水平的提高，二者相辅相成、相互促进。应用领域的扩大对机器人不断提出新的要求，推动机器人水平不断提高，反过来，机器人性能与智能水平的提高，又使机器人扩大应用领域成为可能，图 4-17 为机器人产品与技术结构。

目前机器人的研究开发活动广泛而活跃，机器人是各种技术的集成，相关单元技术非常多，有驱动技术、材料技术、传感技术、通信技术、电池技术和软件技术等，具体内容如表 4-3 所示。

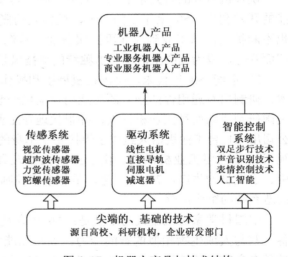

图 4-17 机器人产品与技术结构

表 4-3 机器人相关单元技术

技 术	具 体 内 容
驱动技术	电机、减速机、机械设计、油压机、空压机、水压机、人工肌肉
材料技术	形状记忆合金材料、碳素材料、人工皮肤
传感技术	图像识别技术、声音识别技术、陀螺传感器、力传感器、位置识别
通信技术	通信安全、通信稳定化
电池技术	燃料电池、锂离子电池、节电
软件技术	人工智能

1）传感系统

传感器是传感系统的基本组成单元，它们如同人类的感知器官一样，为机器人提供视觉、力觉、触觉、味觉等对外部环境的感知能力，同时还可以感知机器人本身的工作状态与位置。机器人的"思维能力"取决于计算机的智能化程度。传感器的小型化和集成化已取得一定的进展，但仍然不能满足机器人技术发展的需要。目前，计算机的信息传输与处理速度还不够快，还不能满足机器人实时感知系统的需要。多传感器集成与融合技术在智能机器人上获得应用。采用多传感器集成和融合技术，利用各种传感信息，获得对环境的正确理解，使机器人系统具有容错性，保证系统信息处理的快速性和正确性。随着技术不断的发展，机器人的性能将随之提高。

对机器人的传感系统而言，认知功能包括：获取、修正、组织、使用由时间和空间约束的环境信息。未来机器人的一个最大特点是智能化。当机器人具有能感知周围环境且能做出反应的传感器时，它的功能将进一步拓展，机器人将能像人一样完成某些作业。对不同任务和特殊环境的适应性，是机器人与一般自动化装备的重要区别。

2）驱动系统

机器人之所以能完成各种动作，在于它身体各运动部位都装有相应的动力源（驱动电机）。从仿生学角度看，现代机器人的驱动系统还是相当笨重的，虽然人们曾努力创造了数种用于机器人的驱动系统，但是现在还没有任何驱动系统能与人的肌肉媲美。由伺服电机和减速器等构成的机器人驱动系统的质量占机器人总质量的很大比例。

需要研究与创造体积小、质量轻、出力大和灵敏度高的新型驱动系统，用于取代现在使用的笨重的驱动系统。对于移动机器人来说，还需要解决可携带能源问题。现在所使用的蓄电池的体积与质量，相对其蓄电池容量来说，都显得太大、太重。

3）智能控制系统

机器人有计算机控制系统，因而具有一定的"智力水平"，人类可以编制相应的动作程序，使它们完成各种不同的活动。机器人的发展核心，是拥有程度不同的人工智能。人工智能的发展过程也是机器人不断在某些领域取代人的过程。

随着生理学、行为学等学科的发展，随着对人脑工作方式理解的进一步加深，随着机器视觉和自然语言理解等人工智能领域在机器人上的应用，机器人终将成为真正意义上的智能机器人。

4）工业机器人的结构组成

如图 4-18 所示，工业机器人一般由执行机构、控制系统、驱动系统及传感系统等几个部分组成，它们之间的关系如图 4-19 所示。

（1）执行机构，是一种具有和人手相似的动作功能，可在空间抓放物体或执行其他操作的机械装置，通常包括如下的一些部件。

手部：又称抓取机构或夹持器，用于直接抓取工件或工具。此外，在手部安装的某些专用工具，如焊枪、喷枪、电钻、螺钉螺帽拧紧器等，可视为专用的特殊手部。

腕部：是连接手部和手臂的部件，用以调整手部的姿态和方位。

臂部：是支承手腕和手部的部件，由动力关节和连杆组成。用以承受工件或工具的负

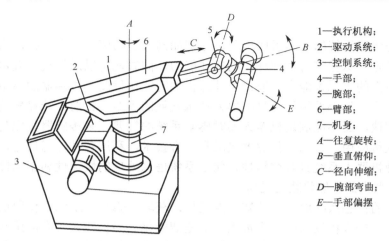

1—执行机构；
2—驱动系统；
3—控制系统；
4—手部；
5—腕部；
6—臂部；
7—机身；
A—往复旋转；
B—垂直俯仰；
C—径向伸缩；
D—腕部弯曲；
E—手部偏摆

图 4-18　工业机器人的结构组成及运动方式

荷，改变工件或工具的空间位置，并将它们送至预定的位置。

机身：包括立柱，是整个工业机器人的基础部件，起着支承和连接的作用。

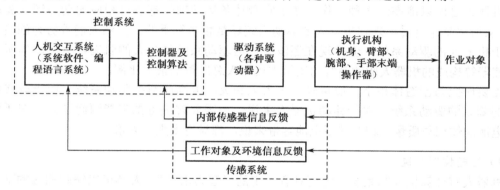

图 4-19　机器人系统组成及各部分之间的关系

（2）控制系统，是机器人的大脑，支配着机器人按规定的程序运动，并记忆人们给予的指令信息（如动作顺序、运动轨迹、运动速度等），同时按其控制系统的信息对执行机构发出执行指令。

（3）驱动系统，是按照控制系统发来的控制指令进行信息放大，驱动执行机构运动的传动装置。常用的有液压、气压、电气和机械四种传动形式。

（4）传感系统，通过力、位置、触觉、视觉等传感器检测机器人的运动位置和工作状态，并随时反馈给控制系统，以便使执行机构以一定的精度达到设定的位置。

3．工业机器人的分类

机器人的分类方法很多，这里仅按机器人的系统功能、驱动方式、机器人的结构形式及执行机构运动的控制机能进行分类。

1）按系统功能分类

（1）专用机器人：在固定地点以固定程序工作的机器人。其结构简单、无独立控制系

统、造价低廉，如附设在加工中心机床上的自动换刀机械手。

（2）通用机器人：具有独立控制系统，通过改变控制程序能完成多种作业的机器人。其结构复杂、工作范围大、定位精度高、通用性强，适用于不断变换生产品种的柔性制造系统。

（3）示教再现式机器人：具有记忆功能，在操作者的示教操作后，能按示教的顺序、位置、条件与其他信息反复重现示教作业。

（4）智能机器人：采用计算机控制，具有视觉、听觉、触觉等多种感觉功能和识别功能的机器人，通过比较和识别，自主做出决策和规划，自动进行信息反馈，完成预定的动作。

2）按驱动方式分类

（1）气压传动机器人：以压缩空气作为动力源驱动执行机构运动的机器人，具有动作迅速、结构简单、成本低廉的特点，适用于高速轻载、高温和粉尘大的环境作业。

（2）液压传动机器人：采用液压元器件驱动，具有负载能力强、传动平稳、结构紧凑、动作灵敏的特点，适用于重载或低速驱动场合。

（3）电气传动机器人：用交流或直流伺服电动机驱动的机器人，不需要中间转换机构，机械结构简单、响应速度快、控制精度高，是近年来常用的机器人传动结构。

3）按结构形式分类

（1）直角坐标机器人：由三个相互正交的平移坐标轴组成，如图 4-20（a）所示，可沿三个直角坐标移动，各个坐标轴运动独立，具有控制简单、定位精度高的特点。

（2）圆柱坐标机器人：由支柱和一个安装在立柱上的水平臂组成，其立柱安装在回转机座上，水平臂可以自由伸缩，并可沿立柱上下移动。该类机器人具有一个旋转轴和两个平移轴，如图 4-20（b）所示。

（3）球坐标机器人：由回转机座、俯仰铰链和伸缩臂组成，具有两个旋转轴和一个平移轴，如图 4-20（c）的示。可伸缩摇臂的运动结构与坦克的转塔类似，可实现旋转和俯仰运动。

（4）关节机器人：其运动类似人的手臂，由大小两臂和立柱等机构组成。大小臂之间用铰链连接形成肘关节，大臂和立柱连接形成肩关节，可实现三个方向旋转运动，如图 4-20（d）所示。它能抓取靠近底座的物件，也能绕过机体和目标间的障碍物去抓取物件，具有较高的运动速度和极好的灵活性，成为最通用的机器人。

4）按执行机构运动的控制机能分类

可分为点位型和连续轨迹型。点位型只控制执行机构由一点到另一点的准确定位，适用于机床上下料、点焊和一般搬运、装卸等作业；连续轨迹型可控制执行机构按给定轨迹运动，适用于连续焊接和涂装等作业。

4. 工业机器人的性能特征

工业机器人的性能特征影响着机器人的工作效率和可靠性，在机器人设计和选用时应考虑如下几个性能指标。

（1）自由度：自由度是衡量机器人技术水平的主要指标。所谓自由度是指运动件相对于固定坐标系所具有的独立运动。每个自由度需要一个伺服轴进行驱动，因而自由度数越

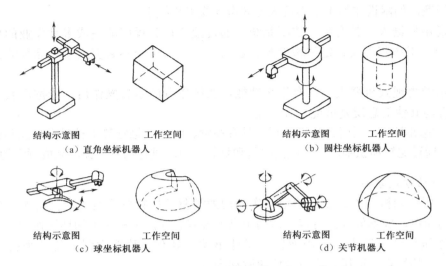

图 4-20　工业机器人的基本结构形式和工作空间

高，机器人可以完成的动作越复杂，通用性越强，应用范围也越广，但相应地带来的技术难度也越大。一般情况下，通用工业机器人有 3～6 个自由度。

（2）工作空间：工作空间是指机器人应用手爪进行工作的空间范围。机器人的工作空间取决于机器人的结构形式和每个关节的运动范围。图 4-20（a）、（b）、（c）、（d）分别显示出直角坐标机器人、圆柱坐标机器人、球坐标机器人、关节机器人的工作空间。直角坐标机器人的工作空间是一个矩形空间，圆柱坐标机器人的工作空间是一圆柱体，球坐标机器人是一球体。所以，工作空间是选用机器人时应考虑的一个重要因素。

（3）提取重力：机器人提取的重力是反映其负载能力的一个参数，根据提取重力的不同，可将机器人大致分为：①微型机器人，提取重力在 10 N 以下；②小型机器人，提取重力为 10～50 N；③中型机器人，提取重力为 50～300 N；④大型机器人，提取重力为 300～500 N；⑤重型机器人，提取重力在 500 N 以上。目前实际应用机器人一般为中、小型机器人。

（4）运动速度：运动速度影响机器人的工作效率，它与机器人所提取的重力和位置精度均有密切的关系。运动速度高，机器人所承受的动载荷增大，必将在加减速时承受着较大的惯性力，影响机器人的工作平稳性和位置精度。就目前的技术水平而言，通用机器人的最大直线运动速度大多在 1 000 mm/s 以下。

（5）位置精度：位置精度是衡量机器人工作质量的又一技术指标。位置精度的高低取决于位置控制方式，以及机器人运动部件本身的精度和刚度，此外还与提取重力和运动速度等因素有密切的关系。

5．工业机器人的机械结构

执行机构是工业机器人的主要机械部件，它能反映机器人的性能特征，并向机器人提供各种运动功能。机器人的执行机构由手部、臂部和腕部等几个主要部分组成。

1）手部结构

工业机器人的手部是直接用于抓取和握紧（或吸附）工件或夹紧专用工具进行操作的

部件。它安装在机器人手臂的前端，具有模仿人手动作的功能。由于被握持工件的形状、尺寸、质量、材料性能及表面形状不同，工业机器人的手部结构多种多样，大部分手部结构都是根据特定的工作要求而专门设计的，它们不仅结构形式不完全相同，其工作原理也并不一样。例如，按握持工件的原理分，机器人的手部可大致分为夹持式和吸附式两大类，如图 4-21 所示。

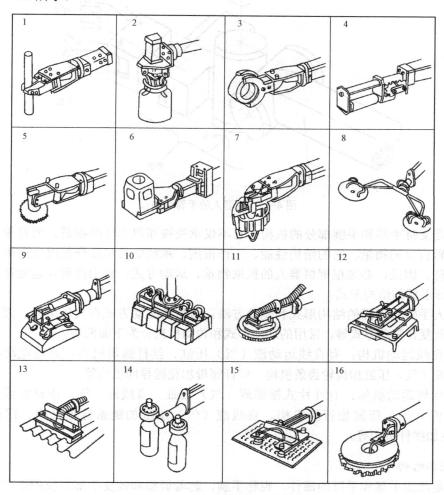

图 4-21　机器人手部的结构类型

夹持式手部是利用夹钳的开闭来夹紧和抓取工件的，按其结构又分为：两指或多指、回转和平移、外夹和内撑等多种形式。吸附式手部又分为气吸式和磁吸式。气吸式手部是利用真空吸力及负压吸力吸持工件，它适用于抓取薄片工件，通常吸盘由橡胶或塑料制成。磁吸式手部是利用电磁铁和永久磁铁的磁场力吸取磁性物质的小五金工件。

除此之外，在机器人腕部可直接安装被视为特殊手部的专用工具，如焊枪、喷枪、电动扳手、电钻等。

2）臂部结构

臂部是机器人机械结构的重要部件，也称手臂。它具有前后伸缩、上下升降、左右摆

动或左右回转等运动功能。机器人手臂由大臂和小臂组成，小臂只完成伸缩运动，大臂完成回转、升降或上下摆动运动。机器人的大臂与机座连在一起，小臂前端装有手腕和手部。若没有手腕，可在手臂前端直接安装手部。机器人的手臂结构如图4-22所示。

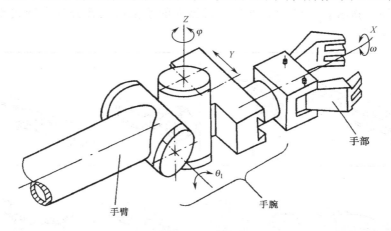

图 4-22　机器人的手臂结构

手臂是支持手部和手腕部分的机构，它不仅承受被抓取工件的物重，而且承受手部、手腕和手臂自身的物量。它的结构性能、工作范围、承载能力和动作精度直接影响机器人的工作性能。因此，必须根据机器人的抓取物重、运动方式、自由度数和运动速度的要求来设计选择手臂的结构形式。

机器人手臂有不同的结构形式和驱动方法。常见的驱动方式有气压驱动、液压驱动、电力驱动及复合驱动方式等。常用的运动形式和传动机构分为下面两种。

（1）直线运动机构：有直线运动液（气）压缸、丝杆螺母机构、直线电动机、链传动、直线液（气）压缸加齿轮齿条机构、丝杆螺母加花键导向机构等。

（2）回转运动机构：有叶片式摆动液（气）压缸、直线液（气）压缸加齿轮齿条机构、回转液（气）压缸加行星机构、直线液（气）压缸加链条链轮机构、摆动直线液（气）压缸加摆杆机构等。

3）腕部结构

腕部是连接手部和手臂的部件，也称手腕，起着调整和改变手部方位的作用。然而不是所有的机器人都有手腕部分。手腕的设置增加了手臂的负荷，影响机器人的抓取能力和惯性矩。因此，在设计机器人手腕时应考虑如下的两个原则：

（1）凡是能由臂部完成的动作，尽量不选取腕部，以使机器人结构简单、制造方便、降低成本，且能减轻质量，改善机器人的动力学性能。

（2）在不得不使用手腕时，应使腕部的结构在保证动作要求下尽量简单、紧凑和小巧。

机器人手腕的设计首先应确定所要求的运动和动作。手腕动作一般是在手臂动作确定之后，根据工件的上下料的要求进行确定。手臂完成不了的动作由手腕来完成，或同时考虑和分配手臂、手腕共同担负的动作。

手腕的机械结构是根据它的运动要求来确定的。对于手腕的回转运动，多数采用回转

液（气）压缸或直线液（气）压缸加齿条的结构形式。

6．工业机器人的控制系统

1）机器人控制系统的组成

机器人控制系统的组成如图 4-23 所示。

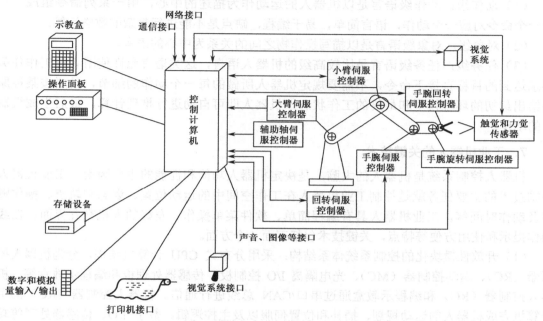

图 4-23 机器人控制系统的组成

（1）控制计算机：控制系统的调度指挥机构。一般为微型机，微处理器有 32 位、64 位等，如奔腾系列 CPU 及其他类型 CPU。

（2）示教盒：设定示教机器人的工作轨迹和参数，以及所有人机交互操作，拥有自己独立的 CPU 及存储单元，与主计算机之间以串行通信方式实现信息交互。

（3）操作面板：由各种操作按键、状态指示灯构成，只完成基本功能操作。

（4）硬盘和软盘：存储机器人工作程序的外围存储器。

（5）数字和模拟量输入/输出：各种状态和控制命令的输入或输出。

（6）打印机接口：记录需要输出的各种信息。

（7）传感器接口：用于信息的自动检测，实现机器人柔性控制，一般为力觉、触觉和视觉传感器。

（8）轴控制器：完成机器人各关节位置、速度和加速度的控制。

（9）辅助控制设备：用于配合机器人工作的辅助控制设备，如手爪变位器等。

（10）通信接口：实现机器人和其他设备的信息交换，一般有串行接口、并行接口等。

（11）网络接口：通过网络连接实现更多扩展功能。

2）机器人的编程语言及其分类

使用一种形式语言描述机器人的运动，这种形式语言叫做机器人语言（Robot

Language）。以机器人语言为线索，利用机器人语言对机器人编程，实现对机器人及其周边装置的控制。机器人语言是一种在人与机器人之间记录信号或交换信息的程序语言。

关于机器人语言的分类，从不同的方面考虑有很多种分类方法，通常人们根据作业描述水平的高低分为以下三级。

（1）动作级：动作级语言是以机器人的运动作为描述的中心，由一系列命令组成，一般一个命令对应一个动作，语言简单，易于编程，缺点是不能进行复杂的数学运算。

（2）对象级：对象级语言是以描写操作物之间的关系为中心的语言。

（3）任务级：任务级语言是比较高级的机器人语言，这类语言允许使用者对工作任务要求达到的目标直接下命令，不需要规定机器人所做的每一个动作的细节，只要按某种原则给出最初的环境模型和最终的工作状态，机器人即可自动进行推理计算，最后生成机器人的动作。

7．工业机器人的关键技术

机器人控制系统是机器人的大脑，是决定机器人功能和性能的主要因素。工业机器人控制技术的主要任务就是控制工业机器人在工作空间中的运动位置、姿态和轨迹、操作顺序及动作时间等。工业机器人具有编程简单、软件菜单操作、友好的人机交互界面、在线操作提示和使用方便等特点，关键技术包括下面4个方面。

（1）开放性模块化的控制系统体系结构：采用分布式 CPU 计算机结构，分为机器人控制器（RC）、运动控制器（MC）、光电隔离 I/O 控制板、传感器处理板和编程示教盒等。机器人控制器（RC）和编程示教盒通过串口/CAN 总线进行通信。机器人控制器（RC）的主计算机完成机器人的运动规划、插补和位置伺服以及主控逻辑、数字 I/O、传感器处理等功能，而编程示教盒完成信息的显示和按键的输入。

（2）模块化层次化的控制器软件系统：软件系统建立在基于开源的实时多任务操作系统 Linux 上，采用分层和模块化结构设计，以实现软件系统的开放性。整个控制器软件系统分为三个层次：硬件驱动层、核心层和应用层。三个层次分别面对不同的功能需求，对应不同层次的开发，系统中各个层次内部由若干个功能相对独立的模块组成，这些功能模块相互协作共同实现该层次所提供的功能。

（3）机器人的故障诊断与安全维护技术：通过各种信息，对机器人故障进行诊断，并进行相应维护，是保证机器人安全性的关键技术。

（4）网络化机器人控制器技术：目前机器人的应用工程由单台机器人工作站向机器人生产线发展，机器人控制器的联网技术变得越来越重要。控制器上具有串口、现场总线及以太网的联网功能。可用于机器人控制器之间和机器人控制器同上位机的通信，便于对机器人生产线进行监控、诊断和管理。

8．工业机器人的应用

机器人可应用在汽车、摩托车、食品、家用电器、建筑、石化、木材家具、国防、海洋、生活服务等许多行业领域，其应用数量不断提高，应用范围逐年扩大，为工农业生产与人民生活提供了极大便利，尤其在劳动条件恶劣的生产领域应用广泛，例如：

（1）特殊煤层采掘机器人。目前，一般都用综合机械化采煤机采煤，但对于薄煤层这样一类的特殊情况，运用综合机械化采煤机采煤就很不方便，有时甚至是不可能的。如果用人去采，作业又十分艰苦和危险，但是如果舍弃不用，又造成资源的极大浪费。因此，采用遥控机器人进行特殊煤层的采掘是最佳的方法。这种采掘机器人应该能拿起各种工具，比如高速转机、电动机和其他采爆器械等，并且能操作这些工具。这种机器人的肩部应装有强光源和视觉传感器，这样能及时将采区前方的情况传送给操作人员。

（2）凿岩机器人。这种机器人可以利用传感器来确定巷道的上缘，这样就可以自动瞄准巷道缝，然后把钻头按规定的间隔布置好，钻孔过程用微机控制，随时根据岩石硬度调整钻头的转速和力的大小及钻孔的形状，这样可以大大的提高生产率，人只要在安全的地方监视整个作业过程就行了。

（3）井下喷浆机器人。井下喷浆作业是一项很繁重并且危害人体健康的作业，目前这种作业主要由人操作机械装置来完成，缺陷很多。采用喷浆机器人不仅可以提高喷涂质量，也可以将人从恶劣和繁重的作业环境中解放出来。

（4）瓦斯、地压检测机器人。瓦斯和冲击地压是井下作业中的两个不安全的自然因素，一旦发生突然事故，是相当危险和严重的。但瓦斯和冲击地压在形成突发事故之前，都会表现出种种迹象，如岩石破裂等。采用带有专用新型传感器的移动式机器人，连续监视采矿状态，以便及早发现事故突发的先兆，采取相应的预防措施。

常见工业机器人应用示例如图 4-24 所示。

（a）焊接机器人

（b）码垛机器人

（c）水下机器人

（d）装配机器人

图 4-24 常见工业机器人

由于机器人的智能化控制技术，工业机器人的应用给人类带来了许多好处，如：

（1）减少劳动力费用；

（2）提高生产率；

（3）改进产品质量；

（4）增加制造过程的柔性；

（5）减少材料浪费；

（6）控制和加快库存的周转；

（7）降低生产成本；

（8）消除了危险和恶劣的劳动岗位。

4.3 成组技术

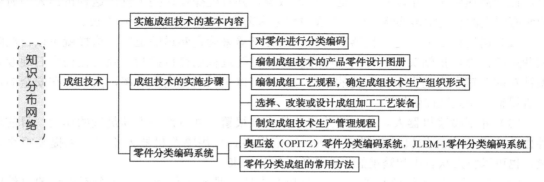

4.3.1 成组技术的产生

近年来，由于社会进步和科学技术的发展，机械工业企业的产品更新换代速度愈来愈快，个性化的需要也愈发突出。产品品种日益增多，而每种产品的批量却愈来愈少。据统计，目前，多品种、中小批量生产企业约占机械工业企业总数的 75%～80%，通常这些企业的劳动生产率比较低，生产周期长，产品成本高，不利于竞争。据相关资料介绍，产品批量在 50 件以下的生产成本较大批量生产的成本高 5～10 倍。在这种情况下，成组工艺就成为改变多品种、中小批量生产落后面貌而迅速发展起来的一种新技术。它为多品种、中小批量生产创造了大批量生产的条件。

传统的小批量生产方式会带来以下一些问题。

（1）生产计划、组织管理复条化：由于生产品种多、生产过程的多样性，使生产组织管理工作复杂化，科学地制订生产作业计划较为困难；有关生产信息反馈到生产管理部门很慢，生产过程难于控制。

（2）零件生产周期长：从投料至加工成成品的总生产时间较长，单件、小批生产的工厂车间布置一般皆采取按机床功能机群式布置，一个零件加工往往需要通过若干个机群式工段或小组，运行路线往返曲折，零件在车间内运行、停留的时间很长，增加了在制品数量，造成企业资金利率低。

（3）生产准备工作量大：在产品设计和文艺准备工作中，一般均采用传统的"单打"工作方式，即总是分别地针对一种产品或零件进行产品设计和工艺准备工作，似乎一切需要"从头开始"，原有的经过劳动创造的生产信息很少重复使用。所以，在设计和制造的生产准备工作中有不少是重复性劳动，付出了本来可以节约的时间与精力。

（4）产量小限制了先进生产技术的应用：鉴于以上情况，与大批、大量生产相比，小批生产水平和经济效益都是很低的。因此，如何摆脱传统的小批生产中由于品种多、产量小所造成的困境，使之获得接近于大批生产的经济效益是一个很值得重视的技术经济问题。

事实上，不同的机械产品，尽管其功能和用途各不相同，然而每种产品中所包含的零件类型都存在一定的规律性。大量的统计分析表明，任何一种机械产品中的组成零件都可分为以下三类。

（1）专用件：这类零件在产品中的数量少，约占零件总数的 5%～10%，但结构复杂，再用性低。如机床床身、主轴箱、发动机中的一些大件，均属于此类。

（2）相似件：这类零件在产品中的种类多、数量大，约占零件总数的 65%～70%，其特点是相似程度高，多为中等复杂程度的零件，如轴、套、支座、拨叉、齿轮等。

（3）标准件：这类零件的结构简单，再用性高，如螺母、螺钉、垫圈等，一般均已组织大量生产。

上述零件出现的规律如图 4-25 所示，其中占 70% 左右的相似件在功能结构和加工工艺方面都存在大量的相似特性。因此，只要充分利用这一特点，就可将那些看似孤立的零件按相似原理划分为具有共性的若干个零件组（族），在加工中以零件组（族）为基础集中对待，从而使多品种、中小批量的生产转化为近似大批量生产。

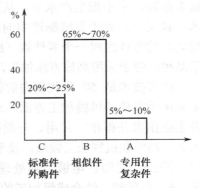

图 4-25　机械产品中的三大类零件

零件的相似性是指零件所具有的各种特征的相似。每种零件都具有多种特征，正是这些特征的组合，才构成区别于其他种零件的一个零件品种。然而，许多零件的某些特征又可能相似或相同，这些相似或相同的特征，就构成了零件之间的相似性。

图 4-26（a）所示的零件具有不同的功能，但形状尺寸相近；图 4-26（b）所示的零件在形状上有较大差异，但加工工艺过程具有较高的相似性。因此，可以将零件进行分类并归并成组（常称零件族）。每一种零件往往具有包括结构形状、材料、精度、工艺等多方面的许多特征，这些特征决定着零件之间在结构形状、材料、精度、工艺上的相似性。零件的结构形状相似性包括形状相似、尺寸相似，其中形状相似的内容又包括零件的基本形状相似、零件上所具的形状要素（如外圆、孔、平面、螺纹、锥体、键槽、齿形等）及其在零件上的布置形式相似；尺寸相似是指零件之间相对应的尺寸（尤其是最大外廓尺寸）相近；零件的材料相似性包括零件的材料种类、毛坯形式及所需进行的热处理方法相似；精度相似则是指零件对应表面的精度要求相似；零件的工艺相似性则包括加工零件各表面所用的加工方法和设备相同，零件加工工艺路线相似，各工序所用的夹具相同或相似以及检验所用的测具相同或相似。

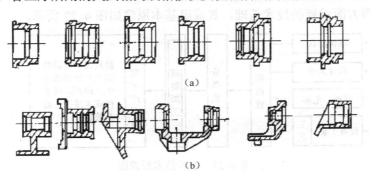

（a）

（b）

图 4-26　零件族示例

零件的结构形状、材料、精度相似性与工艺相似性之间密切相关。结构形状、材料、精度相似决定着工艺相似性。例如，零件的基本形状、形状要素、精度要求和材料，常常决定应采用的加工方法和机床类型；零件的最大外廓尺寸则决定着应采用的机床规格等。因此，有人把零件结构形状、材料、精度的相似性称为基本相似性；而把工艺相似性称为二次相似性。零件的相似性是零件分类的依据。从企业生产的需要出发，可侧重按照零件某些方面的相似性分类成组（族）。

所谓的成组技术（Group Technology），广义上是以相似性原理为基础，运用系统工程学的方法，采用统计学、计算机技术等为手段，将生产工程和管理工程有机结合起来以提高多品种、中小批生产水平，从而实现设计、制造、管理合理化和科学化的一门综合性技术；狭义上，对于机械制造中的成组技术，其核心是成组工艺，它是把结构、材料、工艺相近似的零件组成一个零件族（组），按零件族制定工艺进行加工，从而扩大了批量、减少了品种，便于采用高效方法加工，提高了劳动生产率。

成组技术是 50 年代初由前苏联米特洛凡诺夫首先提出来的，当时称作"成组加工"，主要用于零件的机械加工方面。50 年代末，成组技术初级阶段的成组加工迅速在前苏联以及东欧国家获得推广应用。与此同时，成组加工也被传播到西欧国家。原来米氏只是把成组加工局限在机械加工领域，及至 50 年代末，却逐渐从机械加工延伸到其他诸如铸、锻、焊、冲压、注塑、电镀、热处理、装备等工艺领域。因此，成组加工也被改称为成组工艺。60 年代初，结合成组加工的应用，首先由原捷克斯洛伐克的卡涪茨（Koloc）和德国的奥匹兹（Opitz）提出了分类编码系统。60 年代中期，英国的伯别奇（Burbidge）提出了生产流程分析原理，借此找出工艺相似的零件组，以建立与之对应的生产单元（或称机床单元、制造单元），从而使企业的物流路线和生产流程更趋合理。生产单元的组织形式，有效地解决了多工序零件的成组加工问题，特别是生产管理问题。由此而使成组工艺进一步发展成为一种把生产技术与组织管理揉合成一体的综合技术——成组技术。

我国早在 60 年代初就在纺织机械、飞机、机床及工程机械等机械制造业中推广应用成组技术，并初见成效。原机械部设计研究院负责组织研制的全国机械零件分类编码系统 JLBM-1，它将对我国推广应用成组技术起到积极推进作用。

成组技术现已广泛应用于设计、制造和管理等各个方面。随着计算机技术和数控技术的飞速发展，成组技术与之相结合，大大地推动了中小批量生产的自动化进程。成组技术成为进一步发展计算机辅助设计（CAD）、计算机辅助工艺规程设计（CAPP）、计算机辅助制造（CAM）等方面重要的技术基础，其成组基本原理如图 4-27 所示。

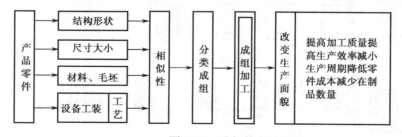

图 4-27　成组技术原理图

4.3.2　成组技术的内容和实施步骤

在机械加工技术中实施成组技术，首先对需要加工的零件，按照几何形状、尺寸大

小、制造工艺和毛坯制造的相似性，依据一定的分类方法进行分类、编码和划分零件组。其次根据零件的划分情况，选择相应的设备，按成组技术的要求进行布置，如成组加工单元或成组加工流水线等。所谓成组加工单元是指把一组或几组工艺上相似的零件的全部工艺过程，限制在所需的一组机床构成的单独生产区域内进行加工，此生产区域叫做成组加工单元。它的形式与生产流水线相似，但不受时间节拍的限制。成组技术流水线则是具有生产连续性和节凑性的更高级的生产组织形式，实施成组技术可以促进零件的标准化和通用化。

实施上述基本内容的一般步骤如下。

1）对零件进行分类编码

依据一定的分类编码规则，将零件分成按结构、工艺等相似的零件组，并将它们组成与成组加工组织形式相适应的零件生产组。

2）编制成组技术的产品零件设计图册

在零件成组的基础上，汇编成分类、分组的零件设计图册。它对产品的通用化、标准化非常有利。使新产品的设计周期缩短，零件的设计费用降低。

3）编制成组工艺规程，确定成组技术生产组织形式

在零件分类成组后，编制成组工艺规程以保证每个零件的加工与整个成组工艺方案基本一致。制订成组工艺常用的方法有复合零件法和特征综合法二种。

所谓复合零件，是指结构上具有表征一组零件的全部基本要素的真实零件和假想零件。它是一组零件的结构和工艺性的代表。当组内任何真实零件都不具备充分代表性时，要选取一个基本要素最多的零件为基础，再把同组其他零件所特有的基本要素加上去，就得到假想的"复合零件。"

特征综合法，也称复合路线法。它从分析零件中全部工艺路线入手，从中选出一个工序较多，安排合理并具代表性的工艺路线。在同组零件中，找出这些零件的特有的工序，并将它们合理地插入代表性的工艺路线中，使它成为一个工序齐全、安排合理、适用于同组所有零件的成组工艺路线。

4）选择、改装或设计成组加工工艺装备

成组加工中所使用的设备可以是常规、传统的通用高效机床，也可以是按成组技术原理改造的现有设备，还可以是专门设计制造的成组技术专用机床或加工自动线。

5）制定成组技术生产管理规程

采用成组技术的生产管理和传统的生产管理有着显著的不同。成组技术管理打破传统的产品界限，改变传统的按产品品种组织生产的方式，实行按零件族组织生产，以零件管理代替原来的工序管理。

成组技术的内容与实施步骤见图 4-28。

3．成组技术的应用

目前发展的成组技术是应用系统工程学的观点，把中小批生产中的设计制造和管理等

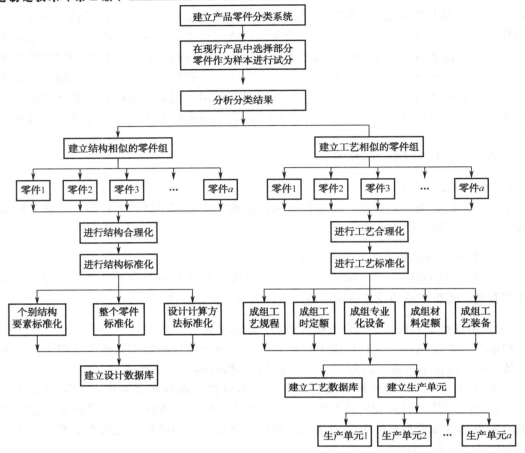

图 4-28 成组技术实施流程图

方面作为一个生产系统整体，统一协调生产活动的各个方面，全面实施成组技术以提高综合经济效益。以下将从产品设计、制造及生产管理等方面简述成组技术的应用。

1）产品设计方面

由于用成组技术指导设计，赋予各类零件以更大的相似类，这就为在制造管理方面实施成组技术奠定了良好的基础，使之取得更好的效果。此外，由于新产品具有继承性，使往年累积并经过考验的有关设计和制造的经验再次应用，这有利于保证产品质量的稳定，并且加快了速度。据统计，当设计一种新产品时，往往有 3/4 以上的零件设计可参考借鉴或直接引用原有的产品图纸，从而减少新设计的零件，这不仅可免除设计人员的重复性劳动，也可以减少工艺准备工作和降低制造费用。

2）制造工艺方面

成组技术在制造工艺方面最先得到广泛应用。开始是用于成组工序，即把加工方法、安装方式和机床调整相近的零件归结为零件组，设计出适用于全组零件加工的成组工序。成组工序允许采用同一设备和工艺装置，以及相同或相近的机床调整加工全组零件，这样，只要能按零件组安排生产调度计划，就可以大大减少由于零件品种更换所需要的机床调整时间。此外，由于零件组内各零件的安装方式和尺寸相近，可设计出应用于成组工序的公用夹具——成组夹具。只要进行少量的调整或更换某些零件，成组夹具就可适用于全组零件的工序安装。成组技术亦可应用于零件加工的全工艺过程。为此，应将零件按工艺过程相似性分类以形成加工族，然后针对加工族设计成组工艺过程。成组工艺过程是成组工序的集合，能保证按标准化的工艺路线采用同一组机床加工全加工族的诸零件。应指出，设计成组工艺过程、成组工序和成组夹具皆应以成组年产量为依据。因此，成组加工允许采用先进的生产工艺技术。以成组技术指导的工艺设计合理化和标准化为基础，不难实现计算机辅助工艺规程设计 CAPP 及计算机辅助成组夹具设计。

3）生产组织管理方面

成组加工要求将零件按工艺相似性分类形成加工族，加工同一加工族零件有其相应的一组机床设备。因此，很自然成组生产系统要求按模块化原理组织生产，即采取成组生产单元的生产组织形式。在一个生产单元内有一组工人操作一组设备，生产一个或若干个相近的加工族零件，在此生产单元内可完成诸零件全部或部分的生产加工。因此可以认为，成组生产单元是以加工族零件为生产对象的产品专业化或工艺专业化（如热处理等）的生产基层单位。成组技术是计算机辅助管理系统技术基础之一。这是因为运用成组技术基本原理将大量信息分类成组，并使之规格化、标准化，这将有助于建立结构合理的生产系统公用数据库，可大量压缩信息的储存量；由于不再是分别针对一个工程问题和任务设计程序，可使程序设计优化。此外采用编码技术是计算机辅助管理系统得以顺利实施的关键性基础技术工作，成组技术恰好能满足相似类产品及分类的编码。

4.3.3 零件分类编码系统

1. 零件编码的概念

零件分类编码系统已经成为成组技术原理的重要组成部分，也是有效实施成组技术的重要手段，因此在实施成组技术的过程中，建立相应的零件分类编码系统，也就成为一项首要的准备工作。

机械零件的传统表示方法是零件图纸。用图纸表达零件固然详尽、准确，但在有些情况下，不够简明。特别是检索零件的某些特征时，需要翻阅很多图纸，十分不便，给成组技术中的零件分类带来了很大的困难。所谓编码，就是用一串数字和拉丁字母甚至汉字来描述零件的结构形状特征和工艺特征。最常见、最方便是用数字码，即将零件的特征数字化，便于计算机处理。此外，阿拉伯数字在全世界都通用。

为了对编码的含义有统一的认识，就需要对其所代表的含义做出规定和说明，这种规定和说明称为编码法则，也称为编码系统。对零件进行编码，将零件的各有关特征用码来表示，实际上也就是对零件进行分类，所以零件编码也称为分类编码，编码系统也称为分类编码系统。

一个零件包含各种特征，如结构特征（形状、尺寸）、工艺特征（精度、表面粗糙度）、材料特征等。但其特征不一定都要用码来表示，根据需要只有相关的特征才用一位码来表示，因此要求表达的特征项越多，编码的位数也要相应的增加。随着分类编码系统功能的增加和计算机在成组技术中的应用，码位有增加的趋势，目前最多的已达 80 位（米特洛法诺夫编码系统），但是码位过多，将会失去零件特征表示的简明性。代表零件特征的每一个字符称为特征码，所有特征码有规律的组合就是零件的编码。由于每一个字符代表的是零件的一个特征，而不是一个具体的参数，因此每种零件的编码并不一定是唯一的。利用零件的编码，就可以较方便地划分出特征相似的零件组来。

编码系统可分为层式结构（单码）、链式结构（多码）和混合式结构三种。层式结构的后一位码受前一位码制约，是对前一位码进行更详细的说明。层式编码容量大，关系复杂。但由于层式结构具有相对紧密性，能以有限个位数传递大量的有关零件信息。链式结构中每位码都具有独立含义，与前一位码无关。链式编码容易掌握，容量较小，它可以方便地处理具有特殊属性的零件。大多数编码系统都采用混合式结构，而其中的某些码位按层式结构。

2. 常见编码系统

目前，世界各国已建立的具有代表性的分类编码系统有 40 余种，见表 4-4 所示，其中 OPITZ 系统简单且使用方便，已被很多公司采纳，为世界上最著名的系统。

表4-4　各国主要成组技术分类编码系统

前西德	OPITZ（切削、磨削、冲压件），STUTTGART，PITTLER，GILDEMEIS TER，ZAFOSPIES，PUSCHMAN
前东德	DDR（标准），WALTER，AUERSWALD
前苏联	MTROFANOV，LITMO，VPTI，NIITMASH，GUREVICH
前捷克斯洛伐克	VUOSO，VUSTE，MALEK
英　国	BRISCH，PERA，SALEORO，GAF（冲压件）
挪　威	TEKLA
瑞　典	PGM
荷　兰	MICLASS（TNO）
前南斯拉夫	IAMA
美　国	CODE，PARTS-ANALOG，SAGT，ALLIS-CHAMERS，HOLE-CODE，BUCCS，ASSEMBLY-PART-CODE，CINCLASS，DTH
日　本	KC（-1，2），KK（-1、2、3），冲压件分类，铸件（分类）成本计算，丰田工机，东芝机械，日立制作所等

我国在分析了世界先进的编码系统基础上，结合我国的具体情况制定了自己的分类编码系统 JLBM-1（机械工业成组技术分类编码系统）。下面以 OPITZ 和 JLBM-1 为例，介绍这两种常用的分类编码方法。

1）奥匹兹（OPITZ）零件分类编码系统

奥匹兹零件分类编码系统是由德国阿亨工业大学奥匹兹教授领导研制成功的。系统对设计和生产加工都能适用。该编码系统由九位十进制数字代码组成，前五位为主码，用于描述零件的结构形状；后四位为辅助码，用于描述零件的尺寸、材料、毛坯和加工精度。每一个码位有十个特征码（0～9），分别表示 10 种特征。如图 4-29 所示为奥匹兹编码系统的基本结构图。

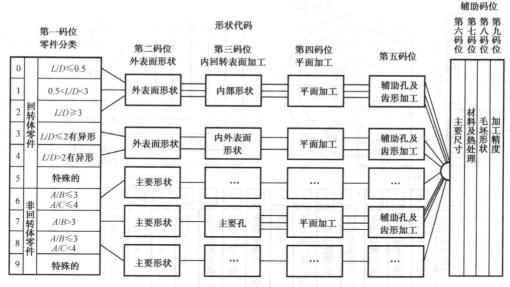

图 4-29 奥匹兹编码系统的基本结构

第一码位：表示零件的类型。从零件的整体外形来看，分为两大类：0～5 项为回转件，如盘、套、轴等；6～9 项为非回转件，如板、条、块（箱体）等。D 为回转件的最大直径，L 为轴向长度。对于非回转件，A、B、C 分别表示长度、宽度和厚度，即 $A>B>C$。这十个组，各组分别在第二位至第五位内进一步进行分类。

第二码位：对于回转件，表示外表面形状及其形状要素的特征；对于有偏心的回转件或非回转件，表示零件主要形状的特征。

第三码位：表示一般回转体的内表面形状及其要素和其他几类零件的回转加工、内外形状、要素主要孔等特征。

第四码位：表示平面加工。

第五码位：表示辅助孔、齿形和成形面加工。

第六码位：表示零件主要尺寸（D 或 A）。

第七码位：表示零件材料的种类、强度及热处理等状况。

第八码位：表示零件加工前的原始状况。

第九码位：表示零件上有高精度要求的表面所在的码位。

对应于图 4-30（a）所示零件的 OPITZ 编码，如图 4-30（b）所示。

2）JLBM-1 零件分类编码系统

JLBM-1 是由我国原机械工业部组织制定并批准施行的成组技术的指导性技术文件。它采用主码和辅码分段的混合式结构，由 15 位码组成，如图 4-31 所示。

将图 4-29 与图 4-31 比较便可以看出，JLBM-1 系统的结构基本上是和奥匹兹系统相同的，只是为了弥补奥匹兹系统的不足有所补充与完善。奥匹兹系统对零件的描述比较粗糙，尤其是对零件工艺特征的描述尚显不足。JLBM-1 系统把奥匹兹系统的形状加工码加以扩充，把奥匹兹系统的零件类别码改为零件功能名称码，把热处理标志从奥匹兹系统中的材料热处理码中分离出来，主要尺寸码由原来的一个环节扩大为两个环节。

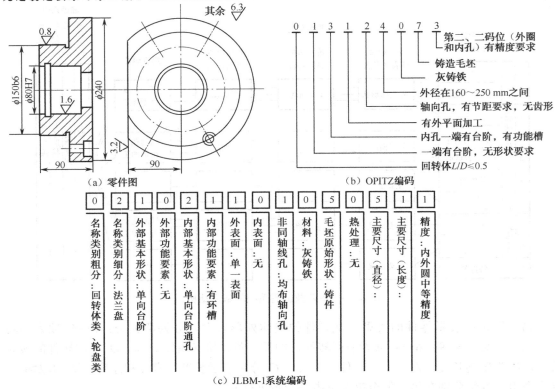

（a）零件图　　　　　　　　　　（b）OPITZ编码

（c）JLBM-1系统编码

图 4-30　OPITZ 和 JLBM-1 系统编码举例

名称类别矩阵码		形状及加工码						辅助码				
第一位	第二位	第三位	第四位	第五位	第六位	第七位	第八位	第九位	第十位	第十一位	第十二位	第十三位	第十四位	第十五位
粗分类	细分类													

名称类别矩阵码

第一位	第二位
粗分类	细分类

0	轮盘类	0	盘盖
1	环套类	1	保护盖
2	销杆轴类	2	法兰盖
3	齿轮类	3	离合器盖
4	异形件类	4	分度盖
5	专用件类	5	手轮
6	杆条类	6	皮带轮
7	板块类	7	滚轮
8	座架类	8	活塞
9	箱壳体类	9	其它

回转类零件（0~5），非回转类零件（6~9）

（环套类等细分类略）

形状及加工码

回转类零件

外部形状及加工	内部形状及加工	平面、面及加工	辅助加工
基本形状	功能要素	基本形状	功能要素	外表面及端面	内表面	孔成形刻线非同轴线

非回转类零件

外部形状及加工	主孔及内部加工	辅助加工
总体形状	平面加工	曲面加工	外形要素	主孔加工	内部加工	辅助孔成形

辅助码

第十位	第十一位	第十二位	第十三位	第十四位	第十五位
材料	毛坯原始形状	热处理	直径或宽度	长度	精度

主要尺寸（直径或宽度、长度）

图 4-31　JLBM-1 编码系统基本结构图

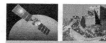

JLBM-1 系统除了增加形状加工的环节、比奥匹兹系统可以容纳较多的分类标志外，它在系统的总体组成上，要比奥匹兹系统简单，因而也容易使用。JLBM-1 系统的一、二码位表示零件的名称类别，采用零件的功能和名称作为标志以便于设计部门检索。但由于零件的名称极不统一，同名的零件可能其结构形状截然不同，不同名的零件却可能有相似的结构形状，因此为了增加分类标志的容量，第一、二码位特征码采用矩阵形式，这样用两个横向码位便可提供若干个纵向分类环节，具体见表 4-5。

表 4-5　JLBM-1 系统名称类别分类表（第一、二位）

第一位		类别	0	1	2	3	4	5	6	7	8	9	
0	回转类零件	轮盘类	盘、盖	防护盖	法兰盘	带轮	手轮摆手	离合器件	分度盘刻度盘环	滚轮	活塞	其他	0
1		环套类	垫圈、片	环套	螺母	衬套轴套	外螺纹套直管接头	法兰套	串联轴节	液压缸气缸		其他	1
2		销、杆、轴类	销、堵、短圆柱	圆杆圆管	螺杆螺栓螺钉	阀杆阀芯活塞杆	短轴	长轴	蜗杆丝杠	手把手柄换纵杆		其他	2
3		齿轮类	圆柱外齿轮	圆柱内齿轮	锥齿轮	涡轮	链轮棘轮	螺旋锥齿轮	复合齿轮	圆柱齿条		其他	3
4		异形类	异形盘器	弯管接头弯头	偏心件	扇形件弓形件	叉形接头叉轴	凸轮凸轮轴	阀体			其他	4
5		专用件										其他	5
6	非回转类零件	杆条类	杆、条	杠杆提杆	连杆	撑杆拉杆	扳手	键镶（压）条	梁	齿条	拨叉	其他	6
7		板块类	板、块	防护板盖板门板	支撑板垫板	压板连接板	定位块棘爪	导向块板滑块板	阀块分油器	凸轮板		其他	7
8		座架类	轴承座	支座	弯板	底座机架	底座机架	支架				其他	8
9		箱壳体类	罩、盖	容器	壳体	箱体	立柱	机身	工作台			其他	9

第三～九码位是性状及加工码，分别表示回转体零件和非回转体零件的外部形状、内部形状、平面、孔及其加工与辅助加工的种类，具体见表 4-6。

第十至十五码位是辅助码，表示零件的材料、毛坯、热处理、主要尺寸和精度的特征。尺寸码规定了大型、中型和小型三个尺寸组，分别供仪表机械、一般通用机械和重型机械等三种类型企业参照使用。精度码规定了低精度、中等精度、高精度和超高精度四个档次。在中等精度和高精度两个档次中，再按有精度要求的不同加工表面而细分为几个类型，以不同的特征码来表示，具体见表 4-7 和表 4-8。

对照图 4-30（a）所示零件的 JLBM-1 编码，如图 4-30（c）所示。

3．零件分类成组的常用方法

目前，将零件分类成组的常用方法有如下 3 种。

表4-6　JLBM-1系统回转体类零件分类表（第三至九位）

特征项号	三位 外部形状及加工 基本形状	四位	功能要素	五位 内部形状及加工 基本形状		六位	功能要素	七位 平面、曲面加工 外（端）面		八位 内（端）面		九位 辅助加工（非同轴线孔、成形、刻线）	
0	光滑	0	无	0	无	0	无	0	无	0	无	0	无
1	单一轴线 单向台阶	1	环槽	1	无轴线孔	1	环槽	1	单一表面 不等分表面	1	单一表面 不等分表面	1	均布孔 / 轴向
2	单一轴线 双向台阶	2	螺纹	2	通孔 光滑单向台阶	2	螺纹	2	平行表面 等分表面	2	平行表面 等分表面	2	均布孔 / 径向
3	单一轴线 球、曲面	3	1+2	3	通孔 双向台阶	3	1+2	3	槽、键槽	3	槽、键槽	3	非均布孔 / 轴向
4	单一轴线 正多边形	4	锥面	4	盲孔 单侧	4	锥面	4	花键	4	花键	4	非均布孔 / 径向
5	单一轴线 非圆对称截面	5	1+4	5	盲孔 双侧	5	1+4	5	齿形	5	齿形	5	倾斜孔
6	单一轴线 弓、扇形或4、5以外	6	2+4	6	球、曲面	6	2+4	6	2+5	6	3+5	6	各种孔组合
7	多轴线 平行轴线	7	1+2+4	7	深孔	7	1+2+4	7	3+5 或 4+5	7	4+5	7	成形
8	多轴线 弯曲、相交轴线	8	传动螺纹	8	相交孔 平行孔	8	传动螺纹	8	曲面	8	曲面	8	机械刻线
9	其他	9	其他	9	其他	9	其他	9	其他	9	其他	9	其他

表4-7　JLBM-1系统材料、毛坯、热处理分类表（第十至十二位）

代码 项目	十位 材料	十一位 毛坯原始形状	十二位 热处理
0	灰铸铁	棒料	无
1	特殊铸铁	冷拉材	发蓝
2	普通碳钢	管材（异形管）	退火、正火及时效
3	优质碳钢	型材	调质
4	合金钢	板材	淬火
5	锅和铜合金	铸件	高、中、工频淬火
6	铝和铝合金	锻件	渗氮+4 或 5
7	其他有色金属及其合金	铆焊件	渗氮处理
8	非金属	注塑成型件	电镀
9	其他	其他	其他

1）视检法

视检法是由有生产经验的人员通过对零件图纸仔细阅读和判断，把具有某些特征属性的一些零件归结为一类。它的效果主要取决于个人的生产经验，多少带有主观性和片面性。

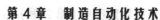
表4-8 JLBM-1系统主要尺寸、精度分类表（第十三至十五位）

十三位			十四位			十五位	
			主要尺寸				
项目	直径或宽度（D或B）（mm）			长度（L或A）（mm）			项目	精度
	大型	中型	小型	大型	中型	小型		
0	≤14	≤8	≤3	≤50	≤18	≤10	0	
1	>14~20	>8~14	>3~6	>50~120	>18~30	>10~16	1	中等精度 内外回转面加工
2	>20~58	>14~20	>6~10	>120~250	>30~50	>16~25	2	平面加工
3	>58~90	>20~30	>10~18	>250~500	>50~120	>25~40	3	1+2
4	>90~160	>30~58	>18~30	>500~800	>120~250	>40~60	4	外回转面加工
5	>160~400	>58~90	>30~45	>800~1 250	>250~500	>60~85	5	高精度 内回转面加工
6	>400~630	>90~160	>45~65	>1 250~2 000	>500~800	>85~120	6	4+5
7	>630~1 000	>160~440	>65~90	>2 000~3 150	>800~1 250	>120~160	7	平面加工
8	>1 000~1 600	>440~630	>90~120	>3 150~5 000	>1 250~2 000	>160~200	8	4 或 5，或 6+7
9	>1 600	>630	>120	>5 000	>2 000	>200	9	超高精度

2）生产流程分析法

生产流程分析法 PFA（Production Flow Analysis）是以零件生产流程及生产设备明细表等技术文件，通过对零件生产流程的分析，可以把工艺过程相近的，即使用同一组机床进行加工的零件归结为一类。生产流程分析法的有效性与所依据的工厂技术资料有关。采用此法可以按工艺相似性将零件进行分类，以形成加工族。

3）编码分类法

按编码分类，首先制定零件分类编码系统，将零件的有关设计、制造等方面的信息转译为代码（代码可以是数字或数字、字母兼用），把分类的零件进行编码，待零件有关信息代码化后，就可以根据代码对零件进行分类。对零件有关的生产信息代码化，将有助于应用计算机辅助成组技术的实施。

4.4 CAD/CAPP/CAM 一体化技术

知识分布网络

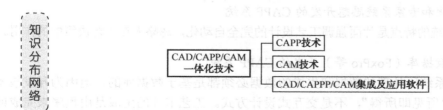

CAD/CAPP/CAM 是 20 世纪 60 年代兴起的一门技术，它的发展十分迅速，国内外都大量地投入人力与物力进行 CAD/CAPP/CAM 集成技术的研究。CAD/CAPP/CAM 集成系统是 CIMS 的核心技术，在 CIMS 中 CAD/CAPP/CAM 还与管理信息系统 MIS、制造自动化系统 MAS、质量保证系统 CAQ 实现集成，对提高产品质量、缩短产品开发周期、提高企业效益

有重要作用。现在，计算机网络、数据库技术、专家系统和人工智能技术应用于 CAD/CAPP/CAM 系统中，极大地促进了该技术的发展。研制 CAD/CAPP/CAM 系统，用于改造传统制造业，对于增强我国的国际竞争力有着巨大的推动作用。

4.4.1　CAPP 技术

1．CAPP 的概念与发展

计算机辅助工艺 CAPP（Computer Aided Process Planning），是指利用计算机技术实现工艺过程设计自动化。一般认为 CAPP 系统的功能包括毛坯设计、加工方法选择、工序设计、工艺路线制定和工时定额计算。在 CIMS 中，CAPP 起的作用就是将加工过程变为实际的工艺过程和工艺参数描述，并能将加工过程表示成实际的工序图描述。

CAPP 系统提供基于计算机的工艺过程设计能力，其主要类型有派生式、创成式和混合式。主要功能有：检索标准工艺文件；选择加工方法及采用的机床、刀具、卡具、量具和工装等；安排加工路线；选择基准，确定装夹方案、加工余量，选择毛坯等；确定工序尺寸和公差；计算工时定额和加工成本；编制工艺文件等。为了实现上述功能，CAPP 系统需要从 CAD 系统获取零件的有关信息，从资源库中获取有关的资源信息。

CAPP 技术的研究始于 20 世纪 60 年代后期。世界上最早的 CAPP 系统是挪威于 1969 年正式推出的 AUTOPROS 系统，1973 年正式推出商品化的 AUTOPROS 系统。现在国内外都在大力发展 CAPP 系统，目前已有很多 CAPP 产品出现。国外的有美国 CAM-I 公司的 CAPP，主要用于回转体、菱形体；美国普度大学的 APPAS 主要用于回转体，TIPPS 主要用于菱形体等。国内同济大学推出 TOJICAPP，主要用于回转体；上海交通大学的 SIP 系统主要用于箱体零件；华中理工大学的 GCAP 主要用于箱体、墙体等。CAPP 系统的商品化极大地推动了 CAPP 系统的进一步发展。现在 CAPP 系统向着集成化、智能化、柔性化、网络化、标准化方向发展。随着对 CAPP 研究的进展，国内外相继出现了许多 CAPP 系统。例如，国内的 THCAPP-1 系统、EXCAPP 系统、北航开发的 BHCAPP 系统、南航开发的 NHCAPP 系统，国外的 TIPPS 系统、XPS-E 系统等。这些系统的出现，标志着国内外在 CAPP 研究方面取得了丰硕成果。

2．CAPP 系统的分类

目前，国内外商品化的 CAPP 系统可分为以下几种。

1）基于智能化和专家系统思想开发的 CAPP 系统

这种 CAPP 系统的特点是片面强调工艺设计的完全自动化，忽略人在工艺决策中的作用。

2）基于低端数据库（FoxPro 等）开发的 CAPP 系统

这种 CAPP 系统所处理的数据和生成的数据必须都是基于数据库的，但因为开发技术所限，很难做到"所见即所得"，不是交互式设计方式。工艺卡片的生成是由程序来完成或者在 CAD 中生成的，系统的实用性较差。

3）基于 AutoCAD 或自主图形平台开发的 CAPP 系统

采用 CAD 技术开发了一些 CAPP 系统，它解决了实用性问题，但却忽视了最根本的问

题：工艺是以相关的数据为对象的，而不是以卡片为对象的。此类 CAPP 是基于文件系统 CAD 技术开发的，特别是自主 CAD 平台软件，文件格式采用了非标准的自定义格式，信息的交换存在较大的问题。

4）完全基于数据库开发的 CAPP 系统

完全基于数据库的 CAPP 系统，采用交互式设计方式，为注重数据的管理与集成的综合式平台类 CAPP 系统。此类系统集中了第 2、第 3 种系统的优点，是国内外 CAPP 学者公认的最佳开发模式，同时满足了特定企业、特定专业的智能化专家系统的二次开发的需要。

目前，随着信息化技术应用的不断深入，我国制造业企业在 CAPP 系统开发（自行或联合）、应用方面给予了相当大的投入，CAPP 的初步应用已给企业带来了明显效益。但大多数 CAPP 系统还徘徊在填表格和甩图板的工作层面，CAPP 在企业信息集成方面还存在较严重的信息"孤岛"问题：其一，不少企业 CAD 设计和 CAM 设计是基于 3D 实体的，而在工艺设计方面采用的是基于二维的 CAPP 系统，3D CAD/CAM 与 2D CAPP 无法实现信息共享；其二，工艺规程中工序间的加工图形信息彼此不相关联；其三，工序中所需要的工装夹具、刀具、量具和机床都采用工艺设计的文字属性进行描述，无法用 3D 实体的装配形式阐述它们之间的关系。

3．CAPP 系统的工作原理

1）派生式（Variant）

根据成组技术的原理将零件划分为相似零件组，按零件组编制出标准工艺规程以及相应的检索方法与逻辑，并以文件的形式贮存在计算机中。当要为新零件设计工艺规程时，输入该零件的成组技术代码，由计算机判别零件属于哪一个零件组，检索出该零件组的标准设计工艺规程。对标准工艺规程进行增删、修改以及编辑后，形成该零件具体的工艺规程。通常调用标准工艺文件，确定加工顺序，计算切削参数、加工时间或加工费用都是由计算机自动进行的。派生式 CAPP 系统的工作流程如图 4-32（a）所示。

2）创成式（Generative）

不以原有的工艺规程为基础，在计算机软件系统中，收集了大量的工艺数据和加工知识，并在此基础上建立了一系列的决策逻辑，形成了工艺数据库和加工知识库。当输入新零件的有关信息后，系统可以模仿工艺人员，应用各种工艺决策逻辑规则，在没有人工干预的条件下，自动地生成零件的工艺规程。创成式 CAPP 系统的工艺决策过程见图 4-32（b）所示。

3）混合式（Hybrid）

以派生式为主的检索—编辑原理，当零件不能归入系统已存在的零件组时，则采用创成式原理进行工艺设计，或在工艺编辑时引入创成式的决策逻辑原理。

4）基于知识的专家系统（Expert System）

将人工智能 AI、专家系统等技术应用于 CAPP 系统的研究和开发，研制所谓基于知识的 CAPP 专家系统。

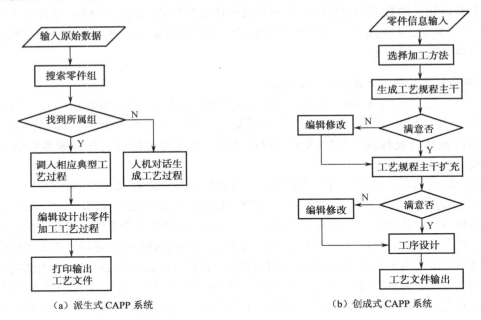

（a）派生式 CAPP 系统　　　　　　（b）创成式 CAPP 系统

图 4-32　CAPP 系统的工作流程

近几年来，有人将人工神经元网络技术、模糊推理以及基于实例的推理等用于 CAPP 中，也有人提出了 CAPP 系统建造工具的思路，并进行了卓有成效的实践。目前用派生法原理生成工艺规程的方法已经比较成熟，应用十分广泛，现有的大部分 CAPP 系统都属于此类型。创成法原理目前还不完善，还没有一个纯粹的创成法 CAPP 系统出现。

4．CAPP 的功能

从国内外发表的 CAPP 系统来看，它们主要包括以下功能：

（1）接收或生成零件信息；

（2）检索标准工艺文件；

（3）选择加工方法；

（4）安排加工路线；

（5）选择机床、刀具和夹具等；

（6）确定切削用量；

（7）计算切削参数、工时定额和加工费用等；

（8）计算工序尺寸和公差，确定毛坯类型和尺寸；

（9）绘制工序图；

（10）生成工艺文件；

（11）进行刀具路径规划和 NC 编程；

（12）对加工过程进行仿真。

上述功能并不是所有的 CAPP 系统都具备的，有些 CAPP 系统只具备其中的某些功能。另外，目前仅有少数 CAPP 系统能实现与 CAD/CAM 系统的连接。

5．CAPP 系统的发展趋势

1）集成化

未来的 CAPP 系统除了与 CAD 和 CAM 集成以外，还应能与制造自动化系统、管理信息系统以及质量检测与控制系统等集成。

2）通用化

通用化问题是 CAPP 系统面临的最主要的问题之一，也是制约 CAPP 系统实用化与商品化的一个重要因素。使 CAPP 系统各工艺设计模块与系统所需的工艺数据与知识完全独立，是实现 CAPP 系统通用化的前提。

3）智能化

专家系统技术以及其他人工智能技术已越来越广泛地应用于各种类型的 CAPP 系统中，还有将人工神经元理论、模糊理论、黑板推理与实例推理等方法用于 CAPP 系统的开发。

4.4.2　CAM 技术

计算机辅助制造 CAM（Computer Aided Manufacturing），是指利用计算机系统辅助完成产品的加工制造。CAM 往往是以一个部件或一种产品为对象，具有加工、检验、调度、储运装配和性能测试等功能。CAM 系统提供基于计算机的数控自动编程及加工仿真两方面的功能，它接受 CAD 系统提供的零件模型及 CAPP 系统提供的工艺信息，经 CAM 系统处理，输出刀位文件，再经后置处理，产生数控加工代码。

计算机辅助设计制造中最核心的技术是数控技术。数控技术将数字控制技术用于数控加工、数控装配、数控测量、数控绘图等方面。本节主要讨论与实现 CAM 有关的数控加工技术。

1．数控加工与编程内容

数控机床是数字控制机床的简称。数控机床的运动参数和各种动作是由机床配置的数控系统以数字量的形式进行控制的。这些动作和运动参数是由零件的加工程序详细规定好的。

数控加工是指利用数控机床或计算机代替人工操纵机床进行自动选择加工工具，生成加工路径，消除加工干涉，配置加工驱动等，从而完成零件的加工。为了在数控机床上进行加工，首先必须根据零件图样得到一个控制纸带。控制纸带上记录了为达到零件图样要求的形状和尺寸，机床所必需的运动及辅助功能的代码和数据。将这个控制纸样输入给机床的数控装置或计算机，经必要的信息处理之后产生相应的操作指令，控制机床运动，从而完成零件的自动化加工过程。

数控零件加工程序的编制是数控加工的基础，程序编制的好坏将直接影响到数控机床的加工质量和经济效益。国内外数控加工统计表明：造成数控加工设备空闲 20%～30%是编程原因造成的，因此理想的加工程序不仅应保证加工出符合设计要求的合格零件，同时应能使数控机床的功能得到合理的应用和充分的发挥，且能安全高效地工作。

用普通机床加工零件，事先需要根据生产计划和零件图纸的要求编制工艺规程，其中包括确定工艺路线、选择加工机床、设计零件装夹方式、计算工序尺寸和规定切削用量等。应用数控机床加工时，大体也要经历这些步骤。这时的工作流程可以简略地用图 4-33 来表示。图中数控编程的内容与步骤如下。

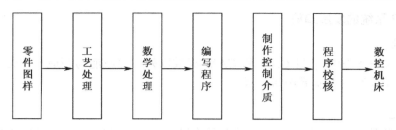

图4-33 数控编程的步骤

1）分析零件图样，进行工艺处理

编程人员首先要对零件的图纸及技术要求进行详细的分析，考虑数控机床使用的合理性及经济性，从而选择合适的加工设备，然后确定加工方案、加工工艺过程，设计装夹方式，确定加工路线，合理选择刀具等。

2）数学处理

根据零件的几何形状，确定走刀路线及数控系统的功能，计算出刀具运动轨迹的坐标数据，得到刀位数据文件。例如，对于由直线、圆弧组成的简单平面零件，只需计算出零件轮廓的相邻几何元素的交点或切点的坐标值，得到各几何元素的起点、终点、圆弧的圆心坐标值即可。

3）编写零件加工程序

完成上述工艺处理及数值计算后，即按照数控机床规定的程序格式和编程指令将加工工序及可走刀路线数据编写成相应的程序段。

4）控制介质及输入程序

将程序单上的内容记录在控制介质上，如穿孔纸带、磁带和软盘，作为数控机床的输入信息。现在也可通过控制面板或直接通信的方法将程序输入数控系统中。

5）程序校验及试切

上述所编程序和穿孔带必须经过校核和试切，确认无误后才能进行正式加工。一般的校核方法是将程序输送给机床进行空运转画图检查，检查机床运动轨迹与动作的正确性。对于具有图形显示屏幕的数控机床，可用显示走刀轨迹或模拟刀具和工件的切削过程的方法进行检查。对于复杂的空间零件，则需要使用石蜡、木材进行试切，检查程序与加工精度是否正确。现在随着数控加工技术的不断发展，可采用先进的数控仿真系统，对数控加工程序进行检验。

2. 数控编程方法

数控加工程序的编制，根据零件几何形状的复杂程度、数值计算的难易及现有编程条件等因素，可采用不同的编程方法。程序编制的方法主要有手工编程和自动编程。

1）手工编程

手工编程是从分析零件、制定工艺规程、计算刀具运动轨迹、编写零件加工程序单、制备控制介质直到程序校核，整个过程都是由人工完成的。手工编程要求编程人员有较高

的专业知识与技能。几何形状较简单的零件，用手工编程易于实现。但对于形状复杂的零件，程序量非常大，用手工编程相当费时，甚至在实现上会有难以克服的困难。因此，现在手工编程用得比较少，多采用自动编程。

2）自动编程

由于手工编程既烦琐又枯燥，并影响和限制了 NC 机床的发展和应用，因而在 NC 机床出现不久，人们就开始了对自动编程方法的研究。自动编程就是利用计算机编制数控加工程序，所以又称为计算机辅助编程。自动编程具有编程速度快、周期短、质量高、使用方便等一系列优点。与手工编程相比，可提高编程效率数倍乃至数十倍。零件越复杂，其技术经济效果越显著，特别是能编制用手工编程无法完成的程序。自动编程根据编程信息的输入与计算机对信息的处理方式不同，主要有如下三种。

（1）数控语言自动编程。数控语言自动编程就是利用计算机以专门的数控编程语言编写零件的源程序，来实现自动编制零件数控加工程序。编程人员选用合适的数控语言，来描述零件图样上的几何形状及刀具相对零件运动的轨迹、顺序和其他工艺参数等，所编制的程序称为零件的源程序。将编好的源程序全部输入给计算机进行处理，得到可以用于数控加工的 NC 指令。

（2）计算机辅助图形自动编程。编程人员不需要懂任何数控编程语言，主要是对零件图样进行工艺分析，确定构图方案后，利用自动编程软件本身的自动绘图功能，在 CRT 显示器上以人机对话的方式构建出零件几何图形，然后利用软件的 CAM 功能制作出 NC 加工程序。这种自动编程主要以人机交互方式进行，所以又称为图形交互式自动编程。

（3）CAD/CAM 集成编程。在 CAD/CAM 集成环境中，数控加工程序的生成直接提取了 CAD 的零件信息和 CAPP 的工艺设计结果，自动生成刀位文件，经过后置处理，刀位文件转换成 NC 加工程序。在集成环境下的 NC 自动编程系统如图 4-34 所示。这种编程过程达到了很高的自动化水平，生成的 NC 程序可以人工由键盘输入数控系统，或采用串行通信线路传输到数控系统。

CAD、CAPP 系统与 NC 编程连接的关键，在于 CAD、CAPP 和 NC 系统中各个子系统之间的信息传递与识别，以及建立一个沟通设计和制造的公共数据库。零件形状和工艺信息的描述、传输与识别是 CAD/CAE/CAM 集成的关键问题，这个问题至今尚未得到圆满的解决。

3. 数控语言自动编程技术

1）数控语言自动编程过程

数控加工程序编制过程如图 4-35 所示，可分为源程序编制和目标程序编制两个阶段。

（1）编制源程序

源程序是使用专门的数控语言（如 APT、FAPT、EXAPT、EAPT 等）所指定的方式写出所需加工零件的形状、尺寸，加工该工件的刀具的动作，指定的切削条件，机床的辅助功能等内容的程序。零件程序语言一般都是公开的，编程人员按照一定自动编程系统的说明书就能编写出零件源程序。若在计算机集成制造系统中，零件图可由计算机辅助设计输入，零件工艺过程可由计算机辅助工艺过程设计输入，则可自动编制用数控语言表示的源程序。

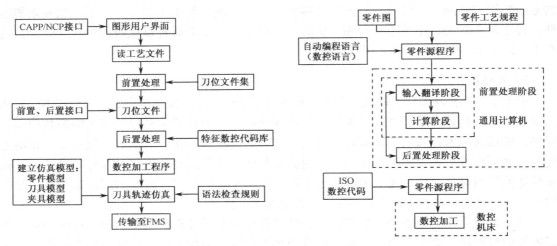

图 4-34　集成环境下 NC 自动编程系统　　　　图 4-35　数控加工程序编制过程

（2）编制目标程序

零件源程序并不能被数控系统所识别，因此不能直接控制机床。零件源程序编好后，要输入给计算机，由编译程序（数控软件）翻译成机器语言，通过前置处理和后置处理，输出机床数控系统所需的加工程序，称为目标程序或结果程序。目标程序是用国际标准化组织颁布的数控代码来编写的，通常所说数控程序就是指目标程序。

在手工编程时，可直接编制目标程序，但工作量大，易出错。自动编程时，可以手工编制源程序，再通过计算机从源程序自动产生目标程序。这样简单方便，工作量大为减少。

编译程序是针对加工对象事先编好存放在计算机中的系统软件，包括前置处理程序和后置处理程序两大模块，大多是用高级语言 FORTRAN 开发的。前置处理程序是对源程序中表示零件的几何信息、刀具运动轨迹语句等进行编译，得到刀具位置数据文件。由于这部分处理不涉及具体 NC 机床的指令形式和辅助功能，因此具有通用性。后置处理程序将刀具位置数据再编译成特定机床的数控指令，因为不同的机床功能不同，所以后置处理程序是不通用的。由此可见，经过数控程序系统处理后输出的程序才是控制 NC 机床的零件加工程序。整个 NC 自动编程的过程如图 4-35 所示。从图 4-35 中可见，为实现自动编程，数控自动编程语言和数控程序系统是两个重要的组成部分。

2）数控语言及源程序的编写

现在数控语言系统有很多种，其中以美国 APT（Automatically Programmed Tools）系统最为出名，它的通用性非常强，应用最为广泛，功能非常丰富，如可以处理自由曲面的自动编程，使机械加工中的任何几何图形，都可由数控编程系统给出刀具运动轨迹。另外的许多系统，如德国的 EXAPT、日本的 FAPT，以及中国的 SKC、ZCX 和 ZBC 等也都是以 APT 语言为基础开发的。

4．图形交互自动编程技术

1）编程原理

随着自动编程技术的发展，对自动编程系统的功能和应用的方便性也提出了更高的要

求。尤其是在处理零件源程序的过程中，希望操作者能对计算机进行控制，就像与计算机进行对话一样。计算机辅助图形自动编程是近几年发展起来的新型自动编程方法。利用 CAD 软件的图形编辑功能，将零件图绘制到计算机上，其几何形状数据储存在数据库中。然后调用数控编程模块，通过人机对话的方式选刀具、走刀路径及工艺参数之后，计算机便可自动进行必要的数学处理并编制出数控加工程序，同时在计算机屏幕上动态地显示出刀具的加工轨迹。这种方法的优点是零件的几何数据已经在 CAD 中建立，省去了像 APT 自动编程时人工编写零件源程序的工作，避免了数据重复输入引起的错误。此外，零件能在各种角度下进行屏幕显示、放大，还可以显示刀具的运动轨迹，用剖切面来检查加工情况以便检查程序中的错误。采用交互式数控编程比用高级语言自动编程大大提高了数控编程的效率，对降低成本、缩短生产周期有明显效果。因此，计算机辅助图形自动编程已经成为目前国内外先进的 CAD/CAE/CAM 软件所普遍采用的数控编程方法。

　　2）系统组成

　　目前，计算机辅助图形自动编程软件的种类很多，如日本的 FAPT、荷兰的 MITURN 等系统。这些软件一般由用户界面、运行控制、数据库管理、几何造型、刀具轨迹生成、刀具轨迹编辑、刀位验证、计算机图形显示及后置处理等部分组成，如图 4-36 所示。

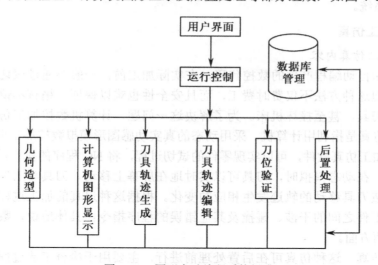

图 4-36　图形自动编程系统组成

　　计算机辅助图形自动编程系统中，数据库是整个模块的基础；用户界面提供给用户一个良好的运行环境；运行控制模块支持用户界面所有的输入方式到各功能模块之间的接口；几何造型完成零件几何图形构建，并在计算机内自动形成零件图形的数据文件；计算机图形显示包括各种曲面的显示、NC 加工特征单元的显示、刀具轨迹显示、加工过程动态仿真显示等；刀具轨迹生成模块根据所选用的刀具及加工方式进行刀位计算，生成数控加工刀位轨迹；刀具轨迹编辑根据加工单元的约束条件，对刀具轨迹进行裁剪、编辑和修改；刀位验证用于检验刀具轨迹的正确性，也用于检验刀具是否与加工单元的约束面发生干涉和碰撞，检验刀具是否啃切加工表面；后置处理用于生成零件加工程序的 G 代码、进给速度、主轴转速等。

3）编程步骤

使用计算机辅助图形自动编程软件，不需要编制零件加工的源程序，用户界面友好，使用方便、直观。其编程步骤如下：

（1）零件图样及加工工艺分析。这是数控编程的基础，目前该项工作仍主要依靠人进行。分析零件的加工部位，确定有关工件的装夹位置、工件坐标系、刀具尺寸、加工路线及加工工艺参数等。

（2）几何造型采用交互图形技术在屏幕上设计零件，将所得的零件几何形状显示在屏幕上，由编程人员用标记的方法指定要加工的几何要素或表面。

（3）刀具轨迹的形成。先定义刀具的初始位置（对刀点），然后选择某种走刀路线，系统就能自动确定刀具的加工轨迹，并在屏幕上动态显示，若有错误，可随时修改，最后得到刀位数据文件或 APT 程序。

（4）生成 NC 代码。编程人员根据具体数控机床指令代码及程序的格式，先编辑好后置处理文件，则上述刀位文件或 APT 程序经后置处理器就可生成数控机床控制器所需的代码。代码可存在磁带或磁盘上，提供给有读带装置或有磁盘驱动器的机床控制系统使用。对于有标准通用接口的机床控制系统，可以和计算机直接联机，由计算机将代码程序直接送给机床控制系统。

5．数控加工仿真

1）数控加工仿真内容

手工编程和自动编程产生的数控代码，在实际加工前，一般要通过试切的方法检查数控的正确性，但这种方法不仅费时费工，而且安全性也难以保证，稍有不慎，就会发生事故，或者损坏刀具，甚至撞坏机床。为了解决这一问题，计算机数控加工仿真技术应运而生。数控加工仿真是指利用计算机，采用动态的真实动感图形模拟数控加工全过程。

利用数控加工仿真软件，可以实现零件的试切过程，将 NC 程序的执行过程在计算机屏幕上显示出来。在动态模拟时，刀具可以实时地在屏幕上移动，刀具与工件接触之处，工件的形状就会按刀具移动的轨迹发生相应的变化。根据这种逼真的加工过程，就可以很容易发现刀具和工件之间的干涉、碰撞及其他错误的程序指令。具体地说，数控加工仿真的内容包括以下两方面。

（1）刀位仿真。这种仿真可在后置处理前进行，主要用于检查工艺过程中加工顺序的合理安排、刀具行程路径的优化、刀具与被加工工件轮廓的干涉。例如铣削时，刀具半径应小于被切轮廓的最大曲率等。这种仿真一般可采用二维动画显示，刀位仿真技术比较成熟而有效，应用普遍。

（2）刀具、夹具、机床、工件间的干涉及碰撞仿真。干涉是指两个元件在相对运动时，一个元件的运动空间受到另一个的影响。碰撞是指两个元件在相对运动时，由于运动空间有干涉而产生碰撞，这种碰撞会造成刀具、工件、机床、夹具等的损坏，是绝对不允许的。

工艺系统由刀具、机床、工件和夹具组成，在加工中心上加工，有换刀和转位等运动，因此在加工时，应检查它们之间的干涉。由于加工是一个动态过程，刀具与工件、夹具、机床之间的相对位置是变化的，工件从毛坯开始经过若干工序的加工，在形状和尺寸上均有变化，因此要进行动态仿真。这种仿真多采用三维实体几何模型仿真，并且要在工

艺系统各组成部分均已确定的情况下进行，难度较大。

动态仿真可以作为支持系统管理的一种有效的工具，它将产品的设计、工艺和制造等各部分的信息集成于产品数据模型中，以满足并行工程的要求。采用数控加工仿真检验 NC 程序能减少程序的调试时间，缩短 NC 程序从编制到投入使用的周期，能代替实际试切过程，避免机床和刀具的损坏，减轻调试人员的劳动强度，保证零件的加工质量，减少制造费用。

2）数控加工仿真系统

数控加工仿真系统应能检查 NC 程序中的各种编制错误，包括程序结构检查、语法检查和词法检查。另外，还应利用 CAD 的图形软件，对零件、刀具、夹具及部分加工机床进行图形描述，按照 NC 程序的顺序进行动态模拟，实际加工过程在计算机屏幕上显示出来，检查因 NC 程序的编制错误而导致加工过程中的过切、欠切现象，以及刀具与夹具的碰撞、刀具与工件的干涉等错误。因此，数控加工仿真系统的功能模块应有如下几种。

（1）几何建模。描述零件、机床（包括工作台或转台、托盘、换刀机械手等）、夹具、刀具等所组成的工艺系统实体。

（2）运动建模。描述加工运动及辅助运动，包括直线、回转及其他运动。

（3）数控程序翻译。仿真系统读入数控程序，进行语法分析，翻译成内部数据结构，驱动仿真机床进行加工过程仿真。

（4）碰撞干涉检查。检查刀具与被切工件轮廓的干涉，刀具、夹具、机床、工件之间的运动碰撞等。

（5）材料切除。考虑工件由毛坯成为零件过程中形状、尺寸的变化。

（6）加工动画。进行二维或三维实体动画仿真显示。

（7）加工过程仿真结果输出。输出仿真结果，进行分析。

4.4.3 CAD/CAPP/CAM 集成及应用软件

1. CAD/CAPP/CAM 集成技术

CAD/CAPP/CAM 系统是现代制造技术的发展方向，经过集成后的 CAD/CAM 的产品生产过程及 CAD/CAM 过程链如图 4-37 所示。根据国内外 CAD/CAPP/CAM 集成技术的研究情况，可以将 CAD/CAPP/CAM 集成系统分为三种类型，即传统、并行工程环境中和虚拟现实环境中的集成系统。

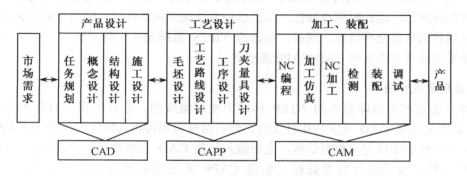

图 4-37 产品生产过程及 CAD/CAM 过程链

（1）传统的集成系统只注重 CAPP 输入数据直接从 CAD 零件数据中提取，而 NC 自动编程及其他 CAM 所需数据直接从 CAPP 和 CAD 数据库中获得。显然集成结果减少了许多中间输入环节，提高了效率。

（2）并行工程强调产品和制造过程同步设计，在此过程中产品设计中制造性不好的部分及时地反馈给设计者并得以及时修改，这样做能大大地减少返工，从而从整体上优化产品设计，更有利于缩短产品的研制周期，提高产品质量和降低成本。

（3）虚拟产品开发是将虚拟现实建模和仿真技术应用于原型产品开发中。虚拟技术的基本特征是沉浸、交互和想象，将它应用于产品开发，主要指标是逼真现实世界。它实际上是在并行工程 CAD/CAPP/CAM 集成系统上增加了虚拟现实可视化仿真，使产品和制造过程等设计人员沉浸在一个逼真的氛围中完成各种过程设计。由于虚拟技术依赖于高性能的计算机设备及软件，因此目前只有汽车等少数行业得以应用，但它是设计制造一体化的发展方向。

长期以来，CAD、CAPP、CAM 各系统中所用的语言、数据库结构、数据调用方式不相同，系统间缺少统一的数据接口，使得 CAD、CAPP、CAM 各个系统都是独立环境下开发的"自动化孤岛"。为了解决 CIMS 环境下的信息集成，必须在 CAD、CAPP、CAM 之间制定数据交换标准，便于实现系统间的数据通信。而就 CAD/CAPP/CAM 集成系统来说，主要指 CAD/CAPP 间及 CAPP/CAM 间的信息集成。

2．CAD/CAPP 集成技术

CAPP/CAM 间的信息集成很容易实现；CAD/CAPP 信息集成的要求是将产品的定义信息全部传给 CAPP，它包含几何信息、拓扑信息、材料信息、公差及其他技术要求信息等。由于当前 CAD 系统不能提供所有的信息，而且从设计和工艺角度对形状特征的定义要求不尽相同，所以 CAD/CAPP 间的集成是当前研究的重点，是实现 CIMS 的前提，也是实现集成中的关键技术和难点。实现 CAD/CAPP 的集成有以下三种方法。

1）专用集成方法

基于几何造型的 CAD/CAPP 系统的专用集成方法是保持现有的体系，着手研究信息转化的方法，使得这两个系统能够搭桥沟通，以实现 CAD/CAPP 的集成。它包括两个功能模块：A 特征识别；B 交互输入。它将 CAD 系统所生成的零件模型中没有而 CAPP 系统又需要的某种加工信息，转化成特定 CAPP 所需的专用格式。这种方法适用于专用零件，工作量小，研制周期短，运行时间也降低，但是这种方法缺少灵活性，不适用于 CIMS 环境下的子系统全网状的信息交换情况。现在，美国的 TIPPS 系统及北京航空航天大学的 EXCAPP 系统都是采用这种方法实现 CAD/CAPP 集成的。

2）通用集成方法

这种方法是利用国际颁布的 STEP 标准来实现集成的。它首先用 STEP 标准格式将 CAD 信息转化成与 CAD 无关的中性文件，然后特征识别再将其转化成与各个 CAPP 系统模块无关的中性的零件定义数据结构，之后输入某些 CAD 系统没有的工艺信息，同样将其生成中性文件，最后进行后置处理，生成 CAPP 系统所需要的文件。清华大学开发的 THCPP 系统是用通用集成方法实现集成的。这种集成方法需要解决各个系统间模型的统一

问题，而且运行效率较低。

3）通过共享数据库

这种方法无须研制任何集成接口，只要将 CAD 系统作为一体化的自动工艺设计系统的一个子系统即可。但是 CAD 子系统必须是基于特征造型的系统。它使用的命令语言是较"几何语言"高级的设计与制造统一的语言，即用于建立零件模型的命令可根据实际需要，将设计结果数据存入在其共享的数据库中，供 CAD、CAPP 系统共享。这种方法省掉了研制 CAD/CAPP 系统间的接口工作，既不需要开发特征识别程序，也无须设计中性的零件定义数据结构，更不存在格式转换问题，运行效率高，但它依赖特征技术。计算机辅助设计（CAD）技术，作为电子信息技术的一个重要组成部分，是促进科研成果的开发和转化、促进传统产业和学科的更新和改造、实现设计自动化、增强企业及其产品在市场上的竞争能力、加速国民经济发展和国防现代化的一项关键性高技术，也是进一步向计算机集成制造（CIMS）发展的重要技术基础。

随着"网络通信的普及化"、"信息处理的智能化"、"多媒体技术的实用化"，随着 CAD 技术的普及应用越来越广泛，越来越深入，CAD 技术向着开放、集成、智能和标准化的方向发展。开放是基础，开放性是决定其能否真正达到实用化、能否真正使之转化为现实生产力的基础。集成是关键，就是向企业提供一体化的解决方案。智能是方向，要真正使产品、工程和系统的质量好、成本低、市场竞争力强，就需要用最好的设计、最好的加工和最好的管理，就需要总结国内外相关产品、工程和系统的设计制造经验和教训，把成功的设计制造经验做成智能设计系统、智能制造系统去指导新产品、新工程和新系统的设计制造，这样才能使我们的产品、工程和系统有创新性。标准化是保障，完善的 CAD 标准体系是指导我国标准化管理部门进行 CAD 技术标准化工作决策的科学依据，是开发制定 CAD 技术各相关标准的基础，也是促进 CAD 技术普及应用的约束手段。因此，在 CAD 应用工程中跟踪国际的相关标准、研究制定符合我国国情的 CAD 标准并切实加以执行，是促进我国 CAD 技术研究开发、推广应用能不断发展的重要保证。研究开发符合国际标准化组织颁布的产品数据转换标准的转换接口，建立符合标准的全局产品数据模型，促进 CAD 技术与国际的交流、合作。

3. CAD/CAM 集成技术

1）CAD/CAM 建模技术

CAD/CAM 的建模（造型）是 CAD/CAM 的技术核心和基础，对 CAD/CAM 的整体技术水平及相关功能的发展有着至关重要的作用。当今流行的商品化 CAD/CAM 系统主要有二维平面或三维线框造型、三维曲面造型和参数化变量化实体造型三种。

（1）二维平面或三维线框造型以 Autodesk 公司的 AutoCAD、北京北航海尔公司的 CAXA 电子图版等为代表，主要解决计算机绘图等初级的基础工作。

（2）以法国 Dassault System 公司的 CATIA 为代表的三维曲面造型方法是 CAD 建模技术发展的一次重大进步，在解决复杂形体单一零件的三维建模方面起着不可替代的作用，特别适合于复杂模具、汽车、飞机等复杂曲面产品的设计与制造。

（3）美国 PTC 公司开发的全尺寸约束、全数据相关、尺寸驱动的参数化软件 Pro/Engineer，SDRC 公司推出的采用更为先进的变量化造型技术的 I-DEAS，革命性地实现了基于特征的实体造型，不仅能够如实反映设计零件的空间几何结构，还能够精确表达零件的质量、质心、材质等属性，统一了 CAD、CAE（计算机辅助工程）、CAM 的模型表达。参数化设计确保了零件、部件、总装，以及二维、三维工程图修改的相关性，完全符合机械设计的自然过程。

2）CAD/CAM 技术发展

CAD/CAM 技术应用经历了以下四个发展阶段：

（1）二维图形设计绘制，实现了"甩图板"的初级目标。

（2）三维曲面、实体造型设计，显著改进了设计图形的可视性。

（3）CAE 应用，通过强度、通风散热、运动仿真等分析工具，可对设计的产品验证，从而进一步优化产品设计。

（4）具有完善的符合国际标准图形数据交换接口的网络化 CAD/CAM 系统集成应用，真正实现了数据共享环境下的设计制造集成。

例如，波音飞机公司通过法国 Dassault System 公司的 1 400 套 CATIA CAD/CAE/CAM 工作站使超过 1 700 人，分布于美国、日本、英国的不同地区，参与 Boeing777 项目的设计工程师、制造工程师、技师及项目管理人员联系在一起并行工作，完成了大型喷气客机 Boeing777 100%数字化设计、制造和装配。设计人员对 Boeing777 的全部零件进行了三维实体造型，并在计算机上对整个 Boeing777 进行了全尺寸的预装配。工程师不必再制造一个物理样机，在预装配的数字样机上即可检查和修改设计中的干涉和不协调。与传统设计、制造和装配流程相比较，Boeing777 项目由于应用 CATIA 而节省了 50%的重复工作和错误修改时间。制造工程师使用同一数据模型设计工艺方案、编制数控加工程序，在数控机床上完成零件加工，设计与制造过程实现无缝连接数据共享。为适应特殊用户的需求，利用 CATIA 的参数化设计，波音飞机公司不必重新设计和建立物理样机，只需进行参数更改，就可以得到满足用户需要的电子样机，用户可以在计算机上进行预览。

3）CAD/CAM 系统支撑软件

国外软件主要有以下几个。

（1）Unigraphics（UG），这是 Siemens PLM Software 公司出品的一个产品工程解决方案，它为用户的产品设计及加工过程提供了数字化造型和验证手段。Unigraphics NX 针对用户的虚拟产品设计和工艺设计的需求，提供了经过实践验证的解决方案。

UG 最早应用于美国麦道飞机公司。它是从二维绘图、数控加工编程、曲面造型等功能发展起来的软件。20 世纪 90 年代初，美国通用汽车公司选中 UG 作为全公司的 CAD/CAE/CAM/CIM 主导系统，这进一步推动了 UG 的发展。1997 年 10 月 Unigraphics Solutions 公司与 Intergraph 公司签约，合并了后者的机械 CAD 产品，将微机版的 SolidEdge 软件统一到 Parasolid 平台上，由此形成了一个从低端到高端，兼有 UNIX 工作站版和 Windows NT 微机版的较完善的企业级 CAD/CAE/CAM/PDM 集成系统。

（2）Pro/Engineer（Creo），这是美国参数技术公司（Parametric Technology Corporation，PTC）的产品。PTC 公司提出的单一数据库、参数化、基于特征、全相关的概念改变了机械 CAD/CAE/CAM 的传统观念，这种全新的概念已成为当今世界机械 CAD/CAE/CAM 领域的新标准。利用该概念开发出来的第三代机械 CAD/CAE/CAM 产品 Pro/Engineer 软件能将设

计至生产全过程集成到一起，让所有的用户能够同时进行同一产品的设计制造工作，即实现了所谓的并行工程。Pro/Engineer 包含 70 多个专用功能模块，如特征造型、产品数据管理 PDM、有限元分析、装配等，被称为新一代的 CAD/CAM 系统。

2010 年 10 月 29 日，PTC 公司宣布，推出 Creo 设计软件，也就是说 Pro/E 正式更名为 Creo。

（3）AutoCAD 及 MDT，其中 AutoCAD 是 Autodesk 公司的主导产品。Autodesk 公司是世界第四大 PC 软件公司。目前在 CAD/CAE/CAM 工业领域内，该公司是拥有全球用户量最多的软件供应商，也是全球规模最大的基于 PC 平台的 CAD 和动画及可视化软件企业。Autodesk 公司的软件产品已被广泛地应用于机械设计、建筑设计、影视制作、视频游戏开发及 Web 网的数据开发等重大领域。

AutoCAD 是当今最流行的二维绘图软件，它在二维绘图领域拥有广泛的用户群。AutoCAD 有强大的二维功能，如绘图、编辑、剖面线、图案绘制、尺寸标注及二次开发等功能，同时有部分三维功能。AutoCAD 提供 AutoLISP、ADS、ARX 作为二次开发的工具，是目前世界上应用最广的 CAD 软件。

MDT（Mechanical Desktop）是 Autodesk 公司在机械行业推出的基于参数化特征实体造型和曲面造型的微机 CAD/CAM 软件，它将三维造型和二维绘图集成到一个环境下，以三维设计为基础，集设计、分析、制造及文档管理等多种功能于一体，为用户提供了从设计到制造一体化的解决方案，是介于大型 CAD/CAM 系统与二维绘图系统之间的一种产品。

MDT 的主要功能特点如下：

① 基于特征的参数化实体造型。用户可十分方便地完成复杂三维实体造型，可以对模型进行灵活的编辑和修改。

② 基于 NURBS 的曲面造型，可以构造各种各样的复杂曲面，以满足如模具设计等方面对复杂曲面的要求。

③ 可以比较方便地完成几百甚至上千个零件的大型装配。

④ MDT 提供相关联的绘图和草图功能，提供完整的模型和绘图的双向连接。

该软件的推出受到广大用户的普遍欢迎。由于该软件与 AutoCAD 同时出自 Autodesk 公司，因此两者完全融为一体，用户可以方便地实现三维向二维的转换。MDT 为 AutoCAD 用户向三维升级提供了一个较好的选择。

（4）I-DEAS，这是美国机械软件行业先驱 SDRC 公司的产品，它集产品设计、工程分析、数控加工、塑料模具仿真分析、样机测试及产品数据管理于一体，是高度集成化的 CAD/CAE/CAM 一体化工具，在国内也有不少用户。近年推出的 Master 系列，在变量几何参数化功能方面及技术上有新的突破。

（5）SolidWorks，这是生信国际有限公司推出的基于 Windows 的机械设计软件。生信公司是一家专业化的信息高速技术服务公司，在信息和技术方面一直保持与国际 CAD/CAE/CAM/PDM 市场同步。该公司提倡的"基于 Windows 的 CAD/CAE/CAM/PDM 桌面集成系统"是以 Windows 为平台，以 SolidWorks 为核心的各种应用的集成，包括结构分析、运动分析、工程数据管理和数控加工等，为中国企业提供了梦寐以求的解决方案。

SolidWorks 是微机版参数化特征造型软件，该软件旨在以工作站版的相应软件价格的 1/4～1/5 向广大机械设计人员提供用户界面更友好、运行环境更大众化的实体造型实用功能。

SolidWorks 是基于 Windows 平台的全参数化特征造型软件，它可以十分方便地实现复杂的三维零件实体造型、复杂装配并生成工程图。图形界面友好，用户上手快。该软件可以应用于以规则几何形体为主的机械产品设计及生产准备工作中，其价位适中。

（6）SolidEdge，这是真正的 Windows 软件，它不将工作站软件生硬地搬到 Windows 平台上，而是充分利用 Windows 基于组件对象模型（COM）的先进技术重写代码。SolidEdge 与 Microsoft Office 兼容，与 Windows 的 OLE 技术兼容，这使得设计师们在使用 CAD 系统时，能够进行 Windows 文字处理、电子报表、数据库操作等。

SolidEdge 具有友好的用户界面，它采用一种称为 SmartRibbon 的界面技术，用户只要按下一个命令按钮，既可以在 SmartRibbon 上看到该命令的具体内容和详细步骤，同时在状态条上提示用户下一步该做什么。

SolidEdge 是基于参数和特征实体造型的新一代机械设计 CAD 系统，它是为设计人员专门开发的、易于理解和操作的实体造型系统。

（7）Cimatron，这是以色列 Cimatron 公司的 CAD/CAM/PDM 产品，是较早在微机平台上实现三维 CAD/CAM 全功能的系统。该系统提供了比较灵活的用户界面，优良的三维造型和工程绘图功能，全面的数控加工技术，各种通用和专用的数据接口，以及集成化的产品数据管理系统。

Cimatron CAD/CAM 系统自从 20 世纪 80 年代进入市场以来，在国际上的模具制造业备受欢迎。近年来，Cimatron 公司为了在设计制造领域发展，着力增加了许多适合设计的功能模块，每年都有新版本推出，市场销售份额增长很快。1994 年北京宇航计算机软件有限公司（BACS）开始在国内推广 Cimatron 软件，从 8.0 版本起进行了汉化，以满足国内企业不同层次技术人员应用需求。用户覆盖机械、铁路、科研、教育等领域，市场前景看好。

国内软件主要有以下几个。

（1）CAXA，由北京数码大方科技股份有限公司供应，主要服务包括数字化设计（CAD）、数字化制造（MES）及产品全生命周期管理（PLM）解决方案和工业云等，涵盖企业设计、制造、营销等产品创新流程所需要的多种工具和服务。

（2）开目 CAD，这是华中理工大学机械学院开发的具有自主版权的基于微机平台的 CAD 和图纸管理软件，它面向工程实际，模拟人的设计绘图思路，操作简便，机械绘图效率比 AutoCAD 高得多。开目 CAD 支持多种几何约束种类及多视图同时驱动，具有局部参数化功能，能够处理设计中的过约束和欠约束的情况。开目 CAD 实现了 CAD、CAPP、CAM 的集成，适合我国设计人员习惯，是全国 CAD 应用工程主推产品之一。

4.5　柔性制造系统

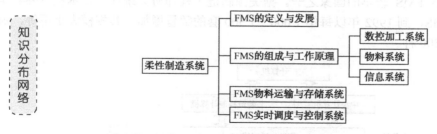

知识分布网络

```
                                    ┌── FMS的定义与发展
                                    │                        ┌── 数控加工系统
                                    ├── FMS的组成与工作原理 ──┼── 物料系统
         柔性制造系统 ──────────────┤                        └── 信息系统
                                    ├── FMS物料运输与存储系统
                                    └── FMS实时调度与控制系统
```

4.5.1　FMS 的定义

在我国有关标准中，FMS 被定义为：由数控加工设备、物流存储装置和计算机控制系统组成的自动化制造系统，它包括多个柔性制造单元，能根据制造任务或生产环境的变化迅速进行调整，适用于多品种、中小批量生产类型。

美国制造工程师协会的计算机辅助系统和应用协会把柔性制造系统定义为：使用计算机、柔性工作站和集成物料存储装置，控制并完成工件族某一工序或一系列工序的一种集成制造系统。

还有更直观的定义是：柔性制造系统是至少由两台机床、一套物料运输系统（从装载到卸载具有高度自动化）和一套计算机控制系统所组成的制造系统，它采用简单的改变软件的方法便能制造出某些部件中的任何零件。

由于柔性制造系统还在发展中，所以其概念尚无统一的定义，但综合起来可以认为：柔性制造系统是在自动化技术、信息技术和制造技术的基础上，通过计算机软件科学，把工厂生产活动的自动化设备有机地集成起来，打破设计和制造的界限，取消图纸、工艺卡片，使产品设计、生产相结合而成的，适用于中小批量和较多品种生产的高柔性、高效率的制造系统。

4.5.2　FMS 的发展

柔性制造系统由统一的信息控制系统、物料贮运系统和一组数字控制加工设备组成，是能适应加工对象变换的自动化机械制造系统 FMS（Flexible Manufacturing System）。图 4-38 为柔性制造系统的组成框图和加工车间。

自从 1967 年英国 Molins 公司研制出"系统 24"（指系统可在无人值守情况下工作 24 h）以来，FMS 的发展、进步和广泛应用，对机械加工行业及工厂自动化技术发展产生了重大影响，并开创了工厂自动化技术应用的新领域，大大促进了计算机集成制造技术 CIMT 的发展和应用。从 20 世纪 60 年代到 90 年代这短短的 30 年间，世界范围内的 FMS 获得了约 15%年增长率的快速发展和应用。FMS 最初是在 20 世纪 60 年代由英国 Molins 公司的雇员 Theo Williamson 提出来的。

在 FMS 领域，美国、西欧和日本居世界之首。美国是发展 FMS 最早的国家，多数由自动生产线改建，用数控加工中心机床代替组合机床并加上计算机控制，其规模一般较大（9～10 台），可加工 3～150 种零件，年产量为 2 000～100 000 件。在美国，特别是柔性制造单元 FMC 得到了快速的发展和应用，据美国"The CIMS Report"报道，20 世纪 90 年代，FMC 已超过了 1 万套。

日本也是发展 FMS 较早的国家之一。据美国制造工程师协会统计，日本从 1984 年开始发展 FMC、FMS，到 1992 年以每年 1 000～1 500 套的数量增加，其规模大小不等，加工零件种类为 10～300 种。

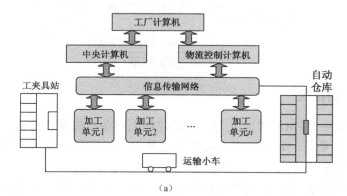

（a）

（b）

（c）

图 4-38　柔性制造系统

德国发展 FMS 的情况与美国、日本有所不同，主要用于中、小规模企业，FMS 规模较小（4～6 台机床），具有较高的柔性，加工零件种类为 50～250 种。意大利、英国及其他一些东欧国家也都发展了自己的 FMS，其水平也相当高。

我国发展和应用 FMC、FMS 系统均较晚，据有关部门统计，1984 年是我国研制 FMS 的起步时间，这个时间比国外晚了 17 年。在国家"七五"重点科技攻关项目的支持和国家 863 高技术发展计划自动化领域工作的带动下，FMS 得到极大的重视和发展，进入了自行开发和部分进口的交叉阶段。1988 年北京机床研究所为天津减速机厂提供的加工减速机座的 JCS-FMS-2 系统是全部自行开发和配套的，它标志着我国自主开发 FMS 系统的起步与应用。

从规模上看，FMS 以 2～6 台机床组成的为最多；从批量上看，以 10～50 件、50～1 000 件为最多；年产量以 3 000～30 000 件为最多。

4.5.3　FMS 的组成与工作原理

FMS 是计算机集成制造系统 CIMS 的制造单元和重要基础，从 CIMS 递阶结构来看，

FMS 包括了其中的底三层，即单元层、工作站层和设备层，所以通常将其称为 CIMS 的制造单元。由于 FMS 强调制造过程的柔性和高效率，因而适用于多品种、中小批量的生产类型。FMS 主要硬件设备有：计算机、数控机床、机器人、托盘、传输线、自动搬运小车和自动化立体仓库等。它实现了企业生产过程中的工程设计、制造和经营管理三大功能中的"制造"功能。

柔性制造系统（FMS）可概括为由以下三个部分组成：多工位的数控加工系统，自动化的物料存储系统和计算机控制的信息系统。

1．加工系统

加工系统的功能是以任意顺序自动加工各种工件，并能自动地更换工件和刀具。通常由若干台对工件进行加工的 CNC 机床和所使用的刀具构成，是 FMS 的基本制造单元。

2．物流系统

在 FMS 中工件和工具流统称为物流，物流系统即物料存储系统，是柔性制造系统的一个重要组成部分。一个工件从毛坯到成品的整个生产过程中，只有相当小的一部分时间是在机床上进行切削加工，大部分时间都是消耗于物料的存储过程中。合理地选择物料存储系统，可以大大减少物料的运送时间，提高整个制造系统的柔性和效率。

物流系统一般由三个部分组成：

（1）输送系统，建立各个加工设备之间的自动化联系。

（2）存储系统，具有自动存取机能，用于调节加工节拍的差异。

（3）操作系统，建立加工系统同物流系统和存储系统之间的自动化联系。

FMS 中物料输送系统与传统的自动化生产线或流水线不同，FMS 的工件输送系统可以不按固定的节拍强迫运送工件，工件的传输也没有固定的顺序，甚至可以是几种工件混杂在一起输送，而且工件输送系统都处于可以进行随机调度的工作状态。

FMS 的物料存储系统一般包含工件装卸站、托盘缓冲站、物料运送装置、中央刀具库、无人运输小车、输送带、搬运机器人和自动化仓库几个部分，主要用来执行工件、刀具、托盘及其他辅助设备与材料的装卸运输和存储工作。

3．信息系统

信息系统包括过程控制和过程监控两个系统，其功能分别为：过程控制系统进行加工系统及物流系统的自动控制；过程监控系统进行在线状态数据的自动采集和处理。信息系统的核心是一个分布式数据库管理系统和控制系统，整个系统采用分级控制结构，即 FMS 中的信息由多级计算机进行处理和控制，其主要任务是：组织和指挥制造流程，并对制造流程进行控制和监视；向 FMS 的加工系统、物流系统（存储系统、输送系统及操作系统）提供全部控制信息并进行过程监视，反馈各种在线检测数据，以便修正控制信息，保证安全运行。

FMS 的工作过程可以这样来描述：柔性制造系统接收到上一级控制系统的有关生产计划信息和技术信息后，由其信息系统进行数据信息的处理、分配并按照所给的程序对物流系统进行控制。

物料库和夹具库根据生产的品种及调度计划信息提供相应品种的毛坯，选出加工所需要的夹具。毛坯的随行夹具由输送系统送出，工业机器人或自动装卸机按照信息系统的指令和工件及夹具的编码信息，自动识别和选择所装卸的工件及夹具，并将其安装到相应的机床上。

机床的加工程序识别装置根据送来的工件及加工程序编码，选择加工所需的加工程序，并进行检验。全部加工完毕后，由装卸及运输系统送入成品库，同时把加工质量、数量信息送到监视和记录装置，随行夹具被送回夹具库。

当需要改变加工产品时，只要改变传输给信息系统的生产计划信息、技术信息和加工程序，整个系统即能迅速、自动地按照新的要求来完成新产品的加工。

中央计算机控制系统中的物料循环、执行进度安排、调度和传送协调等功能。它不断地收集每个工位上的统计数据和其他制造信息，以便做出系统的控制决策。FMS 是在加工自动化的基础上实现物流和信息流的自动化，其"柔性"是指生产组织形式和自动化制造设备对加工任务（工件）的适应性。

4.5.4　FMS 物料运输与存储系统

1. 物流运输系统

FMS 的物流系统主要包括以下三个方面：

（1）原材料、半成品、成品所构成的工件流。

（2）刀具、夹具所构成的工具流。

（3）托盘、辅助材料、备件等所构成的配套件流。

在生产中的物流存储（Material Handling）技术是指有关工件、工具、配套件等的位置及堆置方式变化（移动和存储）的技术。自动物料存储包含在制造自动化系统之间及其内部的物料自动搬运，以及控制、自动装卸及存储两个方面。

FMS 的物流系统主要完成两种不同的工作：一是工件毛坯、原材料、工具和配套件等由外界搬运进系统，以及将加工好的成品及换下来的工具从系统中搬走；二是工件、工具和配套件等在系统内部的搬运和存储。在一般情况下，前者是需要人工干预的，而后者则可以在计算机的统一管理和控制下自动完成。

在 FMS 中，自动化物流系统执行搬运的机构目前比较实用的主要有三种：有轨输送系统（传送带、RGV）；无轨输送系统（AGV，如图 4-39 所示）；机器人传送系统。

2. 存储系统

物料存储设备主要有：自动化仓库（包括堆垛机，如图 4-40 所示）、托盘站和刀具库。自动化立体仓库在制造自动化中占有非常重要的地位，以它为中心组成了一个毛坯、半成品、成品、夹具等的自动存储和自动检索系统，是制造系统物流部分的核心，如图 4-41 所示。国内外的应用经验表明，以自动化仓库为中心的物流管理自动化在加速资金周转、保证生产均衡等诸方面所带来的效益也是巨大的。

立体仓库信息系统是自动化系统的重要组成部分，准确的库存信息是进行正确的物料需求计划的前提与基础，它保证了生产过程的连续性，影响着整个系统的生产计划与控制活动。柔性化制造车间的立体仓库系统一般由 3 级计算机控制，完成系统的自动化控制管理功能，中央计算机将物料需求计划发给立体仓库信息管理计算机，立体仓库信息管理系统具有对现有资源进行分类、存储、库存统计，对出/入库作业合理优化调度，控制通用数据库管理等功能，并进一步控制堆垛机 PLC 自动存取物料。因此，立体仓库信息管理系统是立体仓库进行物资管理、账目管理、货位管理、联网管理等信息管理的中心。立体仓库信息管理系统还具有动态改账及信息修正等功能。当系统出现故障时能及时显示故障信息，显示网络信息，并能定期或不定期地打印各种报表。

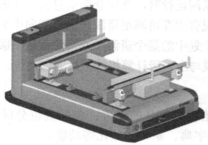

图 4-39　AGV

图 4-40　堆垛机

图 4-41　自动化立体仓库

立体仓库信息管理系统具备以下主要功能。

1）入库

入库包括入库和入库历史记录两个功能。可以通过手工将物料的代码、名称、货位号、货台等信息输入计算机中。

2）出库

出库完成物料的出库管理，包括出库和出库历史记录两个功能。出库提供出库操作的人机界面，出库历史记录完成出库操作的历史记录的档案管理。

3）库存

库存包括货位占用一览、库存价值、清理库存等功能。提供按货位查询物料的情况，并能提供现有库存的价值。

4）联网

当立体仓库信息管理系统与中央计算机系统联网运行时，立体仓库信息管理系统能够接收中央计算机下达的物料资源需求计划等信息。若现有库存可满足资源需求，则向中央计算机系统报告满足资源信息；若现有库存没有资源需求计划中的某个资源，或资源数量不够时，则向中央计算机返回短缺资源信息。该功能项主要完成与上一级计算机的信息通信功能。

5）设置

主要完成立体仓库的货位、货位状态等初始状态信息的设置；包括货位分区、货位号对照、货位分配控制、货台状态控制、资料代码字典、系统初始化等功能。

出、入库管理是整个立体仓库控制管理的核心，其主要完成以下工作：

（1）完成毛坯、毛坯组件、成品、成品组件运输的自动管理和存储；

（2）根据上级计算机的指令和下级设备的反馈，自动将物料通过堆垛机准确地送到指定位置；

（3）堆垛机在取送完立体库中的物料后，立体库的数据库系统自动做出相应的修改；

（4）对物料进行统计并将所得信息按时地传输给数据库。

自动化物料存储设备的选择与生产系统的布局和运行直接相关，且要与生产流程和生产设备的类型相适应，并对生产系统的效率、复杂程度、占用资金多少和经济效益都有较大的影响。

其中堆垛机多用于设有立体仓库的系统。在刚性生产线或组合自动线中自动输送和传输输送比较多，而在柔性自动生产线中以运输小车和机器人作为自动物料搬运设备的比较普遍。物流控制系统包括以下四个部分，如图4-42所示：

（1）上下料站控制系统；

（2）物料识别控制系统；

（3）物料运输控制系统；

（4）自动化仓库控制系统。

4.5.5　FMS 实时调度与控制系统

FMS 调度是影响 FMS 柔性和设备利用率的关键因素。FMS 调度是指在 FMS 环境下，

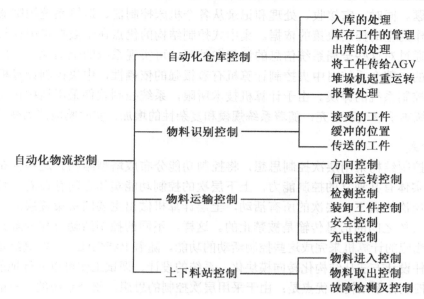

图 4-42　物流控制系统的控制功能

在给定的时间周期内给工作站分派作业的一种决策过程。它的实质是：以人们关心的诸如系统的利用率、平均流通时间、平均延迟等参数作为系统评价指标，安排出使某个或几个指标最大（最小）的工序顺序。

　　FMS 调度问题是从传统的加工车间（Job-Shop）调度问题发展而来的。FMS 调度与传统的加工车间调度比较形似，但有明显的区别，主要表现在：FMS 具有独有的高速传输线和加工柔性。由于 FMS 调度需要考虑可变加工路线、工序顺序和缓冲存储规模的限制等特殊系统特征，因此要求更高。

　　FMS 的实时调度是将一定数量的工件合理地分配给 FMS，实时调度是在系统加工过程中进行的，它根据系统当前的状态及预先给定的优化目标，动态地安排零件的加工顺序，调度管理系统资源。实时动态调度可分为对加工对象的动态排序与对系统资源生产活动的实时动态调度两类。

　　在一台加工设备上有多个零件排队等待加工的情况下，调度系统要根据系统的状态、预先确定的优化目标，确定这些加工零件的加工顺序。

　　由于制造系统随时可能发生一些不可预测的情况（如设备故障、刀具破损等），所以可能打乱原先的静态调度。用动态调度系统对 FMS 进行生产的调度和控制，是 FMS 设计和运行中的一个必不可少的组成部分。在动态调度系统中，各种工件随机地进入系统进行加工，同时又不断有完成加工的工件离开，因此不能像静态调度那样，一次完成排序，而在以后的整个加工过程中将不再改变。

　　FMS 控制系统主要经历了集中式、递阶式、分布式、递阶分布式等体系结构形式的变迁。

　　1）集中式

　　集中式控制系统的体系结构特征是：将所有的控制责任集中在一台大型计算机上，通过指令来对散布在 FMS 环境中的机床控制器、运输系统控制器等实施控制，协调制造过程

中出现的问题。同时，它接收、处理和记录从各个机床控制器、运输系统控制器等发来的信息，以此作为全局控制决策的依据。集中式控制结构的优点在于数据集中存放在统一的数据库中，通过对这些全局系统信息的访问和处理，可实现系统的全局优化。但其缺点也是十分明显的，整个系统对中央控制计算机有着很强的依赖性，中央控制计算机的故障将会导致整个控制系统的瘫痪。由于计算机技术所限，系统控制软件采用结构化编程方法实现，控制系统难于修改和扩充；随着系统规模和复杂性的增加，实时响应能力变差。

2）递阶式

递阶式控制结构采用层次控制思想，将控制功能分布成塔型结构。这些分布在不同层次上的功能实体有其独立的控制能力，上下层次的控制功能实体之间存在着一种"主仆"关系。上一层次协调下一层次的所有活动，上层计算机做出主要的决策逐层向下传递，同层次的功能实体之间的信息传输是被禁止的。这样，不同的控制活动可被分解到不同的计算机上，由相应的计算机来完成这些控制活动的功能。随着 PASCAL、C 等高级语言出现，控制系统软件设计方法从结构化转向模块化。系统的设计、调试工作可以并行地展开。

递阶式控制体系结构的优点是：由于采用层次控制的思想，整个系统的计算能力大幅度提高；控制任务在不同层次上划分，确保了需实时处理的任务及时得到处理；在每一层次上，可以及时处理下层反馈的信息，以及时调整该层次的控制策略，从而提高了控制系统的适应性和应变能力。其缺点表现在：层次之间不可靠的通信连接会引起上层和下层之间信息传递失效；由于层次之间存在很强的"主仆"关系，使得在对控制系统容错能力、可扩充性、资源共享、鲁棒性和动态环境的适应性等问题的处理上出现较大的难度；由于刚性的层次结构和模块之间复杂的依赖关系，使得控制系统在结构上的修改、变更和扩充难以实现。

3）分布式

分布式控制结构是随着分布式计算机和人工智能的发展而出现的一种控制与组织结构。它把制造系统的各种功能模块看成是一个个自治的实体，它们之间没有主从关系，通过消息的传递来实现系统的整体控制。各控制计算机通过通信网络互相联结，系统控制功能的实现和全局决策的制定通过各功能模块的协调和协作完成。局部模块享有充分的自治权，在大部分时间里按照自己的控制策略和行为目标实施控制，只在必要的时候进行协作，确定解决方案和任务的分配。分布式控制结构主要采用自治和协作的方法来解决全局决策问题，是实现制造系统动态重组的技术基础和保证，对于实现敏捷制造具有重要意义。其主要优点为：软件开发的复杂度降低，各模块可以独立开发，容易实现；实体有充分的自治，易于维护和修改；容错性好，局部故障不会影响到其他模块；扩展性好，系统扩展后，加入相应模块就可以实现控制功能，不需要修改现有系统。当然也有缺点：可以实现局部优化，难以实现全局优化；需要较高的网络通信能力和计算能力；目前缺乏相应的商品化软件支持。

4）递阶分布式

FMS 递阶分布式控制体系结构是一种混合控制体系结构。一方面，它采用了递阶控制思想，将控制功能分布成金字塔型结构。其递阶方式采用 MSI（Manufacturing Systems Integration）的三层递阶：最上层为 FMS 控制器，主要由计划与调度和派送与监视模块组成；中间层为单元控制器，主要由内部资源实体组成；底层为设备控制器。这些分布在不同层次上的控制实体具有独立控制对象功能，下一层次实体的活动受到上一层次实体的监视和协调，系统具有全局优化能力，能避免采用完全分布式控制带来的局部优化。另一方面，同一层次的实体具有局部自治能力，它们互相合作，共同完成该层的各种活动，松弛了层次之间的"主仆"关系，具有分布控制的优点。递阶分布式控制体系结构结合了递阶式控制的合理层次性、数据一致性和分布式控制的自治性、报文传输的有效性，使 FMS 的总体结构具有模块性、开放性、软硬件功能兼容性和可扩展性。

4.6　计算机集成制造系统

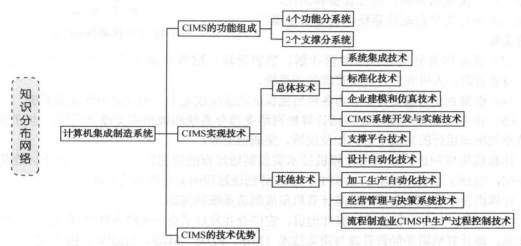

计算机集成制造系统 CIMS（Computer Integrated Manufacturing Systems），是随着计算机辅助设计与制造的发展而产生的。它借助于计算机的硬件、软件技术，综合运用现代管理技术、制造技术、信息技术、自动化技术、系统工程技术，对企业的生产作业、管理、计划、调度、经营、销售等整个生产过程中的信息进行统一处理，并对分散在产品设计制造过程中各种孤立的自动化子系统的功能进行有机地集成，并优化运行，从而缩短产品开发周期、提高质量、降低成本，进而提高企业的柔性、健壮性和敏捷性，使企业在激烈的市场竞争中立于不败之地。它是工厂自动化的发展方向，是未来制造业工厂的模式，是当代生产自动化领域的前沿学科，也是集中多种高新技术为一体的现代化制造技术。

从集成的角度看，早期的计算机集成制造系统侧重于信息集成，而现代集成制造系统的集成概念在广度和深度上都有了极大的扩展，除了信息集成外还实现了企业产品全生命周期中的各种业务过程的整体优化，即过程集成，并发展到企业优势互补的企业之间的集成阶段。

4.6.1　CIMS 的功能组成

根据美国制造业工程师计算机和自动化技术委员会 CASA/SME 发布的展示 CIMS 体系结构的圆轮图，可以用图 4-43 来描述 CIMS 的基本构成。如图所示，CIMS 一般可划分为 4 个功能分系统和 2 个支撑分系统，它们分别是：工程设计自动化分系统、制造自动化分系统、管理信息分系统、质量保证分系统，以及计算机网络支撑分系统和数据库支撑分系统。

（1）工程设计自动化分系统包括产品设计、工程分析、工艺设计、工装设计、数控编程等子系统，它们不仅能支持产品的各项设计活动，也能支持新产品的研究、设计等。工程设计自动化分系统一般主要指CAD/CAPP/CAM。

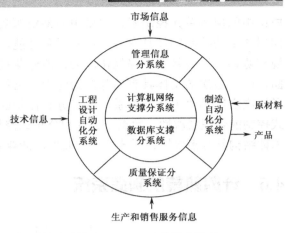

图 4-43　CIMS 的基本构成

（2）制造自动化分系统支持制造现场（车间）的各种活动，包括车间管理、单元调度、工作站及设备的控制；人、财、物的管理等。它不仅包括各种自动化设备和系统，也包括人参与的半自动化系统，甚至手工操作的设备。

（3）管理信息分系统包括经营计划、销售管理、财务成本管理、生产管理、物料管理、设备管理、人事管理、质量管理等子系统。

（4）根据企业的需要将企业内各种质量保证功能集成起来，构成质量保证分系统。

（5）计算机支撑环境主要包括计算机网络支撑分系统和数据库支撑分系统，也可包括支持系统集成运行的集成平台，如位能器、集成框架等。

计算机集成制造系统利用计算机技术实现制造过程的快速化、柔性化，它是制造发展的基础，包括了 CAD、CAM、CAPP、FMS 等制造过程的必备的制造方法。

计算机技术和企业集成技术是计算机集成制造系统的基础。

CIMS 是一门综合性技术，具体地讲，它综合并发展了企业生产各环节有关的计算机辅助技术，即计算机辅助经营管理与决策技术（MIS、PDM、MRP、MRPⅡ、ERP 等）、计算机辅助设计与工程分析技术、计算机辅助工艺设计（GT、CAD、CAE、CAPP 等）、计算机辅助制造与控制技术（CAM、DNC、FMC、FMS 等）、自动化物流储运技术（工业机器人、AGV、立体仓库等）、信息集成技术（网络、数据库等）、计算机仿真实验技术、计算机辅助质量管理与控制等。这些就是 CIMS 的关键技术，也是主要的研究内容。

4.6.2　CIMS 的实现技术

基于 CIMS 的理念与内涵不断开拓，CIMS 技术也持续发展。目前，CIMS 技术已经从"设计、管理、加工生产等技术孤岛"发展为集成的 CIMS 技术系，主要表现在下述方面。

1. 总体技术

（1）系统集成技术：包括设计、生产、管理及后勤等子系统之间的集成技术，企业中的三要素（人/组织、经营管理和技术）及三流（信息流、物流和价值流）的集成技术等。

（2）标准化技术：包括产品信息标准、过程信息标准、数据交换与格式标准、图形标准及零件库标准等技术。

（3）企业建模和仿真技术：包括企业功能、信息流、工作流、资源及组织模型等的建立、确认及其仿真技术。

（4）CIMS 系统开发与实施技术：企业诊断、需求分析、系统设计、组织实施、质量保

证及效益评价等技术。

2．其他技术

（1）支撑平台技术：包括网络、数据库、集成平台框架、计算机辅助软件工程、产品数据管理 PDM、计算机支持协同工作及人/机接口等技术。

（2）设计自动化技术：包括计算机辅助设计 CAD、计算机辅助制造 CAM、计算机辅助工艺 CAPP、计算机辅助工程 CAE、基于仿真的设计 SBD，面向下游工作的设计 DFX 及虚拟样机等。

（3）加工生产自动化技术：包括 DNC、CNC、FMC、FMS，虚拟加工及快速成型制造 RPM 技术等。

（4）经营管理与决策系统技术：包括狭义的管理信息系统 MIS、办公自动化 OA、制造资源规划 MRPⅡ、准时生产 JIT、计算机辅助质量控制 CAQ、业务流程重组 BPR、企业资源规划 ERP、动态企业建模 DEM、供应链及电子商务等技术。

（5）流程制造业 CIMS 中生产过程控制技术：包括过程检测、先进控制、故障诊断，以及面向生产目标的建模、优化与集成控制技术等。

4.6.3 CIMS 的技术优势

1．保障和提高新产品开发质量

CIMS（包括并行工程和虚拟制造技术等）使企业提高了产品创新设计的深度，有利于提高企业产品的技术含量。CIMS 建立了企业从产品设计、生产制造，到经营管理全方位的计算机集成制造环境，做到了企业信息流、物流、资金流的集成。市场综合反馈信息在 CIMS（MIS 部分，管理信息分系统）的支持下，迅速反馈到 CIMS 过程设计自动化分系统（CAD/CAPP/CAM/CAE），产品设计人员在 PDM（产品数据管理）、CAD 等系统支持下，综合产品过去设计成果及各项信息（包括零部件明细、价格、供货质量、生产加工能力等），在 MIS 的市场综合反馈信息的推动下，就能不断地设计出更加满足市场需求的高质量、低成本、适销对路的产品。

2．缩短了新产品的上市周期

CIMS 是一个集成化的生产模式，覆盖了市场分析、经营决策、新产品研制、工程设计、加工制造、库存供应、质量保证、售后服务等整个制造业的活动，并力图实现三流集成。在这种环境支持下，通过企业信息的快速流动，加速了产品的设计周期。同时，由于在设计时参考了产品的可制造性等特性，在 MIS 及制造自动化系统的支持下，也极大地提高产品的生产及销售分派效率，这些都促进了企业新产品上市周期的显著改善。

3．经营管理科学化，同时降低产品的成本

在经营管理方面，使企业的经营决策和生产管理趋于科学化。使企业能够在市场竞争中，快速、准确地报价，赢得时间；在实际生产中，解决"瓶颈"问题，减少再制品，同时，降低了库存资金的占用。调查材料表明，采用计算机集成制造系统后，企业新产品的各项因素发生了明显的变化。

4.7 物联网技术

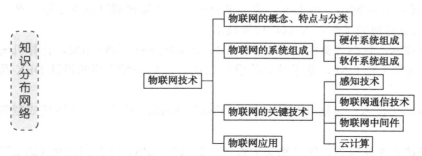

物联网 IOT（The Internet of Things）被看做是信息领域的一次重大发展与变革，在未来5～15 年中为解决现代社会问题将得到广泛应用。2009 年以来，美国、欧盟、日本等纷纷出台物联网发展计划，进行相关技术和产业的前瞻布局，我国"十二五"规划中也将物联网作为战略性新兴产业予以重点关注和推进。但整体而言，无论国内还是国外，物联网的研究和开发都还处于起步阶段，不同领域的专家、学者对物联网研究的起点各异，关于物联网的定位和特征的认识还未能统一，对于其框架模型、标准体系和关键技术都还缺乏清晰化的界定。

4.7.1 物联网的概念、特点与分类

物联网自从其诞生以来，已经引起巨大关注，被认为是继计算机、互联网、移动通信网之后的又一次信息产业浪潮。

1. 物联网的定义

有关资料表明，国内外普遍认为物联网是麻省理工学院 Ashton 教授于 1999 年最早提出来的，其理念是基于射频识别 RFID 技术、电子代码 EPC 等技术，在互联网的基础上，构造一个实现全球物品信息实时共享的实物互联网，即物联网。此设想有两层意思：第一，物联网的核心和基础是互联网，是在互联网基础上的延伸和扩展的网络；第二，其用户端延伸和扩展到了任何物体与物体之间，并进行信息交换和通信。

首先从技术角度理解，物联网是指物体的信息通过智能感应装置，经过传输网络，到达指定的信息处理中心，最终实现物与物、人与物之间的自动化信息交互与处理的一种智能网络。其次从应用角度理解，物联网是指把世界上所有的物体都连接到一个网络中，形成"物联网"，然后"物联网"又与现有的"互联网"结合，实现人类社会与物理系统的整合，从而以更加精细和动态的方式去管理生产和生活。最后一个通俗理解，物联网则是将无线射频识别和无线传感器网络结合使用，为用户提供生产生活的监控、指挥调度、远程数据采集和测量、远程诊断等方面服务的网络。

目前国内外对物联网还没有一个统一公认的标准定义，但从物联网的本质分析，物联网是现代信息技术发展到一定阶段后，才出现的一种聚合性应用与技术提升，它是将各种感知技术、现代网络技术和人工智能与自动化技术聚合与集成应用，使人与物进行智慧对话，创造一个智慧的世界。因此，物联网技术的发展几乎涉及了信息技术的方方面面，是

一种聚合性、系统性的创新应用与发展，因此被称为是信息产业的第三次革命性创新。其本质主要体现在三个方面：一是互联网特征，即对需要联网的物一定要能够实现互联互通的互联网络；二是识别与通信特征，即纳入物联网的"物"一定要具备自动识别、物物通信的功能；三是智能化特征，即网络系统应具有自动化、自我反馈与智能控制的特点。

总体上物联网可以概括为：通过传感器、射频识别技术、全球定位系统等，实时采集任何需要监控、连接、互动的物体或过程的声、光、热、电、力学、化学、生物、位置等各种需要的信息，通过各种可能的网络接入，实现物与物、物与人的泛在连接，从而实现对物品和过程的智能化感知、识别和管理。

因此，把物联网初步定义为是通过射频识别 RFID、红外感应器、光扫描器等信息传感设备，按约定的协议，把任何物体与互联网相连接，进行信息交换和通信，以实现对物体的智能化识别、定位、跟踪、监控和管理的一种网络。

2．物联网的属性及特点

目前，物联网的核心要素可以归纳为感知、传输、智能、控制 4 个重要属性。

（1）全面感知：物联网是针对具有全面感知能力的物体及人的互联集合，是利用 RFID、传感器、二维码等智能感知设备读取有效信息并具有自组织的网络结构，排除了传统网络的主从关系体系。

（2）可靠传输：通过各种信息网络以及互联网，遵循规范的通信协议，通过软件及硬件实现对物体信息实时、准确的传送。

（3）智能处理：利用数据融合及处理、云计算等各种计算技术，对海量的分布式数据信息进行分析、融合及处理，向用户提供信息支持，最终实现对物品（包括人）的智能化识别、定位、跟踪、监控和管理等功能。

（4）自动控制：利用模糊识别等智能控制技术对物体实施智能化控制和利用，最终形成物理、数字、虚拟世界和现实社会共生互联的智能社会。

3．无线传感网

以互联网为代表的计算机网络技术是 20 世纪计算机科学的一项伟大成果，它给我们的生活带来了深刻的变化。然而，现阶段的网络仍停留在虚拟时代，在网络世界中很难感知现实物理世界。传感网络正是在这样的背景下应运而生的全新网络技术，它综合了传感器、低功耗、通讯以及微机电等技术。

传感网的定义是：由若干具有无线通信与计算能力的感知节点，通过自组织的方式构成无线网络。该系统以网络为信息传递载体，实现对物理世界的全面感知。其突出特点是：全面感知、智能处理。

我国现代意义的无线传感网及其应用研究几乎与发达国家同步启动，1999 年首次正式出现于中国科学院《知识创新工程试点领域方间研究》的信息与自动化领域研究报告中，是该领域提出的五个重大项目之一。

传感网是物联网的四大技术和应用之一，其关系如图 4-44 所示，物联网的范畴大于传感网。

4．泛在网络

在日渐发达的通信技术、信息技术、射频识别技术等新技术的不断催生下，一种能够

实现人与人、人与机器、人与物甚至物与物之间直接沟通的泛在网络架构——U 网络正日渐清晰，并逐步走进了人们的日常生活。

U 网络来源于拉丁语的 Ubiquitous，是指无所不在的网络，又称泛在网。最早提出 U 战略的日本、韩国给出的定义是：无所不在的网络社会将是由智能网络、最先进的计算技术以及其他领先的数字技术基础设施装备而成的技术社会形态。根据这样的构想，U 网络将以"无所不在""无所不包""无所不能"为基本特征，帮助人类实现"4A"化通信，即在任何时间（anytime）、任何地点（anywhere）、任何人（anyone）、任何物（anything）都能顺畅地通信。"4A"化通信能力仅是 U 社会的基础，更重要的是建立 U 网络之上的各种应用。

物联网、传感网、泛在网这三个概念之间的关系如图 4-45 所示

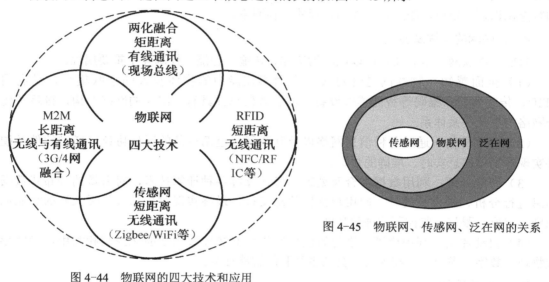

图 4-44　物联网的四大技术和应用

图 4-45　物联网、传感网、泛在网的关系

5．RFID、EPC 和 ZigBee 技术

RFID 即射频识别，俗称电子标签，可以快速读写、长期跟踪管理，被认为是 21 世纪最有发展前途的信息技术之一。作为一种自动识别技术，RFID 通过无线射频方式进行非接触双向数据通信对目标加以识别，与传统的识别方式相比，RFID 技术无需直接接触、无需光学可视、无需人工干预即可完成信息输入和处理，且操作方便快捷。它能够广泛应用于生产、物流、交通、运输、医疗、防伪、跟踪、设备和资产管理等需要收集和处理数据的应用领域，并被认为是条形码标签的未来替代品。

EPC（Electronic Product Code），即产品电子代码，1999 年它由美国麻省理工学院教授提出。EPC 的载体是 RFID 电子标签，并借助互联网来实现信息的传递。EPC 旨在为每一件单品建立全球的、开放的标识标准，实现全球范围内对单件产品的跟踪与追潮，从而有效提高供应链管理水平、降低物流成本，是一个完整的、复杂的、综合的系统。

ZigBee 技术是一种近距离、低复杂度、低功耗、低速率、低成本的双向无线通信技术。它主要用于短距离、低功耗且传输速率不高的各种电子设备之间进行数据传输以及典型的有周期性数据、间歇性数据和低反应时间数据传输的应用。与蓝牙技术类似，它是一

种新兴的短距离无线技术，用于传感控制应用，是一种高可靠的无线数据传输网络，类似于 CDMA 和 GSM 网络，并且数据传输模块类似于移动网络基站。其通信距离从标准的 75 m 到几百米、几公里不等，并且支持无限扩展。

串口是计算机上一种非常通用的设备通信协议，可以在使用一根线发送数据的同时用另一根线接收数据，并且能够实现远距离通信。大多数计算机包含两个基于 RS-232 的串口。串口同时也是仪器仪表设备通用的通信协议，很多兼容的设备也带有 RS-232 串口。同时，串口通信协议也可以用于获取远程采集设备的数据。

以太网最早由施乐（Xerox）公司创建，在 1980 年开发成为一个标准。以太网是应用最为广泛的局域网，包括标准的以太网（10 Mbit/s）、快速以太网（100 Mbit/s）和 10 G（10 Gbit/s）以太网，采用的是 CSMA/CD 访问控制法，它们都符合 IEEE 802.3。

6. 物联网的分类

物联网还谈不上具体分类，下面仅从用户范畴、应用类型及接入方式进行讨论。

（1）按照用户范畴进行划分，物联网分为公用物联网和专用物联网。公用物联网是指为满足大众生活和信息需求提供物联网信息服务的网络结构；专用物联网是满足特定需求，如企业、团体、个人特色应用及军事应用等具有针对性地提供专业性业务服务的物联网。

（2）按照应用类型进行划分，有数据采集应用、自动化控制应用、日常便利应用及定位类应用等物联网。

（3）按接入网络的方式进行划分，物联网分为简单接入网络和多跳接入网络。简单接入网络在感知设施获取信息后，直接通过有线或无线方式将数据直接发送至承载网。简单接入方式主要用于终端设备分散的应用场合，现行 RFID 读写设备主要采用简单接入方式。多跳接入网络是利用传感网（WSN）技术，将具有无线通信与计算能力的微小传感器节点通过自组织方式，根据环境变化自动完成网络自适应组织和数据的传送。当节点间距较短时，可采用多跳方式进行通信，然后将数据通过接入网管传送到承载网络。多跳接入方式适用于终端设备相对集中、终端与网络间数据传输量较小的场合。采用多跳接入方式可以降低末端感知节点、接入网和承载网络的建设投资及应用成本，提高接入网络的健壮性。对于某个实际应用，这两个方式可以混合使用。

物联网应该提供的服务类型是设计和验证物联网体系结构与物联网系统性能要求的主要依据。在实际设计中可以根据不同领域的物联网应用要求，针对以上服务类型进行相应的扩展和设计。现阶段物联网的分类主要有 5 类：

（1）联网类服务：物的标识、定位和通信；

（2）信息类服务：信息采集、存储和信息操作（如查询）；

（3）操作类服务：远程配置、远程检测、远程操作和远程控制；

（4）安全类服务：用户管理、访问控制、事件报警、入侵检测和攻击防御；

（5）管理类服务：故障诊断、性能优化、系统升级和计费管理服务。

4.7.2 物联网系统组成

1. 硬件系统组成

物联网硬件平台由传感网、核心承载网和信息服务系统等几个部分组成，其中传感网

包括感知节点和末梢网络。

1）感知节点

感知节点完成物联网应用的数据采集和设备控制等功能，主要由 RFID 射频读写器、控制器和传感器组成。其综合了传感器技术、嵌入式计算技术、智能组网技术及无线通信技术、分布式信息处理技术等，能够通过各类集成化的微型传感器协作地实时监测、感知和采集各种环境或监测对象的信息，通过嵌入式系统对信息进行处理，并通过随机自组织无线通信网络以多跳中继方式将所感知信息传送到接入层的基站节点和接入网关，最终到达信息应用服务系统。

感知节点的组成包括 4 个基本单元：传感单元、处理单元、通信单元和电源供电单元。

传感单元由传感器和模数转换功能模块组成，如 RFID、二维码识读设备、温感设备；处理单元由嵌入式系统构成，包括 CPU 微处理器、存储器、嵌入式操作系统等；通信单元由无线通信模块组成，可实现末梢节点间以及它们与汇聚节点间的通信。

2）末梢网络

末梢网络即接入网络，包括汇聚节点、接入网关等，完成应用末梢感知节点的组网控制和数据汇聚，或完成向感知节点发送数据的转发等功能。也就是在感知节点之间组网之后，如果感知节点需要上传数据，则将数据发送给汇聚节点（基站）。汇聚节点收到数据后，通过接入网关完成和承载网络的连接；当用户应用系统需要下发控制信息时，接入网关接收到承载网络的数据后，由汇聚节点将数据发送给感知节点，完成感知节点与承载网络之间的数据转发和交互功能。

3）核心承载网

核心承载网的种类多样，主要承担接入网与信息服务系统之间的数据通信任务。根据具体应用需要，承载网可以是公共通信网，如 2G、3G、4G 移动通信网，WiFi，WiMAX，互联网，以及企业专用网，甚至是新建的专用于物联网的通信网。

4）信息服务系统

信息服务系统的硬件设施主要负责信息的处理和决策支持。物联网信息服务系统硬件设施由各种应用服务器（包括数据库服务器）组成，还包括用户设备（如 PC、手机）、客户端等，主要用于对采集数据的融合/汇聚、转换、分析，以及对用户呈现的适配和事件的触发等。对于信息采集，由于从感知节点获取的是大量的原始数据，这些原始数据对于用户来说只有经过转换、筛选、分析处理后才有实际价值。对这些有实际价值的信息，服务器根据用户端设备进行信息呈现的适配，并根据用户设置触发相关的通知信息；当需要对末端节点进行控制时，信息服务系统硬件设施生成控制指令并发送，以便进行控制。针对不同的应用将设置不同的应用服务器。

2. 软件系统组成

软件系统是物联网的神经系统。不同类型的物联网，其用途是不同的，软件系统平台也不相同，但软件系统的实现技术与硬件平台密切相关。一般来说，物联网软件平台建立在分层的通信协议体系之上，通常包括数据感知系统软件、中间件系统软件、网络操作系

统（包括嵌入式系统）以及物联网管理和信息中心（包括机构物联网管理中心、国家物联网管理中心、国际物联网管理中心及其信息中心）的管理信息系统 MIS（Management Information System）等。

1）数据感知系统软件

数据感知系统软件主要完成物品的识别和物品 EPC 码的采集和处理，主要由企业生产的物品、物品电子标签、传感器、读写器、控制器、物品代码（EPC）等部分组成。存储有 EPC 码的电子标签在经过读写器的感应区域时，其中的物品 EPC 码会自动被读写器捕获，从而实现 EPC 信息采集的自动化，所采集的数据交由上位机信息采集软件进行进一步处理，如数据校对、数据过滤、数据完整性检查等。这些经过整理的数据可以为物联网中间件、应用管理系统使用。对于物品电子标签，国际上多采用 EPC 标签，用 PML 语言来标记每一个实体和物品。

2）中间件系统软件

中间件是位于数据感知设施（读写器）与在后台应用软件之间的一种应用系统软件。中间件具有两个关键特征：一是为系统应用提供平台服务，这是一个基本条件；二是需要连接到网络操作系统，并保持运行工作状态。中间件为物联网应用提供一系列计算和数据处理功能，主要任务是对感知系统采集的数据进行捕获、过滤、汇聚、计算，以及数据校对、解调、数据传送、数据存储和任务管理，减少从感知系统向应用系统中心传送的数据量。同时，中间件还可提供与其他 RFID 支撑软件系统进行互操作等功能。引入中间件使得原先后台应用软件系统与读写器之间非标准的、非开放的通信接口，变成了后台应用软件系统与中间件之间，读写器与中间件之间的标准的、开放的通信接口。

一般情况下，物联网中间件系统包含有读写器接口、事件管理器、应用程序接口、目标信息服务和对象名解析服务等功能模块。

（1）读写器接口：物联网中间件必须优先为各种形式的读写器提供集成功能。协议处理器确保中间件能够通过各种网络通信方案连接到 RFID 读写器。RFID 读写器与其应用程序间通过普通接口相互作用的标准，大多数采用由 EPC—global 组织制定的标准。

（2）事件管理器：事件管理器用来对读写器接口的 RFID 数据进行过滤、汇聚和排序操作，并通告数据与外部系统相关联的内容。

（3）应用程序接口：应用程序接口是应用程序系统控制读写器的一种接口，它需要中间件能够支持各种标准的协议（如支持 RFID 以及配套设备的信息交互和管理），同时还要屏蔽前端的复杂性，尤其是前端硬件（如 RFID 读写器等）的复杂性。

（4）目标信息服务：目标信息服务由两部分组成，一个是目标存储库，用于存储与标签物品有关的信息并使之能用于以后的查询；另一个是提供由目标存储库管理的信息接口的服务引擎。

（5）对象名解析服务：对象名解析服务 ONS 是一种目录服务，主要是将对每个带标签的物品所分配的唯一编码，与一个或者多个拥有关于物品更多信息的目标信息服务的网络定位地址进行匹配。

3）网路操作系统

物联网通过互联网实现物理世界中任何物品的互联，在任何地方、任何时间可识别任何物品，使物品成为附有动态信息的"智能产品"，并使物品信息流和物流完全同步，从而为物品信息共享提供一个高效、快捷的网络通信及云计算平台。

4）物联网信息管理系统

物联网也要管理，类似于互联网上的网络管理。目前，物联网大多数是基于 SNMP 建设的管理系统，这与一般的网络管理类似。因此，提供对象名解析服务 ONS 很重要。ONS 类似于互联网的 ONS，要有授权，并且有一定的组成架构。它能把每一种物品的编码进行解析，再通过 URL 服务获得相关物品的进一步信息。

物联网管理机构，包括企业物联网信息管理中心、国家物联网信息管理中心以及国际物联网信息管理中心。企业物联网信息管理中心负责管理本地物联网，它是最基本的物联网信息服务管理中心，为本地用户单位提供管理、规划及解析服务。国家物联网信息管理中心负责制定和发布国家总体标准，负责与国际物联网互联，并且对现场物联网管理中心进行管理。国际物联网信息管理中心负责制定和发布国际框架性物联网标准，负责与各个国家的物联网互联，并且对各个国家的物联网信息管理中心进行协调、指导、管理等工作。

4.7.3　物联网的关键技术

物联网技术涵盖了从信息获取、传输、存储、处理直至应用的全过程，可以将实现物联网的关键技术归纳为感知技术、物联网通信技术（主要为传感网技术和通信技术）、物联网中间件技术、数据融合与智能技术、云计算技术等。

1. 感知技术

感知技术是实现物联网的基础，它包括用于感知和识别的电子标签、传感器、智能化传感网节点技术等。

1）电子标签

在感知技术中，电子标签用于对采集点信息进行标准化标识，通过射频识别读写器、二维码识读器等实现物联网应用的数据采集和设备控制。射频识别是一种非接触式的自动识别技术，属于近程通信。RFID 通过射频信号自动识别目标对象并获取相关数据，识别过程无需人工干预，可工作于各种恶劣环境。RFID 技术还可识别高速运动物体并可同时识别多个标签，操作快捷方便。RFID 技术与互联网、通信等技术相结合，可实现全球范围内的物品跟踪与信息共享。

目前，RFID 还存在许多技术难点与问题，主要集中在：RFID 反碰撞、防冲突问题；RFID 天线研究；工作频率的选择；安全与隐私等方面。

2）传感器

传感器用于感知信息采集点的环境参数。传感器可以感知热、力、光、电、声、位移等信号，为物联网系统的处理、传输、分析和反馈提供最原始的数据信息。随着电子技术的不断进步，传统的传感器正逐步实现微型化、智能化、信息化、网络化。同时，也正经

历着一个从传统传感器（Dumb Sensor）到智能传感器（Smart Sensor）再到嵌入式 web 传感器（Embedded Web Sensor）不断丰富和发展的过程。

　　3）智能化传感网节点技术

　　所谓智能化传感网节点，是指一个微型化的嵌入式系统。在感知物质世界及其变化的过程中，需要检测的对象很多，例如温度、压力、湿度、应变等，因此需要微型化、低功耗的传感网节点来构成传感网的基础层支持平台。所以，需要针对低功耗传感网节点设备的低成本、低功耗、小型化、高可靠性等要求，研制低速、中高速传感网节点核心芯片，以及集射频、基带、协议、处理于一体，具备通信、处理、组网和感知能力的低功耗片上系统。针对物联网的行业应用，研制相应的系列节点设备。这不但需要采用 MEMS 加工技术，设计符合物联网要求的微型传感器，使之可识别、配接多种敏感元件，并适用于各种主被动检测方法。另外，传感网节点还应具有强抗干扰能力，以适应恶劣工作环境的需求；重要的是如何利用传感网节点具有的局域信号处理功能，在传感网节点附近局部完成一定的信号处理，使原来由中央处理器实现的串行处理、集中决策的系统，成为一种并行的分布式信息处理系统，这还需要开发基于专用操作系统的节点级系统软件。

　　2．物联网通信技术

　　物联网的工作范围可以分成两类：一是体积小、能量低、存储容量小、运算能力弱的智能小物体的互联，即传感网；二是没有约束机制的智能终端互联，如智能家电、视频监控等。

　　1）传感网技术

　　传感网 WSN 是集分布式数据采集、传输和处理技术于一体的网络系统。物联网正是通过遍布在各个角落和物体上的形形色色的传感器节点，以及由它们组成的传感网来感知整个物质世界的。目前，面向物联网的传感网主要涉及以下几项关键技术：传感网体系结构及底层协议、协同感知技术、对传感网自身的检测与自组织、传感网安全及 ZigBee 技术等。

　　（1）就传感网体系结构及底层协议而言，传感网体系结构可以由分层的网络通信协议、传感网管理以及应用支撑技术三部分组成。其中，分层的网络通信协议结构类似于 TCP/IP 协议体系结构；传感网管理技术主要是对传感器节点自身的管理以及用户对传感网的管理；在分层协议和网络管理技术的基础上，支持传感网的应用支撑技术。

　　（2）协同感知技术包括分布式协同组织结构、协同资源管理、任务分配、信息传递等关键技术，以及面向任务的动态信息协同融合、多模态协同感知模型、跨层协同感知、协同感知物联网基础体系与平台等。只有依靠先进的分布式测试技术与测量算法，才能满足日益提高的测试、测量需求。这显然需要综合运用传感器技术、嵌入式计算机技术、分布式数据处理技术等，协作地实时监测、感知和采集各种环境或监测对象的信息，并对其进行处理、传输。

　　（3）对传感网自身的检测与自组织技术非常重要，因为传感网是整个物联网的底层及数据来源，网络自身的完整性、完好性和效率等性能至关重要。因此，需要对传感网的运行状态及信号传输通畅性进行良好监测，才能实现对网络的有效控制。在实际应用中，传感网中存在大量传感器节点，密度较高，当某一传感网节点发生故障时，网络拓扑结构有可能会发生变化。因此，设计传感网时应考虑其自身的自组织能力、自动配置能力及可扩展能力。

（4）除了具有一般无线网络所面临的信息泄漏、数据篡改、重放攻击、拒绝服务等多种威胁之外，还面临传感网节点容易被攻击者物理操纵并获取存储在传感网节点中的信息，从而控制部分网络的安全威胁。这显然需要建立起物联网网络安全模型来提高传感网的安全性能。

（5）ZigBee 技术是基于底层 IEEE 802.15.4 标准，用于短距离范围、低数据传输速率的各种电子设备之间的无线通信技术，它定义了网络/安全层和应用层。

2）核心承载网通信技术

目前，有多种通信技术可供物联网作为核心承载网络选择使用，可以是公共通信网，如 2G、3G/B3G 移动通信网，互联网，无线局域网，企业专用网，也可以是新建的专用于物联网的通信网，包括下一代互联网。

3）互联网技术

若将物联网建立在数据分组交换技术基础之上，则将采用数据分组网（即 IP 网）作为核心承载网。其中，IPv6 作为下一代 IP 网络协议，具有丰富的地址资源，能够支持动态路由机制，可以满足物联网对网络通信在地址、网络自组织以及扩展性方面的要求。但是，由于 IPv6 协议栈过于庞大复杂，不能直接应用到传感器设备中，需要对 IPv6 协议栈和路由机制进行相应的精简，才能满足低功耗、低存储容量和低传送速率的要求。目前有多个标准组织进行了相关研究，IPSO 联盟已于 2008 年 10 月发布了一款最小的 IPv6 协议栈 IPv6。

3. 物联网中间件

在物联网系统中，编码后的标签经过读写器捕获，再将标签中的信息传送给物品管理网络，除了进行必要的多标签识别和防碰撞控制、解析域名及发布信息外，RFID 中间件在整个结构及运转过程中起着类似桥梁的作用。

物联网中间件负责实现与 RFID 硬件以及配套设备的信息交互和管理，同时作为一个软硬件集成的桥梁，完成上层复杂应用的信息交换。它是 RFID 应用框架中相当重要的一环，总的来说，物联网中间件起到一个中介的作用，它屏蔽了前端硬件的复杂件，并把采集的数据发送到后端的 IT 系统。

具体而言，物联网中间件的作用主要包括两个方面：一是操纵控制 RFID 读写设备按照预定的方式工作，保证不同读写设备之间很好地配合协调；二是按照一定的规则筛选、过滤数据，筛除大部分冗余数据，将真正有效的数据传送给后台的信息系统。从应用程序端使用中间件所提供的一组通用的应用程序接口 API，即能连到 RFID 读写器读取 RFID 标签数据，简化了维护工作。

4. 云计算

云计算是通过网络将庞大的计算处理程序自动分拆成无数个较小的子程序，再交由多个服务器所组成的庞大系统，经搜寻、计算分析之后将处理结果回传给用户。通过云计算技术，网络服务提供者可以在数秒之内处理数以千万计甚至数以亿计的数据，达到与超级计算机具有同样强大效能的网络服务。

云计算是分布式计算技术的一种，可以从狭义和广义两个角度理解。狭义云计算是指 IT 基础设施的交付和使用模式，指通过网络以按需、易扩展的方式获得所需的网络资源；

广义云计算是指服务的交付和使用模式，指通过网络以按需、易扩展的方式获得所需的服务。这种服务可以是与 IT 软件、互联网相关的，也可以是任意其他的服务，它具有超大规模、虚拟化、可靠安全等独特功效。

云计算的核心是要提供服务。例如，Microsoft 的云计算有三个典型特点："软件+服务"、平台战略和自由选择。未来的互联网世界将会是"云+端"的组合，用户可以便捷地使用各种终端设备访问云端中的数据和应用，这些设备可以是便携式计算机和手机，甚至是电视等大家熟悉的各种电子产品。同时，用户在使用各种设备访问云中服务时，得到的是完全相同的无缝体验。

4.7.4　物联网的应用

感知、传输、应用三个环节构成了物联网产业的关键要素：感知（识别）是基础和前提；传输是平台和支撑；应用则是目的，是物联网的标志和体现。物联网的发展不仅需要技术，更需要应用，应用是物联网发展的强大推动力。

物联网的应用领域非常广阔，遍及智能交通、环境保护、政府工作、公共安全、安居管理、智能消防、工业检测、农业管理等多个领域，从日常的家庭个人应用，到工业自动化应用，以及军事反恐、城建交通等。当物联网与互联网、移动通信网相连时，可随时随地地全方位"感知"对方，人们的生活方式将从"感觉"跨入"感知"，从"感知"发展到"控制"。目前，物联网已经在智能交通、智能安防、智能物流、公共安全等领域初步得到实际应用。比较典型的应用包括水电行业无线远程自动抄表系统、数字城市系统、智能交通系统、危险源和家居监控系统、产品质量监管系统等，见表4-9。

表4-9　物联网应用领域

应 用 分 类	用户/行业	典 型 应 用
数据采集	公共事业基础设施	自动水表、电表抄读
	机械制造	智能停车场
	零售连锁行业	环境监控、治理
	质量监管行业	电梯监控
	石油化工	物品信息跟踪
	气象预测	自动售货机
	智能农业	产品质量监管等
自动控制	医疗	远程医疗及监控
	机械制造	危险源集中监控
	智能建筑	路灯监控
	公共事业基础设施	智能交通（包括导航定位）
	工业监控	智能电网等
日常生活应用	数字家庭	交通卡
	个人保健	新型电子支付
	金融	智能家居
	公共安全监控	工业和楼宇自动化等
定位类应用	交通运输	警务人员定位监控
	物流管理及控制	物流、车辆定位监控等

物联网的应用领域虽然广泛，但其实际应用却是针对性极强，是一种"物物相联"的对物应用。尽管它涵盖了多个领域与行业，但在应用模式上没有实质性的区别，都是实现优化信息流和物流、提高电子商务效能、便利生产和方便生活的技术手段。

1. 智能电网

采用物联网技术可以全面有效地对电力传输的整个系统，从电厂、大坝、变电站、高压输电线路直至用户终端进行智能化处理，包括对电力系统运行状态的实时监控和自动故障处理，确定电网整体的健康水平，触发可能导致电网故障发展的早期预警，确定是否需要立即进行检查或采取相应的措施，分析电网系统的故障、电压降低、过载和其他不希望的系统状态，并基于这些分析，采取适当的控制行动。例如智能电网、路灯智能管理和智能抄表等。智能集中抄表设备，每个电表部通过无线模块，与居民集抄管理终端联系，终端再将这些信息发送给电力公司，从而不需要秒表员也可以掌握居民的用电缴费情况。目前智能电网的主要项目应用有电力设备远程监控、电力设备运营状态检测、电力调度应用等。

智能交通和智能物流主要应用于在车辆信息通信、车队管理、商品货物监测、互动式汽车导航、车辆追踪与定位等。

2. 智能交通

将物联网应用于交通领域可以使交通智能化。例如，司机可以通过车载信息智能终端享受全方位的综合服务，包括动态导航服务、位置服务、车辆保障服务、安全驾驶服务、娱乐服务、资讯服务等。通过交通信息采集、车辆环境监控、汽车驾驶导航、不停车收费等有利于提高道路利用率，改善不良驾驶习惯，减少车辆拥堵，实现节能减排，同时也有利于提高出行效率，促进和谐交通的发展。

"车—路"信息系统一直是智能交通发展的重点领域。继互联网、物联网之后，"车联网"又成为未来智能城市的另一个标志。车联网是指装载在车辆上的电子标签通过无线射频等识别技术，实现在信息网络平台上对所有车辆的属性信息和静、动态信息进行提取和有效利用，并根据不同的功能需求对所有车辆的运行状态进行有效的监管和提供综合服务。目前智能交通每年将以超过 1 000 亿元的市场规模在增长，预计 2015 年智能交通行业市场规模将超过 700 亿元。

3. 智能物流

物联网极大地促进了物流的智能化发展。在物流领域，通过物联网的技术手段将物流智能化。在国家新近出台的《十大振兴产业规划细则》中明确物流快递业作为未来重点发展的行业之一，客观来说快递业也以其行业特征被视为最适宜同物联网结合的产业之一，这在国外已经有了很多尝试并已取得一定成绩。例如发展较快的智能快递，是指基于物联网的广泛应用基础上，利用先进的信息采集、信息处理、信息流通和信息管理技术，通过在需要寄递的信件和包裹上嵌入电子标签、条形码等能够存储物品信息的标识，通过无线网络的方式将相关信息及时发送到后台信息处理系统。而各大信息系统可互联形成一个庞大的网络，从而达到对物品快速收寄、分发、运输、投递以及实施跟踪、监控等智能化管理的

目的，并最终按照承诺时限递送到收件人或指定地点，并获得接收的新型寄递服务。

4．智能家居

智能家居是利用先进的计算机、嵌入式系统和网络通信，将家庭中的各种设备（如照明、环境控制、安防系统、网络家电）透过家庭网络连接到一起。一方面，智能家居让用户更方便管理家庭设备；另一方面，智能家居内的各种设备相互间可以通信，且不需要人为操作，自组织地为用户服务。

我们意识到世界正在变"小"、地球正在变"平"，不论是经济、社会还是技术层面。我们的生活环境和以往任何时代相比都发生了重大的变化。当前的金融海啸、全球气候变化、能源危机或者安全问题，迫使我们审视过去。也正是各种各样的危机，使人类能够站在一个面向未来全新发展的门槛上——我们希望我们的生存环境也变得更有"智慧"，由此诞生了智慧地球、感知中国、智能城市、智能社区、智能建筑、智能家居等新生名词，它们将真正地影响和改变我们的生活。

5．金融与服务业

物联网的诞生，把商务延伸和扩展到了任何物品上，真正实现了突破空间和时间束缚的信息采集、交换和通信，使商务活动的参与主体可以在任何时间、任何地点实时获取和采集商业信息，摆脱固定的设备和网络环境的束缚。这使得"移动支付"、"移动购物"、"手机钱包"、"手机银行"、"电子机票"等概念层出不穷。

另外，通过将国家、省、市、县、乡镇的金融机构联网，建立一个各金融部门信息共享平台，有效遏制传统金融市场因缺乏有效监管而带来的风险蔓延，维护国家经济安全和金融稳定。

6．精细农牧业

把物联网应用到农业生产，可以根据用户需求，随时进行处理，对设施农业综合生态信息进行自动监测，以便对环境进行自动控制和智能化管理提供科学依据。例如，可以实时采集温室内温度、湿度信号，以及光照、土壤温度、二氧化碳浓度、叶面湿度、露点温度等环境参数，经由无线信号收发模块传输数据，实现对大棚温湿度的远程控制，自动开启或者关闭指定设备。

在粮库内安装各种温度、湿度传感器，通过物联网将粮库内的环境变化参数实时传到计算机或手机进行实时观察，记录现场情况以保证粮库内的温湿度平衡。

在牛、羊等畜牧体内植入传感芯片，放牧时可以对其进行跟踪管理，实现无人化放牧。

7．医疗健康

将物联网技术应用于医疗健康领域，可以解决医疗资源紧张、医疗费用昂贵、老龄化压力等各种问题。例如，借助实用的医疗传感设备，可以实时感知、处理和分析重大的医疗事件，从而快速、有效地做出响应。乡村卫生所、乡镇医院和社区医院可以无缝地连接到中心医院，从而实时地获取专家建议、安排转诊和接受培训。通过物联网整合并共享各个医疗单位的医疗信息记录，从而构建一个综合的专业医疗网络。

8．工业与自动化控制

以感知和智能为特征的新技术的出现和相互融合，使得未来信息技术的发展由人类信息主导的互联网，向物与物互联信息主导的物联网转变。面向工业自动化的物联网技术是以泛在网络为基础、以泛在感知为核心、以泛在服务为目的、以泛在智能拓展和提升为目标的综合性一体化信息处理技术，并且是物联网的关键组成部分。物联网大大地加快工业化进程，显著地提高人类的物质生活水平，并在推进我国流程工业、制造业的产业结构调整，促进工业企业节能降耗，提高产品品质，提高经济效益等方面发挥巨大的推动作用。

因此，物联网在工业领域具有广阔的应用前景。近期，冶金流程工业、石化工业和汽车工业等是物联网技术应用的热点领域。总之，基于物联网的工业自动化是人机和谐、智能制造系统发展的新历史阶段，一方面，物联网将改变工业的生产和管理模式，提高生产和管理效率，增强我国工业的可持续发展能力和国际竞争力；另一方面，工业是我国的"耗能污染大户"。工业用能源约占全国能源消费总量的 70%。工业化学需氧量、二氢化硫排放量分别占到全国总排放量的 38%和 86%。物联网技术的研究与推广应用将是我国工业实现节能降耗总目标的重要机遇。

9．环境与安全检测

安全问题是人们越来越关注的问题。我们可以利用物联网开发出高度智能化的安防产品或系统，进行智能分析判断及控制，最大限度地降低因传感器问题及外部干扰造成的误报，并且能够实现精度定位，完成由面到点的实体防御及精确打击，进行高度智能化的人机对话等功能，弥补传统安防系统的缺陷，确保人们的生命和财产安全。

此外，物联网还可以用于烟花爆竹销售点监测、危险品运输车辆监管、火灾事故监控、气候灾害预警、智能城管、平安城市建设；还可以用于对残障人员、弱势群体（老人、儿童等）、宠物进行跟踪定位，防止走失等；还可以用于井盖、变压器等公共财产的跟踪定位，防止公共财产的丢失。

10．国防军事

物联网被许多军事专家称为"一个未探明储量的金矿"，正在孕育军事变革深入发展的新契机。物联网概念的问世，对现有军事系统格局产生了巨大冲击。它的影响绝不亚于互联网在军事领城里的广泛应用，将触发军事变革的一次重新启动，使军队建设和作战方式发生新的重大变化。可以设想，在国防科研、军工企业及武器平台等各个环节与要素设置标签读取装置，通过无线和有线网络将其连接起来，那么每个国防要素及作战单元甚至整个国家军事力量都将处于全信息和全数字化状态。大到卫星、导弹、飞机、舰船、坦克、火炮等装备系统，小到单兵作战装备，从通信技侦系统到后勤保障系统，从军事科学试验到军事装备工程，其应用遍及战争准备、战争实施的每一个环节。可以说，物联网扩大了未来作战的时域、空域和频域，对国防建设各个领域产生了深远影响，将引发一场划时代的军事技术革命和作战方式的变革。

当然，物联网的应用并不局限于上面的领域，用一句形象的话来说，就是"网络无所不达，应用无所不能"。但有一点是值得我们肯定的，那就是物联网的出现和推广必将极大地改变我们的生活。

4.8　智能制造系统

新技术革命的结果是建立信息社会。随着信息革命的发展社会进入了信息时代。

20 世纪 50 年代末，机械制造技术进入现代制造技术阶段，60 年代末形成了机床的数控技术，实现了机床加工过程自动化，这就是最初的直接数字控制技术 DNC。随后机床装置了工件和刀具的自动更换系统，出现了加工中心，即柔性制造系统 FMS。这两个阶段发展的特点是运用了一种取代制造过程中人的体力劳动为目标的自动化技术。

到 20 世纪 80 年代，以取代制造中人的脑力劳动为目标的自动化技术出现了。首先是对 CAD、CAPP 和 CAM 技术的综合，以及对管理、经营、计划等上层生产活动的集成而形成的计算机集成制造系统 CIMS。

20 世纪 80 年代后，激烈的全球化市场竞争对制造系统提出了更高的要求，要求制造系统可以在确定性受到限制或没有先验知识与不能预测的环境下完成制造任务，因此一些工业化的国家提出了智能制造技术 IMT（Intelligent Manufacturing Technology）与智能制造系统 IMS（Intelligent Manufacturing System）。

4.8.1　智能制造系统的定义

智能制造 IM（Intelligent Manufacturing，）是一种由智能机器和人类专家共同组成的人机一体化智能系统，它在制造过程中能进行智能活动，诸如分析、推理、判断、构思和决策等。通过人与智能机器的合作共事，去扩大、延伸和部分地取代人类专家在制造过程中的脑力劳动。它把制造自动化的概念更新，扩展到柔性化、智能化和高度集成化。

智能化是制造自动化的发展方向，在制造过程的各个环节几乎都广泛应用人工智能技术。专家系统技术可以用于工程设计、工艺过程设计、生产调度、故障诊断等，也可以将神经网络和模糊控制技术等先进的计算机智能方法应用于产品配方、生产调度等，实现制造过程的智能化。而人工智能技术尤其适合于解决特别复杂和不确定的问题，但是，要在企业制造的全过程中全部实现智能化也是将来的事情。

智能制造技术 IMT 是制造技术、自动化技术、系统工程与人工智能等学科相互渗透、相互交织而形成的一门综合技术。其具体含义是指在制造工业的各个环节以一种高度柔性与高度集成的方式，通过计算机模拟人类专家的智能活动，进行分析、判断、推理、构思和决策，旨在取代或延伸制造环境中人的部分脑力劳动，并对人类专家的制造智能进行收集、存储、完善、共享、继承与发展。

智能制造系统是指基于智能制造技术，综合应用人工智能技术、信息技术、自动化技术、制造技术、并行工程、生命科学、现代管理技术和系统工程理论方法，在国际标准化

和互换性的基础上，使得制造系统中的经营决策、产品设计、生产规划、制造装配和质量保证等各个子系统分别智能化，成为网络集成的高度自动化制造系统。

智能制造系统是一个开放的信息系统，它采用耗散结构，其构成如图4-46所示。

图 4-46　智能制造系统的构成

具体地说，智能制造系统就是要通过集成知识工程、制造软件系统、机器人视觉与机器人控制等，来对制造技术的技能与专家知识进行模拟，使智能机器在没有人工干预情况下进行生产。简单地说，智能制造系统就是要把人的智力活动变为制造机器的智能活动。

智能制造系统的物理基础是智能机器，它包括具有各种程序的智能加工机床，工具和材料传送、准备装置，检测和试验装置，以及安装装配装置等，目的是通过设备柔性和计算机人工智能控制，自动地完成设计、加工、控制管理过程，旨在解决适应高度变化环境的制造的有效性。

4.8.2　智能制造系统的特征

和传统的制造相比，智能制造系统具有以下特征。

1. 自律能力

自律能力即搜集与理解环境信息和自身的信息，并进行分析判断和规划自身行为的能力。具有自律能力的设备称为"智能机器"，"智能机器"在一定程度上表现出独立性、自主性和个性，甚至相互间还能协调运作与竞争。强有力的知识库和基于知识的模型是自律能力的基础。

2. 人机一体化

智能制造系统不单纯是"人工智能"系统，而是人机一体化智能系统，是一种混合智能系统。基于人工智能的智能机器只能进行机械式的推理、预测、判断，它只能具有逻辑思维（专家系统），最多做到形象思维（神经网络），完全做不到灵感（顿悟）思维，只有人类专家才真正同时具备以上三种思维能力。因此，想以人工智能全面取代制造过程中人类专家的智能，独立承担起分析、判断、决策等任务是不现实的。人机一体化一方面突出人在制造系统中的核心地位，另一方面在智能机器的配合下，可以更好地发挥出人的潜能，使人机之间表现出一种平等共事、相互"理解"、相互协作的关系，使二者在不同的层次上各显其能，相辅相成。因此，在智能制造系统中，高素质、高智能的人将发挥更好的作用，机器智能和人的智能将真正地集成在一起，互相配合，相得益彰。

3. 虚拟现实技术

虚拟现实技术（Virtual Reality）是实现虚拟制造的支持技术，也是实现高水平人机一体化的关键技术之一。虚拟现实技术是以计算机为基础，融信号处理、动画技术、智能推理、预测、仿真和多媒体技术为一体的一种制造技术。借助各种音像和传感装置，虚拟现实展示现实生活中的各种过程、物件等，因而也能拟实制造过程和未来的产品，从感官和视觉上使人获得完全如同真实的感受。但其特点是可以按照人们的意愿任意变化，这种人

机结合的新一代智能界面,是智能制造的一个显著特征。

4. 自组织与超柔性

智能制造系统中的各组成单元能够依据工作任务的需要,自行组成一种最佳结构,其柔性不仅表现在运行方式上,而且表现在结构形式上,所以称这种柔性为超柔性,如同一群人类专家组成的群体,具有生物特征。

5. 学习能力与自我维护能力

智能制造系统能够在实践中不断地充实知识库,具有自学习功能。同时,在运行过程中自行故障诊断,并具备对故障自行排除、自行维护的能力。这种特征使智能制造系统能够自我优化并适应各种复杂的环境。

4.8.3 智能制造系统的智能技术

(1)新型传感技术——高传感灵敏度、精度、可靠性和环境适应性的传感技术,采用新原理、新材料、新工艺的传感技术(如量子测量、纳米聚合物传感、光纤传感等),微弱传感信号提取与处理技术。

(2)模块化、嵌入式控制系统设计技术——不同结构的模块化硬件设计技术,微内核操作系统和开放式系统软件技术、组态语言和人机界面技术,以及实现统一数据格式、统一编程环境的工程软件平台技术。

(3)先进控制与优化技术——工业过程多层次性能评估技术,基于海量数据的建模技术,大规模高性能多目标优化技术,大型复杂装备系统仿真技术,高阶导数连续运动规划、电子传动等精密运动控制技术。

(4)系统协同技术——大型制造工程项目复杂自动化系统整体方案设计技术以及安装调试技术,统一操作界面和工程工具设计技术,统一事件序列和报警处理技术,一体化资产管理技术。

(5)故障诊断与健康维护技术——在线或远程状态监测与故障诊断、自愈合调控与损伤智能识别以及健康维护技术,重大装备的寿命测试和剩余寿命预测技术,可靠性与寿命评估技术。

(6)高可靠实时通信网络技术——嵌入式互联网技术,高可靠无线通信网络构建技术,工业通信网络信息安全技术和异构通信网络间信息无缝交换技术。

(7)功能安全技术——智能装备硬件、软件的功能安全分析、设计、验证技术及方法,建立功能安全验证的测试平台,研究自动化控制系统整体功能安全评估技术。

(8)特种工艺与精密制造技术——多维精密加工工艺,精密成型工艺,焊接、粘接、烧结等特殊连接工艺,微机电系统MEMS技术,精确可控热处理技术,精密锻造技术等。

(9)识别技术——低成本、低功耗RFID芯片设计制造技术,超高频和微波天线设计技术,低温热压封装技术,超高频RFID核心模块设计制造技术,基于深度三位图像识别技术,物体缺陷识别技术。

4.8.4 智能制造系统测控装置

(1)新型传感器及其系统——新原理、新效应传感器,新材料传感器,微型化、智能

化、低功耗传感器，集成化传感器（如单传感器阵列集成和多传感器集成）和无线传感器网络。

（2）智能控制系统——现场总线分散型控制系统 FCS、大规模联合网络控制系统、高端可编程控制系统 PLC、面向装备的嵌入式控制系统、功能安全监控系统。

（3）智能仪表——智能化温度、压力、流量、物位、热量、工业在线分析仪表，智能变频电动执行机构，智能阀门定位器和高可靠执行器。

（4）精密仪器——在线质谱/激光气体/紫外光谱/紫外荧光/近红外光谱分析系统，板材加工智能板形仪，高速自动化超声无损探伤检测仪，特种环境下蠕变疲劳性能检测设备等。

（5）工业机器人与专用机器人——焊接、涂装、搬运、装配等工业机器人，以及安防、危险作业、救援等专用机器人。

（6）精密传动装置——高速精密重载轴承，高速精密齿轮传动装置，高速精密链传动装置，高精度高可靠性制动装置，谐波减速器，大型电液动力换挡变速器，高速、高刚度、大功率电主轴，直线电机、丝杠、导轨。

（7）伺服控制机构——高性能变频调速装置、数位伺服控制系统、网络分布式伺服系统等产品，提升重点领域电气传动和执行的自动化水平，提高运行稳定性。

（8）液气密元件及系统——高压大流量液压元件和液压系统，高转速大功率液力偶合器调速装置，智能润滑系统，智能化阀岛，智能定位气动执行系统，高性能密封装置。

4.8.5　智能制造系统制造装备

（1）石油石化智能成套设备——集成开发具有在线检测、优化控制、功能安全等功能的百万吨级大型乙烯和千万吨级大型炼油装置、多联产煤化工装备、合成橡胶及塑料生产装置。

（2）冶金智能成套设备——集成开发具有特种参数在线检测、自适应控制、高精度运动控制等功能的金属冶炼、短流程连铸连轧、精整等成套装备。

（3）智能化成形和加工成套设备——集成开发基于机器人的自动化成形、加工、装配生产线及具有加工工艺参数自动检测、控制、优化功能的大型复合材料构件成形加工生产线。

（4）自动化物流成套设备——集成开发基于计算智能与生产物流分层递阶设计、具有网络智能监控、动态优化、高效敏捷的智能制造物流设备。

（5）建材制造成套设备——集成开发具有物料自动配送、设备状态远程跟踪和能耗优化控制功能的水泥成套设备、高端特种玻璃成套设备。

（6）智能化食品制造生产线——集成开发具有在线成分检测、质量溯源、机电光液一体化控制等功能的食品加工成套装备。

（7）智能化纺织成套装备——集成开发具有卷绕张力控制、半制品的单位重量、染化料的浓度、色差等物理、化学参数的检测仪器与控制设备，可实现物料自动配送和过程控制的化纤、纺纱、织造、染整、制成品等加工成套装备。

（8）智能化印刷装备——集成开发具有墨色预置遥控、自动套准、在线检测、闭环自动跟踪调节等功能的数字化高速多色单张和卷筒料平版、凹版、柔版印刷装备、数字喷墨印刷设备、计算机直接制版设备（CTP）及高速多功能智能化印后加工装备。

4.9 虚拟制造技术

4.9.1 虚拟制造技术的定义

虚拟制造 VM（Virtual Manufacturing）是 20 世纪 90 年代提出的一项新的先进制造技术，对虚拟制造技术的研究还处于不断的深入和细化过程中，国际上尚没有对其做出一个统一的公共定义。不同的研究人员从不同的角度出发，给出了各具特点的描述，其中有代表性的包括以下几种：

（1）日本科学家木村（F.Kimura）的定义：通过对制造知识进行系统的组织与分析，对整个制造过程建模，在计算机上进行设计评估和制造活动仿真。他强调通过用虚拟制造模型对制造全过程进行描述，在实际的物理制造之前就具有了对产品性能及其可制造性的预测能力。

（2）大阪大学的小野里教授（M.Onosato）的定义：虚拟制造是采用模型来代替实际制造中的对象、过程和活动，与实际制造系统具有信息上的兼容性和结构上的相似性。该定义着眼于模型。

（3）劳伦斯协会（Lawrence Associates）的定义：虚拟制造是一个集成的、综合的可运行制造环境，其目的是提高各个层次的决策与控制。

（4）美国空军赖特实验室（Wright 实验室）的定义：虚拟制造是仿真建模和分析技术及工具的综合应用，以增强各层制造设计和生产决策与控制。该定义着眼于手段。

（5）佛罗里达大学哥罗雅·文斯博士（Gloria. J. Wiens）的定义：虚拟制造是与实际一样在计算机上执行制造过程，其中虚拟模型是在实际制造之前用于对产品的功能及可制造性的潜在问题进行预测。该定义的目标是预测，着眼于结果。

（6）马里兰大学爱德华·林教授（Edward. Lin）的定义：虚拟制造是一个用于增强各项决策与控制的一体化的制造环境。该定义着眼于环境。

（7）清华大学肖田元教授的定义：虚拟制造是实际制造过程在计算机上的本质实现，即采用计算机仿真与虚拟现实技术，在计算机上实现产品开发、制造，以及管理与控制等制造的本质过程，以增强制造过程各级的决策与控制能力。该定义着眼于全方位预测。

上面这些定义从不同的角度对虚拟制造的实现手段、方法及目标等方面进行了阐述，揭示了虚拟制造的本质和内容。虚拟制造作为信息时代制造技术的重要标志，它是不断吸收信息技术和管理科学的成果而发展起来的，这里的"制造"是一种广义的概念，即一切与产品相关的活动和过程，亦称之为"大制造"（Big Manufacturing），这是相对于传统的狭义制造而言的。"虚拟"的含义则是这种制造虽然不是真实的、物化的，但却是本质上的，也就是在计算机上实现制造的本质内容。

我们认为：虚拟制造不是一成不变的技术，而是一个不断吸收各种高新技术而不断丰富其内涵的动态技术系统，它通过计算机虚拟环境和模型来模拟生产各场景和预估产品功能、性能及可加工性等各方面可能存在的问题，从而提高了人们的预测和决策水平，它为工程师们提供了从产品概念的形成、设计到制造全过程的三维可视及交互环境，使得制造技术走出主要依赖于经验的狭小天地，发展到全方位预报的新阶段。它不是原有单项制造仿真技术的简单组合，而是在相关理论和已积累知识的基础上对制造知识进行系统化组织，对工程对象和制造活动进行全面建模，在建立真实制造系统前，采用计算机仿真来评估设计与制造活动，以消除设计中的不合理部分。虚拟制造的实质是在产品制造过程的上游——设计阶段就对产品制造的全过程虚拟集成，将全阶段可能出现的问题解决在这一阶段，通过设计的最优化达到产品的一次性制造成功。

4.9.2　虚拟制造技术的特征

1）虚拟经营和管理

作为虚拟制造的一个主要贡献——虚拟企业，使制造业在世界范围内的重组与集成成为可能，应用虚拟经营和虚拟管理，充分借助于企业外部力量，运用自身最强的优势和有限资源最大限度地提高企业的竞争力。

2）高度集成

产品与制造环境均利用仿真技术在计算机上形成虚拟模型。在设计过程中，可用计算机对其进行产品设计、制造、测试，设计人员和用户甚至可以"进入"虚拟环境对模型的设计、加工、装配、性能进行检测，而不依赖于传统的原型样机做反复修改。因此，它易于综合运用系统工程、知识工程、并行工程和人机工程等多学科先进技术，实现信息集成、知识集成、串并行交错工作机制集成和人机集成。

3）高效灵活

开发的产品（部件）可存放在计算机里，不但大大节省了仓储费用，更能根据市场变化或用户需求随时对模型进行修改，快速投入生产，缩短设计开发时间，节约设计成本，提高产品从设计、制造到销售全过程的效率，增强企业的竞争力。

4）高度合作

可通过互联网将世界各地的专业人员结合起来，同时在同一个模型上工作，互相交流、资源共享，以避免重复研究带来的损失，发挥各自特长，实现异地设计、异地制造，将制造业信息化与知识化融为一体，使产品开发以高效、快捷、低耗响应市场变化。

5）设计柔性

如果产品设计过程中出现变故，可以将资料存入计算机，等时机成熟后再进行开发，从而提高设计过程的柔性。

4.9.3　虚拟制造技术的内容

虚拟制造技术的研究内容是极为广泛的，除了虚拟现实技术涉及的共同性技术外，虚

拟制造领域本身的主要研究内容有：

（1）虚拟制造的理论体系；

（2）设计信息和生产过程的三维可视化；

（3）虚拟环境下系统全局最优决策理论和技术；

（4）虚拟制造系统的开放式体系结构；

（5）虚拟产品的装配仿真；

（6）虚拟环境中及虚拟制造过程中的人机协同作业等。

4.9.4　虚拟制造技术的分类

一般来说，虚拟制造的研究都与特定的应用环境和对象相联系，由于应用的不同要求而存在不同的侧重点。Lawrence 协会根据虚拟制造应用的范围不同，将虚拟制造分成三类，即以设计为中心的虚拟制造技术（Design-centered VM），以生产为中心的虚拟制造技术（Production-centered VM）和以控制为中心的虚拟制造技术（Control-centered VM）。

1．以设计为中心的虚拟制造技术

以设计为中心的虚拟制造技术把制造信息引入到设计全过程，利用仿真技术来优化产品设计，从而在设计阶段就可以对所设计的零件甚至产品整体进行可制造性分析，以及预测产品性能、报价和成本。它的主要目的是优化产品设计及工艺过程，它主要解决"设计出来的产品是怎样"的问题。

2．以生产为中心的虚拟制造技术

以生产为中心的虚拟制造技术是在生产过程模型中融入仿真技术，以此来评估和优化生产过程，以更低费用快速地评价不同的工艺方案、资源需求规划、生产计划等，其主要目标是评价可生产性。它主要解决"这样组织生产是否合理"的问题。

3．以控制为中心的虚拟制造技术

以控制为中心的虚拟制造的核心思想是：通过对制造设备和制造过程进行仿真，建立虚拟的制造单元，对各种制造单元的控制策略和制造设备的控制策略进行评估，从而实现车间级的基于仿真的最优控制。单元控制器根据制造需求规划和调度若干个工件在本制造单元的加工工序和各工序的顺序、加工时间等，而每个制造设备的控制器只规划和调度工件在本台设备上的加工顺序、加工代码等。总之，它主要解决"这样控制是否合理、是否最优"的问题。

三种类型的虚拟制造技术之间的关系：这三种类型的虚拟制造各有特点和侧重，相互之间又有信息关联，它们之间的关系可以通过图 4-47 来描述。

4.9.5　虚拟制造技术的作用

虚拟制造也可以对想象中的制造活动进行仿真，它不消耗现实资源和能量，所进行的过程是虚拟过程，所生产的产品也是虚拟的。虚拟制造技术的应用将会对未来制造业的发展产生深远影响，它的重大作用主要表现为：

（1）运用软件对制造系统中的五大要素（人、组织管理、物流、信息流、能量流）进

先进制造技术（第2版）

行全面仿真，使之达到前所未有的高度集成，为先进制造技术的进一步发展提供更广阔的空间，同时也推动了相关技术的不断发展和进步。

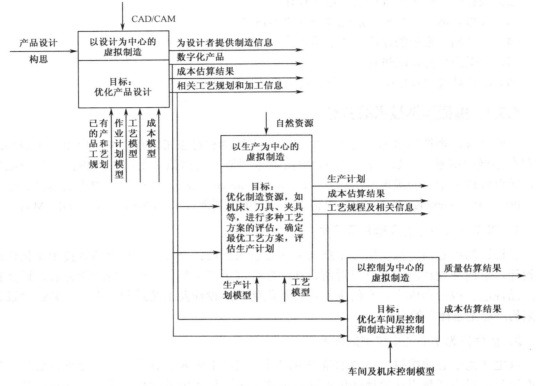

图 4-47 三种虚拟制造之间的关系

（2）可加深人们对生产过程和制造系统的认识和理解，有利于对其进行理论升华，更好地指导实际生产，即对生产过程、制造系统整体进行优化配置，推动生产力的巨大跃升。

（3）在虚拟制造与现实制造的相互影响和作用过程中，可以全面改进企业的组织管理工作，而且对正确作出决策有不可估量的影响。例如：可以对生产计划、交货期、生产产量等作出预测，及时发现问题并改进现实制造过程。

（4）虚拟制造技术的应用将加快企业人才的培养速度。我们都知道模拟驾驶室对驾驶员、飞行员的培养起到了良好作用，虚拟制造也会产生类似的作用。例如：可以对生产人员进行操作训练、异常工艺的应急处理等。

知识梳理与总结

制造自动化的概念已扩展为不仅包括用机器（包括计算机）代替人的体力劳动和脑力劳动，而且还包括人和机器及制造过程的控制、管理和协调优化，以使产品制造过程实现高效、优质、低耗、及时和洁净的目标。

数控机床是机电一体化的典型产品，它是以电子信息技术为基础，集传统的机械制造技术、计算机技术、成组技术、现代控制技术、传感检测技术、信息处理技术、网络通信技术、液压气动技术、光机电技术于一体的由数字程序实现控制的机床。

数控加工中心是带有刀库和自动换刀装置的数控机床，又称为自动换刀数控机床，其特点是工序集中和自动化程度高，能控制机床自动地更换刀具，连续地对工件各加工表面自动进行加工，可减少工件装夹次数，避免工件多次定位所产生的累积误差，节省辅助时间，实现高质、高效加工。多轴数控加工一般是指 4 轴以上的数控加工，其中具有代表性的是 5 轴数控加工。多轴数控加工能同时控制 4 个以上坐标轴的联动，将数控铣、数控镗、数控钻等功能组合在一起。工件在一次装夹后，可以对加工面进行铣、镗、钻等多工序加工，有效地避免了由于多次安装造成的定位误差，并且能够缩短生产周期，提高加工精度。

工业机器人（通用及专用）一般指用于机械制造业中代替人完成具有大批量、高质量要求的工作，如汽车制造、摩托车制造、舰船制造、某些家电产品（电视机、电冰箱、洗衣机）、化工等行业自动化生产线中的点焊、弧焊、喷漆、切割、电子装配，以及物流系统的搬运、包装、码垛等作业的机器人。

在机械加工技术中实施成组技术，首先对需要加工的零件，按照几何形状、尺寸大小、制造工艺和毛坯制造的相似性，依据一定的分类方法进行分类、编码和划分零件组。其次根据零件的划分情况，选择相应的设备，按成组技术的要求进行布置，如成组加工单元或成组加工流水线等。

计算机辅助工艺 **CAPP** 是指利用计算机技术实现工艺过程设计自动化。计算机辅助制造 **CAM** 是指利用计算机系统辅助完成产品的加工制造。**CAD/CAPP/CAM** 系统是现代制造技术的方向。

柔性制造系统是在自动化技术、信息技术和制造技术的基础上，通过计算机软件科学，把工厂生产活动的自动化设备有机地集成起来，打破设计和制造的界限，取消图纸、工艺卡片，使产品设计、生产相结合而成的，适用于中小批量和较多品种生产的高柔性、高效率的制造系统。

计算机集成制造系统借助于计算机的硬件、软件技术，综合运用现代管理技术、制造技术、信息技术、自动化技术、系统工程技术，对企业的生产作业、管理、计划、调度、经营、销售等整个生产过程中的信息进行统一处理，并对分散在产品设计制造过程中各种孤立的自动化子系统的功能进行有机地集成，并优化运行，从而缩短产品开发周期、提高质量、降低成本，进而提高企业的柔性、健壮性和敏捷性，使企业在激烈的市场竞争中立于不败之地。

物联网是通过射频识别（RFID）、红外感应器、光扫描器等信息传感设备，按约定的协议，把任何物体与互联网相连接，进行信息交换和通信，以实现对物体的智能化识别、定位、跟踪、监控和管理的一种网络。物联网技术涵盖了从信息获取、传输、存储、处理直至应用的全过程，可以将实现物联网的关键技术归纳为感知技术、物联网通信技术（主要为传感网技术和通信技术）、物联网中间件技术、数据融合与智能技术、云计算技术等。

智能制造系统则是指基于智能制造技术，综合应用人工智能技术、信息技术、自动化技术、制造技术、并行工程、生命科学、现代管理技术和系统工程理论方法，在国际标准化和互换性的基础上，使得制造系统中的经营决策、产品设计、生产规划、制造装配和质量保证等各个子系统分别智能化，成为网络集成的高度自动化制造系统。

虚拟制造是实际制造过程在计算机上的本质实现，即采用计算机仿真与虚拟现实技术，在计算机上实现产品开发、制造，以及管理与控制等制造的本质过程，以增强制造过程各级的决策与控制能力。

思考与练习题4

4-1 试论述制造自动化技术的内涵及关键技术。

4-2 加工中心根据其加工范围可以分为哪几类？它们与普通的数控机床的最大区别是什么？

4-3 什么是多轴加工技术？有何特点？

4-4 试论述工业机器人的相关单元技术、分类及性能特征。

4-5 什么是成组技术？什么是零件的相似性？

4-6 常用的零件分类成组方法有哪些？

4-7 叙述CAPP的定义及其分类。

4-8 简述数控程序编制的方法。

4-9 试论述图形交互式编程原理及其特点。

4-10 试论述CAD/CAPP/CAM各自的功能及集成的必要性。

4-11 试论述柔性制造系统的组成及其物流控制系统的组成。

4-12 CIMS系统的定义是什么？它由哪几部分功能组成？

4-13 物联网定义。

4-14 物联网的关键技术。

4-15 什么是智能制造系统？

4-16 简述虚拟制造技术分类。

第 5 章
现代生产经营和管理技术

学习目标	了解物料需求计划 MRP 和制造资源计划 MRPⅡ、企业资源计划 ERP、产品数据管理 PDM、准时生产 JIT、精益生产 LP、敏捷制造 AM、网络制造 NM、绿色制造 GM 的概念、基本内容和作用
建议学时	4
知识点	物料需求计划 MRP、制造资源计划 MRPⅡ、企业资源计划 ERP、产品数据管理 PDM 功能模块的作用
重点与难点	现代生产经营和管理技术特点及发展趋势

先进制造技术中的"现代经营和管理技术"指用于设计、管理、控制、评价、改善制造业从市场研究、产品设计、产品制造、质量控制、物流直至销售与用户服务等一系列活动的管理思想、方法和技术的总称。它包括制造业的制造策略、管理模式、生产组织方式，以及相应的各种管理方法。它是在传统管理科学、行为科学、工业工程等多种学科的思想和方法的基础上，结合不断发展的先进制造技术而形成并不断发展起来的。

现代经营和管理技术作为一项综合性系统技术，在制造企业中一直有着重要的地位。其特点十分明显，主要体现在以下各方面：

（1）科学化。现代管理技术是以管理科学的思想和方法为基础的，每个新的管理模式都体现了新的管理哲理。

（2）信息化。信息技术是现代管理技术的重要支持，管理信息系统就是现代管理技术与信息技术结合的产物。

（3）集成化。现代企业管理系统集成了以往孤立的单项管理系统的功能和信息，能按系统观点对企业进行全面管理。

（4）智能化。随着人工智能技术在企业管理中应用的不断深入，智能化管理系统已成为现代管理技术的重要标志。

（5）自动化。随着管理信息系统和办公室自动化系统功能的完善，企业管理自动化程度将不断提高。

（6）网络化。随着企业范围的不断扩大和计算机网络的迅速发展，企业管理系统也日趋网络化。

现代管理技术不仅可以适应工厂先进制造技术的需求，优化协调内外部自动化技术要素，提高制造系统的整体效益；即使在生产工艺装备自动化水平不高的情况下，也能通过企业经营战略、生产组织、产品过程优化、质量工程等，在一定程度上提高生产率和企业效益。因此，现代管理对于中国制造业和众多企业来说更具有现实意义。

本章在讨论现代生产管理技术发展及其特点的基础上，侧重介绍制造资源计划、企业资源计划、产品数据管理、准时生产、精益生产等先进的生产管理技术。

5.1 企业资源计划 ERP

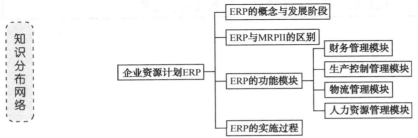

企业资源计划 ERP（Enterprise Resource Planning）是在制造资源计划 MRP II（Manufacturing Resources Planning）的基础上发展的企业经营管理模式和技术。生产力水平的发展、经济环境和市场需求的变化、先进制造模式下新的经营管理思想与技术的发展，以及信息技术、计算机和网络通信技术的发展是影响 ERP 发展的主要因素，ERP 是一个通

过不断吸收新的管理理念和技术而不断丰富其内涵的动态技术系统。

5.1.1　ERP 的概念与发展阶段

ERP 是由美国高德纳咨询公司（Gartner Group Inc.）在 20 世纪 90 年代初首先提出的概念：能被用来管理整个经营业务的应用软件，ERP 系统集成销售、制造、人力资源、后勤、财务和其他的业务功能，允许所有功能共享一个共同的数据库和业务分析工具。此外，提出四项功能标准来界定 ERP：

（1）超越 MRP Ⅱ 范围的集成功能；

（2）支持混合方式的制造环境；

（3）支持动态的监控能力，提高业务绩效；

（4）支持开放的客户机/服务器计算环境。

ERP 概念是从管理思想、软件产品、管理系统三个层次给出的定义，ERP 概念层次如图 5-1 所示的。

（1）从管理思想的层次上，ERP 是在 MRP Ⅱ 基础上进一步发展而成的面向供应链（Supply Chain）的管理思想。

（2）从软件的层次上，ERP 是综合应用了客户机/服务器体系、关系数据库结构、面向对象技术、图形用户界面、第四代语言（4GL）、网络通信等信息产业成果，以 ERP 管理思想为灵魂的软件产品和信息集成平台。

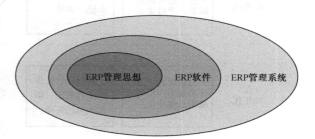

图 5-1　ERP 概念层次

（3）从应用系统的层次上，ERP 是整合了企业管理思想、计算机硬件和应用软件、企业内部资源与合作伙伴相关资源于一体的企业经营管理系统。

纵观 ERP 的发展历程，可追溯到早期的 MRP，甚至订货点法，一般将 ERP 的发展历程主要分为如下几个阶段：

（1）20 世纪 40 年代的订货点法；

（2）20 世纪 60 年代的时段式 MRP；

（3）20 世纪 70 年代的闭环式 MRP；

（4）20 世纪 80 年代的 MRP Ⅱ；

（5）20 世纪 90 年代的 ERP；

（6）应用先进制造模式和技术的 ERP。

图 5-2 形象地表示了 ERP 的发展阶段，以及 MRP、MRP Ⅱ 与 ERP 之间的关系。其中，ERP 是管理信息系统发展史上的一次大的飞跃，ERP 是在经济全球化发展加剧和全球化市场出现，以及计算机和网络通信技术迅猛发展的背景下提出的，ERP 与 MRP Ⅱ 的主要区别有如下三个方面：

（1）以供应链管理思想为指导，是面向供应链管理的信息集成；

（2）采用计算机和网络通信技术的最新成就；

（3）与企业经营过程重组 BPR（Business Process Reengineering）密切相关。

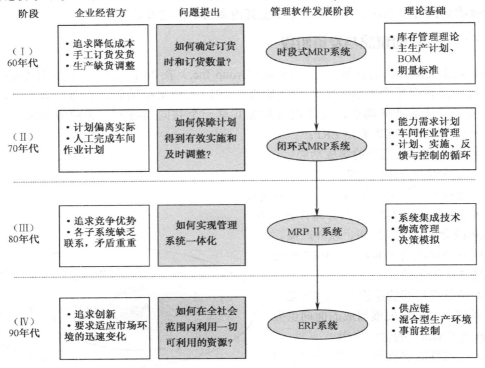

图 5-2　企业资源管理的发展

图 5-2 还揭示了 ERP 的发展规律：

（1）ERP 的发展是资源管理范围和信息集成范围不断扩展的过程；

（2）根据与 MRP Ⅱ 的关系，ERP 的发展是在 MRP Ⅱ 基础上进行扩展，但并不是简单地取代，而是融合了 MRP Ⅱ 的发展；

（3）ERP 的发展过程是继承发展过程，并且 ERP 的发展是无穷尽的。

从 ERP 的发展历程，可清楚地看出 ERP 的发展具有以下特点：

（1）是一个供应链管理理论的完善过程。不论是最初的库存管理，还是后来的采购、生产、销售管理，再到后来的财务、工程技术管理，以及企业外部资源管理等，都可看成是针对企业供应链管理理论及实践的不断扩展和完善的过程。

（2）与计算机及信息技术的发展密切相关。企业管理思想的发展过程也与计算机技术的发展过程息息相关。计算机技术是管理思想实现的必要工具，计算机软件是它们的主要载体。功能越来越强大的计算机技术的不断提高将会为 ERP 提供越来越灵活的与功能强大的软硬件平台，尤其是客户机/服务器分布式结构、面向对象技术与 Internet 技术的发展使得 ERP 的功能与性能迅速提高。

（3）管理思想、经济、技术、客户与市场的变化是 ERP 发展的强大动力。ERP 理论与技术的发展随着经济、技术和市场的发展变化而发展，是技术（包括制造技术、计算机技术、网络通信技术等）、管理思想、客户及市场需求变化和经济环境综合作用的结果。发展动因为：经济环境发展的驱动力、管理思想发展的原动力、技术发展的推动力及客户与市场需求的拉动力。

5.1.2　ERP 与 MRPⅡ的差别

企业资源计划 ERP 与 MRPⅡ管理系统相比，ERP 更加面向全球市场，功能更为强大，所管理的企业资源更多，覆盖面更宽。ERP 的核心管理思想就是实现对整个供应链的有效管理，主要体现在以下三个方面。

1．体现对整个供应链资源进行管理的思想

现代企业的竞争已经不是单一企业与单一企业间的竞争，而是一个企业的供应链与另一个企业的供应链之间的竞争，即企业不但要依靠自己的资源，还必须把经营过程中的有关各方，如供应商、制造工厂、分销网络、客户等纳入一个紧密的供应链中，才能在市场上获得竞争优势。ERP 系统正是适应了这一市场竞争的需要，实现了对整个企业供应链的管理功能。

2．体现精益生产、敏捷制造的思想

ERP 系统支持混合型生产方式的管理，其管理思想表现在两个方面：其一是"精益生产 LP（Lean Production）"的思想，即企业把客户、销售代理商、供应商、协作单位纳入生产体系，同他们建立起利益共享的合作伙伴关系，进而组成一个企业的供应链。其二是"敏捷制造（Agile Manufacturing）"的思想，当市场上出现新的机会，而企业的基本合作伙伴不能满足新产品开发生产的要求时，企业组织一个由特定的供应商和销售渠道组成的短期或一次性供应链，形成"虚拟工厂"，把供应和协作单位看成是企业的一个组成部分，运用并行工程组织生产，用最短的时间将新产品打入市场，时刻保持产品的高质量、多样化和灵活性，这就是"敏捷制造"的核心思想。

3．体现事先计划与事中控制的思想

ERP 系统中的计划体系主要包括：主生产计划、物流需求计划、能力计划、采购计划、销售执行计划、利润计划、财务预算和人力资源计划等，而且这些计划功能与价值控制功能已完全集成到整个供应链系统中。另外，ERP 系统通过定义事务处理相关的会计核算科目与核算方式，在事务处理发生的同时自动生成会计核算分录，保证了资金流与物流的同步记录和数据的一致性。从而实现根据财务资金现状可追溯资金的来龙去脉，并进一步追溯所发生的相关业务活动，便于实现事中控制和实时做出决策。

除了在管理思想上有区别外，ERP 系统与 MRPⅡ系统在功能上存在如下差别。

（1）在资源管理范围方面的差别：MRPⅡ主要侧重对企业内部人、财、物等资源的管理，ERP 系统在 MRPⅡ的基础上扩展了管理范围，它把客户需求和企业内部的制造活动，以及供应商的制造资源整合在一起，形成企业一个完整的供应链，并对供应链上所有环节，如订单、采购、库存、计划、生产制造、质量控制、运输、分销、服务与维护、财务管理、人事管理、实验室管理、项目管理、配方管理等进行有效管理。

（2）在生产方式管理方面的差别：MRPⅡ系统把企业归类为几种典型的生产方式进行管理，如重复制造、批量生产、按订单生产、按订单装配、按库存生产等，对每一种类型都有一套管理标准。而在 20 世纪 80 年代末、90 年代初期，为了紧跟市场的变化，多品种、小批量生产及看板式生产等是企业主要采用的生产方式，由单一的生产方式向混合型生产方式发

展，ERP 则能很好地支持和管理混合型制造环境，满足了企业的这种多样化经营需求。

（3）在管理功能方面的差别：ERP 除 MRPⅡ系统的制造、分销、财务管理功能外，还增加了支持整个供应链上物料流通体系中的供应、生产、需求各个环节之间的运输管理和仓库管理；支持生产保障体系的质量管理、实验室管理、设备维修和备品备件管理；支持对工作流（业务处理流程）的管理。

（4）在事务处理控制方面的差别：MRPⅡ是通过计划的及时滚动来控制整个生产过程，它的实时性较差，一般只能实现事中控制。而 ERP 系统支持在线分析处理 OLAP（OnLine Analytical Processing）、售后服务（即质量反馈），强调企业的事前控制能力，它可以将设计、制造、销售、运输等通过集成来并行地进行各种相关的作业，为企业提供了对质量、适应变化、客户满意、绩效等关键问题的实时分析能力。

（5）在跨国（或地区）经营事务处理方面的差别：现在企业的发展，使得企业内部各个组织单元之间、企业与外部的业务单元之间的协调变得越来越多和越来越重要，ERP 系统应用完整的组织架构，从而可以支持跨国经营的多国家地区、多工厂、多语种、多币制应用需求。

（6）在计算机信息处理技术方面的差别：随着 IT 技术的飞速发展，网络通信技术的应用，使得 ERP 系统得以实现对整个供应链信息进行集成管理。ERP 系统采用客户机/服务器（C/S）体系结构和分布式数据处理技术，支持 Internet/Intranet/Extranet、电子商务（E-business、E-commerce）、电子数据交换。此外，还能实现在不同平台上的互操作。

（7）在 MRPⅡ中，财务系统只是一个信息的归结者，它的功能是将供、产、销中的数量信息转变为价值信息，是物流的价值反映；而 ERP 系统则将财务计划和价值控制功能集成到了整个供应链上。

5.1.3 ERP 的功能模块

ERP 是将企业所有资源进行整合集成管理，简单地说是将企业的三大流：物流、资金流、信息流，进行全面一体化管理的管理信息系统。它的功能模块不同于以往的 MRP 或 MRPII 的模块，不仅可用于生产企业的管理，而且在许多其他类型的企业，如一些非生产、公益事业的企业也可导入 ERP 系统进行资源计划和管理。

下面将以典型的生产企业为例子来介绍 ERP 的功能模块。在企业中，一般的管理主要包括三方面的内容：生产控制（计划、制造）、物流管理（分销、采购、库存管理）和财务管理（会计核算、财务管理）。这三大系统本身就是集成体，它们互相之间有相应的接口，能够很好地整合在一起来对企业进行管理。随着企业对人力资源管理重视的加强，已经有越来越多的 ERP 厂商将人力资源管理纳入 ERP 系统中。

1. 财务管理模块

在企业中，清晰分明的财务管理是极其重要的。所以，在 ERP 整个方案中它是不可或缺的一部分。ERP 中的财务模块与一般的财务软件不同，作为 ERP 系统中的一部分，它和系统的其他模块有相应的接口，能够相互集成。例如，它可将由生产活动、采购活动输入的信息自动计入财务模块生成总账、会计报表，取消了输入凭证烦琐的过程，几乎完全替代以往传统的手工操作。

一般的 ERP 软件的财务部分分为会计核算与财务管理两大块。会计核算主要是记录、核算、反映和分析资金在企业经济活动中的变动过程及其结果。它由总账、应收账、应付账、现金、固定资产、多币制等部分构成。财务管理的功能主要是基于会计核算的数据，再加以分析，从而进行相应的预测、管理和控制活动。它侧重于财务计划、控制、分析和预测。

2．生产控制管理模块

这一部分是 ERP 系统的核心所在，它将企业的整个生产过程有机地结合在一起，使得企业能够有效地降低库存，提高效率。同时各个原本分散的生产流程的自动联结，也使得生产流程能够前后连贯地进行，而不会出现生产脱节，耽误生产交货时间。

生产控制管理是一个以计划为导向的先进的生产与管理方法。首先，企业确定它的一个总生产计划，再经过系统层层细分后，下达到各部门去执行，即生产部门以此生产，采购部门按此采购等。

3．物流管理模块

1）分销管理

销售的管理是从产品的销售计划开始的，对其销售产品、销售地区、销售客户各种信息进行管理和统计，并可对销售数量、金额、利润、绩效、客户服务做出全面的分析。因此，分销管理模块大致有三方面的功能：对于客户信息的管理和服务；对于销售订单的管理；对于销售的统计与分析。

2）库存控制

库存控制用来控制存储物料的数量，以保证稳定的物流，支持正常的生产，但又最小限度地占用资本。它是一种相关的、动态的及真实的库存控制系统。它能够结合、满足相关部门的需求，随时间变化动态地调整库存，精确地反映库存现状。

3）采购管理

采购管理用于确定合理的订货量、优秀的供应商和保持最佳的安全储备，能够随时提供订购、验收的信息，跟踪和催促外购或委托外加工的物料，保证货物及时到达；建立供应商的档案，用最新的成本信息来调整库存的成本。

4．人力资源管理模块

以往的 ERP 系统基本上都是以生产制造及销售过程（供应链）为中心的。因此，长期以来一直把与制造资源有关的资源作为企业的核心资源来进行管理。但近年来，企业内部的人力资源，开始越来越受到企业的关注，被视为企业的资源之本。在这种情况下，人力资源管理，作为一个独立的模块，被加入到了 ERP 的系统中来，和 ERP 中的财务、生产系统组成了一个高效的、具有高度集成性的企业资源系统。它与传统方式下的人事管理有着根本的不同。人力资源管理模块包括：人力资源规划的辅助决策、招聘管理、工资核算、差旅核算等内容。

5.1.4　ERP 的实施过程

在引入 ERP 系统的过程中，实施是一个极其关键也是最容易被忽视的环节。因为，实

施的成败最终决定着 ERP 效益的充分发挥。例如，据不完全统计，我国目前已有近千家企业购买了 MRPⅡ/ERP 软件。而在所有的 ERP 系统应用中，存在三种情况：按期按预算成功实施实现系统集成的只占 10%～20%，没有实现系统集成或实现部分集成的只有 30%～40%，而失败的却占 50%。并且在实施成功的 10%～20%中大多为外资企业。事实表明：ERP 实施情况已经成为制约 ERP 效益发挥的一大瓶颈因素。因此，企业的 ERP 项目只有在一定科学方法的指导下，才能够成功实现企业的应用目标。

一个典型的 ERP 实施进程主要包括以下几个阶段，如图 5-3 所示。

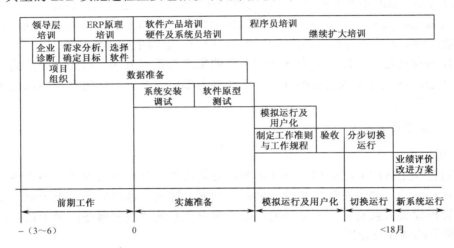

图 5-3　ERP 实施进程简图

（1）项目的前期工作（软件安装之前的阶段）：这个阶段的工作主要包括领导层培训及 ERP 原理的培训，需求分析，确定目标，软件选型。

（2）实施准备阶段（包括数据和各种参数的准备和设置）：这一阶段要建立的项目组织和所需的一些静态数据可以在选定软件之前就着手准备和设置，图 5-3 中用向左延伸到前期工作阶段来表示。在这个准备阶段中，要做的工作包括项目组织、数据准备、系统安装调试、软件原型测试。

（3）模拟运行及用户化：这一阶段的目标和相关的任务包括模拟运行及用户化、制定工作准则与工作规程、验收。

（4）切换运行：这要根据企业的条件来决定应采取的步骤，可以各模块平行一次性实施，也可以先实施一两个模块。在这个阶段，所有最终用户必须在自己的工作岗位上使用终端或客户机操作，处于真正应用状态，而不是集中于机房。如果手工管理与系统运行还有短时并行，可作为一种应用模拟看待，但时间不宜过长。

（5）新系统运行：一个新系统被应用到企业后，实施的工作其实并没有完全结束，而是将转入到业绩评价和下一步的后期支持阶段。这是因为我们有必要对系统实施的结果做一个小结和自我评价，以判断是否达到了最初的目标，从而在此基础上制定下一步的工作方向。还有就是由于市场竞争形势的发展，将会不断有新的需求提出，再加之系统的更新换代，主机技术的进步都会对原有系统构成新的挑战，所以，无论如何都必须在巩固的基础上，通过自我业绩评价，制定下一目标，再进行改进，不断地完善和提高。

5.1.5　ERP 主要厂商

1. 中国大陆 ERP 产品

对于具有自主知识产权的国内 ERP 软件，品牌效应比较大，如金蝶、用友，他们基于升级的客户群与强大的市场渗透力，在中国大陆地区 ERP 市场上占有比较大的份额。产品在分步实施、软件结构及其接口的开放性、数据转换等方面容易使客户接受。软件价格和实施费用较低、但在软件功能完善性、广泛性、成熟性与国外知名 ERP 软件存在差距。

2. 中国台湾 ERP 产品

台湾地区的 ERP 软件，其功能在制造业方面比较成熟，在软件与国情结合度上比国外软件有优势，本地化服务与支持也比较好。软件的价格、接口的开放度、数据转换容易使国内中小型企业认同。但在软件的行业版本方面有较大局限，比较适用于生产模式不复杂的、行业类别明晰的企业。对集团、规模型企业需要注重得到直接支持与客户化修改能力等承诺。

3. 国外 ERP 产品

国外的 ERP 软件如 SAP 等，行业版本、软件功能完善、实施能力方面占有明显优势；但在软件与中国国情结合度上比较薄弱。其客户化修改功能、接口的开放度、客户数据转换支持、软件价格和实施费用等方面，不容易被国内企业认同与接受，适合于已与国际化接轨、信息化基础较好、人员素质较高的大型企业，而对于生产（经营）规模较小、信息化管理程度低的中小型企业不适合。

5.2　准时生产 JIT

日本汽车工业从其起步到今天经历了一个技术设备引进对国产化—建立规模生产体制—高度成长—工业规模巨大化—强化国际竞争力—出口日增对全球战略这样一个过程。但是，从一开始的技术设备引进阶段，日本汽车工业就没有全部照搬美国的汽车生产方式。这其中除了当时的日本国内市场环境、劳动力以及二次世纪大战后资金短缺等原因以外，一个很重要的原因是以丰田汽车公司副总裁大野耐一等人为代表，从一开始就意识到美国汽车工业的生产方式虽然已很先进，但需采取一种更灵活、更能适应市场需求的、能够提高产品竞争力的生产方式。

在 20 世纪后半期，整个汽车市场进入了一个市场需求多样化的新阶段，而且对质量的要求也越来越高，随之给制造业提出新的课题：如何有效地组织多品种、小批量生产？否则生产过剩所引起的只是设备、人员、库存费用等一系列的浪费，从而影响到企业的竞争能力甚至是企业的生存。

在这种历史背景下，1953 年，日本丰田公司的副总裁大野耐一综合了单件生产（one-piece-flow）和批量生产的特点和优点，创造了一种在多品种小批量混合生产条件下高质量、低消耗的生产方式即准时生产 JIT（Just In Time）。

JIT 生产方式在推广应用过程中，经过不断发展完善，为日本汽车工业的腾飞插上了翅膀，提高了生产效率，被视为制造业中最理想且最具有生命力的新型生产系统之一。

准时生产的核心目标是彻底消除无效劳动和浪费。准时生产方式的基本思想可概括为"在需要的时候，按需要的量，生产所需的产品"，也就是通过生产的计划和控制及库存管理，追求一种无库存或库存达到最小的生产系统。开发了包括"看板"在内的一系列具体方法，并逐渐形成了一套独具特色的生产经营体系，如图 5-4 所示。

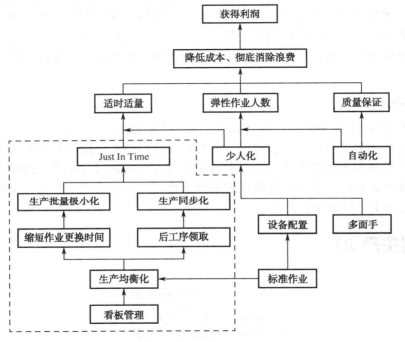

图 5-4　准时生产（JIT）

JIT 以订单驱动，通过看板，采用拉动方式把供、产、销紧密地衔接起来，使物资储备、成本库存和在制品大为减少，提高了生产效率，这一生产方式在推广应用过程中得到不断发展与完善。

5.2.1　JIT 的核心思想

在准时制生产方式倡导以前，世界汽车生产企业包括丰田公司均采取福特式的"总动员生产方式"，即一半时间人员和设备、流水线等待零件，另一半时间等零件运到后，全体人员总动员，紧急生产产品。这种方式造成了生产过程中的物流不合理现象，尤以库存积压和短缺为特征，生产线或者不开机，或者开机后就大量生产，这种模式导致了严重的资源浪费。丰田公司的准时制采取的是多品种、少批量、短周期的生产方式，实现消除库存、优化生产物流、减少浪费的目的。

JIT 生产方式的基本思想是生产的计划和控制以及库存的管理，追求一种无库存的生产系统，或使库存达到最小的生产系统。

JIT 以准时生产为出发点，首先暴露出生产过量和其他方面的浪费，然后对设备、人员等进行淘汰、调整，达到降低成本、简化计划和提高控制的目的。在生产现场控制技术方面，准时制的基本原则是在正确的时间，生产正确数量的零件或产品，即时生产。它将传统生产过程中前道工序向后道工序送货，改为后道工序根据"看板"向前道工序取货，看板系统是准时制生产现场控制技术的核心，但准时制不仅仅是看板管理。

JIT 的基础之一是均衡化生产，即平均制造产品，使物流在各作业之间、生产线之间、工序之间、工厂之间平衡、均衡地流动。为达到均衡化，在 JIT 中采用月计划、日计划，并根据需求变化及时对计划进行调整。

JIT 提倡采用对象专业化布局，用以减少排队时间、运输时间和准备时间。在工厂一级采用基于对象专业化布局，以使各批工件能在各操作间和工作间顺利流动，减少通过时间；在流水线和工作中心一级采用微观对象专业化布局和工作中心形布局，可以减少通过时间。

JIT 可以使生产资源合理利用，包括劳动力柔性和设备柔性。当市场需求波动时，要求劳动力资源也作相应调整。如需求量增加不大时，可通过适当调整具有多种技能操作者的操作来完成；当需求量降低时，可采用减少生产班次、解雇临时工、分配多余的操作工去参加维护和维修设备，这就是劳动力柔性的含义。而设备柔性是指在产品设计时就考虑加工问题，发展多功能设备。

JIT 强调全面质量管理，目标是消除不合格品。消除可能引起不合格品的根源，并设法解决问题，JIT 中还包含许多有利于提高质量的因素，如批量小、零件很快移到下道工序、质量问题可以及早发现等。

JIT 以订单驱动，通过看板系统，采用拉动方式把供、产、销紧密地衔接起来，使物资储备、成本库存和在制品大为减少，提高了生产效率

JIT 是一种理想的生产方式，这其中有两个原因。一是因为它设置了一个最高标准，一种极限，就是"零"库存。实际生产可以无限地接近这个极限，但却永远不可能达到零库存。二是因为它提供了一个不断改进的途径，即降低库存—暴露问题—解决问题—降低库存，这是一个无限循环的过程。

5.2.2　JIT 的体系构造

图 5-5 明确简捷地表示了准时化生产方式的体系构造，同时也表明了该体系的目标，以及实现目标的各种技术、手段和方法及其相互间的关系。

JIT 的目标是彻底消除无效劳动和浪费，具体要达到以下目标：

（1）废品量最低。JIT 要求消除各种引起不合理的原因，在加工过程中每一道工序都要求达到最好水平。

（2）库存量最低。

（3）准备时间最短。准备时间长短与批量选择相联系，如果准备时间趋于零，准备成本也趋于零，就有可能采用极小批量。

（4）生产提前期最短。短的生产提前期与小批量相结合的系统，应变能力强，柔性好。

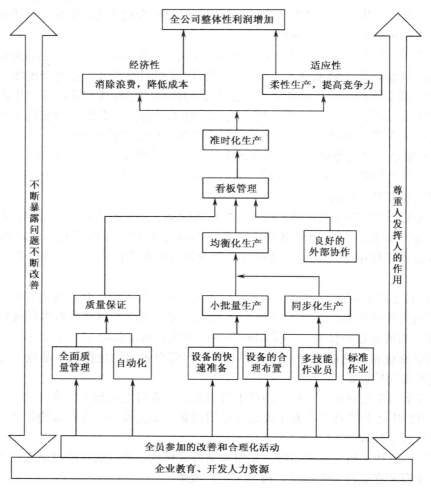

图 5-5　丰田 JIT 生产体系构造

（5）减少零件搬运，搬运量低。

（6）机器损坏率低。

（7）批量小。

为了达到上述目标，JIT 对产品和生产系统设计考虑的主要原则有以下三个方面：

（1）当今产品寿命周期已大大缩短，产品设计应与市场需求相一致，在产品设计方面，应考虑到产品设计完成后要便于生产。

（2）尽量采用成组技术与流程式生产。

（3）与原材料或外购件的供应者建立联系，以达到 JIT 供应原材料及采购零部件的目的。

JIT 思想是现代企业必须严格贯彻到生产核心中的理念，但实现手段因具体企业和生产方式而不同。汽车行业的 JIT 生产模式在多年的实践中不断探索，初步确立了适合国情的 JIT 生产方式，对其供应商即汽车零部件企业要求实行准时供货，从供应链的整体角度设计完善的准时交付体系，降低供应链的总体库存，提高物流效率，实现整车企业的 JIT 生产。

5.2.3　JIT 的看板管理

"看板"的英文为"Kan ban",这个词来自于日本,意味着"口令"或"指令"。看板是精益生产方式实现从后道工序向前道工序取货的"拉动式"的准时化生产所采用的工具。看板通常是一种卡片,上面记载有零部件型号、取货地、送货地、数量、盛放的工位器具型号及盛放量、看板本身周转张数和本张看板作为第几张等事项,工厂以此作为取货、运输、生产的指令和信息。用看板为工具来实现准时化生产的管理方法,称为看板管理。

1．看板的作用

拉动式生产的基本原理是用户(后工序)在需要时向前工序取所需的品种和数量的零部件,而前工序只生产后工序取走的数量。在生产现场,看板传递用户(后工序)需要的信息,转达生产和运输的指令,揭示生产中出现的矛盾和问题,对于节减工时、减少库存、消灭次品、防止再次发生故障等,都起着巨大的作用。具体来讲,看板的作用包括以下几项。

1)指令作用

看板中记载着生产量、时间、方法、顺序及运送量、运送时间、运送目的地、放置场所、搬运工具等,作为后工序向前工序取货的取货指令、运输工人搬运的搬运指令、生产后工序取走零部件的生产指令等。

2)控制过量制造和过量运送

由看板规定着运输和生产的品种、数量及时间,有利于控制物流,不见看板不准生产和取货,不能提前,不能超量。

3)信息和管理

看板必须附在实物上存放,能够迅速有效地反馈生产活动的信息,可以从最后一道装配工序逐次向前工序追溯,以便进行"自律"管理。

4)防止生产和运送不良品

不合格的零件不允许挂看板,这就制止了不良品的流动和使用。

5)表明问题所在和管理库存的手段

看板的停滞表明生产上的异常,可以通过调整看板发行的数量来管理库存量。

6)微调计划

当用户的需求或产品生产计划有微量变动时,通过控制看板的流动可以对生产加以微调,使生产具有高度可控性和一定的柔性。

2．看板的分类

看板按其不同用途可以有各种类别和样式。

在本工序、本工段、本车间、本专业厂内运行的看板为工序的看板,它又可以分为生产看板和取货看板两类。锻造、冲压生产单位的生产看板可分"剪动(下料)看板"和"生产看板",取货看板可分"领料看板"和"领模具看板",等等。在外协厂和主机厂之间为供货而运行的看板为外协看板,它是主机厂指导外协厂准时供货的指令和信息。

在生产线内的生产看板可根据车间内部条件采用各种非卡片类型的样式。

3．看板运行的规则

为使看板真正发挥上述的各种作用，看板运行中必须严格遵守下列规则：

（1）后工序带看板到前工序取货；

（2）工序中按摘下生产看板的顺序和数量进行生产。

4．看板管理实施的条件

看板运行必须要具备一定的条件，要循序渐进地创造好运行的条件再逐步推行，否则不会取得满意的效果。它所要求的基本条件是：

（1）必须是以流水作业为基础的生产；

（2）生产秩序要稳定，生产能彻底均衡，工艺规程、工艺流程执行良好，工序质量能控制；

（3）设备、工装精度良好；

（4）原材料、外购件供应的数量、质量有保证，能源供应可靠；

（5）企业内部生产现场的制造、检验、运输工序合理化，平面布置合理化；

（6）没有看板不运送、不制造、不提前、不过量；

（7）实物必须要挂看板；

（8）合格品才能挂流通看板；

（9）控制和调整看板发行数量。

5.2.4　JIT的优点与不足

JIT的优点：

（1）由于生产过程中实现同步化，上下道工序的衔接紧凑，减少原材料在制品、成品的库存与积压，也节省生产空间。

（2）减少生产加工时间。由于生产中各工序的操作者都按同步的节拍操作，生产进度不是传统方式下以慢节奏进行，而是受"拉动"控制使生产速度能保持在平均速度或平均速度之上。

（3）提高产品质量，减少废品与返工。JIT生产中由于实行"小批量生产、小批量运输"，特别是"单件生产、单件传递"，这就会迫使生产系统中的每道加工工序的作业人员必须生产出百分之百合格的零部件制品。否则，只要有极小数（甚至1件）不合格品产出，就会破坏正常的生产，因此说JIT生产形成了一种"确保生产合格品"的强制性约束机制。

（4）提高劳动生产率及设备利用率。JIT通过生产设施的合理布局，使生产运作管理过程中滞留时间、滞留空间和作业人员的差异减小到最低程度。它改变了一人一机的传统，实行一人多机的作业组织方法，大幅度提高劳动生产率及设备利用率。

（5）由于是按照统一的原则进行整个生产运作系统的管理，从而增强了作业人员的集体感，使他们能主动参与生产问题的解决，提高了积极性。

（6）有利于生产运作管理功能的整体优化。JIT不仅考虑生产局部的"同步化"，而且考虑整个企业生产的同步化问题。它克服了传统方法中质量管理、设备维修管理和技术工艺管理与工序管理相互脱节的弊端，形成个人、班组、工序、车间乃至整个企业层层配套的管理网络系统。

JIT 目前已在国外广泛应用于重复性生产的制造业中。然而，人们在实际应用 JIT 组织生产时也发现 JIT 并非十全十美，JIT 确实还存在一些缺陷。JIT 的不足如下：

（1）不做详细能力计划，使生产常安排在低于最高产能的状态下运行；

（2）JIT 对生产系统因故障产生的不均衡其承受能力远低于 MRPⅡ系统；

（3）成功地开发并应用 JIT 需要很长时间，其中包括产品和工艺流程重新设计、员工技能培训等；

（4）JIT 仅限于重复性制造生产，需要非常稳定的生产周期，产品品种有限且有一定的相似性；

（5）生产布局有特定要求及要求供应商就近布置等。这在一定程度上影响了 JIT 作用的发挥。

5.3　精益生产 LP

精益生产 LP（Lean Production）方式源于丰田准时化生产方式 JIT，是由美国麻省理工学院组织世界上 17 个国家的专家、学者，花费 5 年时间，耗资 500 万美元，以汽车工业这一开创大批量生产方式和精益生产方式的典型工业为例，经理论化后总结出来的。精益生产方式的优越性不仅体现在生产制造系统，同样也体现在产品开发、协作配套、营销网络以及经营管理等各个方面，它是当前工业界最佳的一种生产组织体系和方式。

精益生产方式是战后日本汽车工业遭到的"资源稀缺"和"多品种、少批量"的市场制约的产物，直到 20 世纪 60 年代才逐步完善而成。

精益生产，又称精良生产，精是指质量高，益是指库存低。它的基本原理是不断改进，消除对资源的浪费，协力工作和沟通。不断改进是精益生产的指导思想，消除浪费是精益生产的目标，协力工作和沟通是实现精益生产的保证。

5.3.1　LP 的生产特点

1．拉动式准时化生产

拉动式准时化生产以最终用户的需求为生产起点。强调物流平衡，追求零库存，要求上一道工序加工完的零件立即可以进入下一道工序。组织生产线依靠看板管理，即由看板传递下道工序向上道工序需求的信息。生产中的节拍可由人工干预、控制，但重在保证生产中的物流平衡（对于每一道工序来说，即为保证对后道工序供应的准时化）。由于采用拉动式生产，生产中的计划与调度实质上是由各个生产单元自己完成的，在形式上不采用集中计划，但操作过程中生产单元之间的协调极为必要。

2．全面质量管理

强调质量是生产出来而非检验出来的，由生产中的质量管理来保证最终质量。生产过程中对质量的检验与控制在每一道工序都进行。重在培养每位员工的质量意识，在每一道工序进行时注意质量的检测与控制，保证及时发现质量问题。如果在生产过程中发现质量问题，根据情况可以立即停止生产，直至解决问题，从而保证不出现对不合格品的无效加工。对于出现的质量问题，一般是组织相关的技术与生产人员作为一个小组，一起协作，尽快解决。

3．团队工作法（Team Work）

每位员工在工作中不仅要执行上级的命令，更重要的是还要积极地参与，起到决策与辅助决策的作用。组织团队的原则并不完全按行政组织来划分，而主要根据业务的关系来划分。团队成员强调一专多能，要求能够比较熟悉团队内其他工作人员的工作，保证工作协调的顺利进行。团队人员工作业绩的评定受团队内部评价的影响（这与日本独特的人事制度关系较大）。团队工作的基本氛围是信任，以一种长期的监督控制为主，而避免对每一步工作的校核，提高工作效率。团队的组织是变动的，针对不同的事物，建立不同的团队，同一个人可能属于不同的团队。

4．并行工程（Concurrent Engineering）

在产品的设计开发期间，将概念设计、结构设计、工艺设计、最终需求等结合起来，保证以最快的速度按要求的质量完成。各项工作由与此相关的项目小组完成。进程中小组成员各自安排自身的工作，但可以定期或随时反馈信息并对出现的问题协调解决。依据适当的信息系统工具，反馈与协调整个项目的进行。利用现代 CIM 技术，在产品的研制与开发期间，辅助项目进程的并行化。

5.3.2　LP 的体系结构

精益生产依据较为独特的生产组织方式，并取得了良好的效果。这不仅是因为它的某项管理手段比大批量生产方式或其他生产方式优越，而且在于它依托所处的经济、技术和人文环境，采用了适应环境的管理体系，从而体现出巨大的优越性。精益生产体系与传统的生产体系比较有如下优点。

1．消除任何形式的浪费

在精益生产体系中，浪费被定义为凡是不增加产品价值的生产环节都属于浪费的范畴，比如在制品库存、在制品搬运、原材料库存等。从常规的生产方式来看，许多属于浪费范畴的生产环节都是理所应当且必然存在的，如在制品库存等，而精益生产体系则认为客户并不会因为企业的在制品库存多就购买你的产品，因此这是一种浪费，这也是两种生产体系所追求的目标不同所产生的本质区别。

2．紧凑的产品生产流程

在精益生产体系中，因为产品的生产为多品种、小批量，这就要求生产制造系统能够适应不同产品的制造工艺要求，以及因数量变化而产生的生产负荷波动的情况。在实践

中，制造单元（Manufacture Cell）U 型生产线是一种常用而且有效的生产流程技术，它是按照零部件加工工艺的要求，将所需的机器设备串联在一起，布置成为 U 型制造单元，并在此基础上，将几个 U 型制造单元结合在一起，连接成一条整合的生产线。这样的生产流程是基于精益生产追求准时和灵活性思想的指导下产生的一种有效的生产流程技术，该种技术既能满足客户多品种、小批量的需求，又能有效地降低在制品库存量。

3．小批量、多品种的投产技术

由于紧凑型产品生产流程决定了投产顺序计划要根据混合装配线上不同的产品安排不同的投入顺序。因为如果各工序的作业速度不一样，就有全线停产的可能性。为了避免这种情况，就必须制定使各工序的作业速度差保持最小的投入顺序计划。因此在制定投入顺序计划时，要注意到混合装配线之前的各工序的生产均衡化，同时设法减小供应零部件的各工序产量及运送量的变化，减少在制品的储存量。为了达到这个目的，混合装配线所需要的各种零部件的单位时间使用量就应尽可能保持不变，即掌握生产的节拍时间。

小批量、多品种的投产技术是基于精益生产的消除浪费的思想，从计划的角度将生产过程中多余的生产消除，以消除多余的在制品库存和成品库存。

4．工装设备的管理技术

由于多品种、小批量的生产方式必然要求工装设备的调整、切换比较频繁，只有将工装设备的调整、切换时间压缩在合理的范围内，精益生产的生产成本才能具有市场竞争力。要做到这一点，目前公认最有效的技术和方法包括：

（1）快速工装设备切换技术。

（2）全员生产保养方法。

（3）整齐清洁的工作场所管理方法——5S 管理。

工装设备的管理技术目的在于通过对设备的管理，以维持设备能够满足生产需求和通过 5S 对工作现场的管理，以保持工作现场的整齐清洁来保证生产的顺利进行，以消除生产过程中的等待时间和降低不良品产生的机会，在一定程度上降低不良品的库存。

5．以看板为核心的车间底层控制方式

看板最初是丰田汽车公司作为一种生产、运作指令的传递工具而被创造出来的。其主要功能为生产及运送的工作指令、防止过量生产和过量运送、信息传递管理的工具。

构建一个以看板为核心的精益生产体系，通过不断减少看板的数量，工序间的在制品存量就会相应减少，这样过高的在制品库存所掩盖的设备故障、不良产品等问题便会直接暴露出来，从而必须立即采取改善措施来解决问题，以减少企业内部库存。同时以顾客需求为导向，建立小批量、多品种的投产技术和紧凑的生产流程来降低成品库存，从而达到企业内部库存管理的目的。

有人将精益生产体系形象地比喻为一栋大厦，如图 5-6 所示，该大厦的基础为以协作（Team Work）方式工作的并行工程 CE，其屋顶

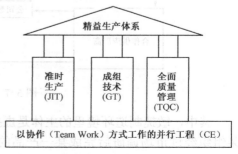

图5-6 精益生产体系

为精益生产体系，支撑这个屋顶的三根支柱为准时生产 JIT、成组技术 GT 和全面质量管理 TCQ。我国学者则认为，应该以成组技术作为基础更确切，因为 JIT、CE 和 TCQ 都应在成组技术的支持下建立才更为有效。

5.4　敏捷制造 AM

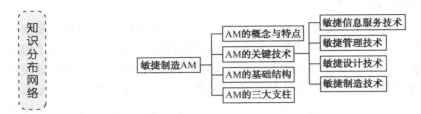

5.4.1　AM 的概念与特点

敏捷制造 AM（Agile Manufacturing）是不断采用最新的标准化和专业化的网络及专业手段，以高素质、协同良好的工作人员为核心，在信息集成及共享的基础上，以分布式结构动态联合各类组织，构成优化的敏捷制造环境，快速高效地实现企业内外部资源合理集成及生产符合用户要求的产品。

AM 改变了传统的企业设计与制造方式，其设计、制造过程对用户透明，用户可参与设计到销售业务等各个方面的活动。敏捷制造系统的框架如图 5-7 所示。AM 先进制造模式已成为美国制造业广为接受的 21 世纪赢得竞争、获取利润的主要生产模式。

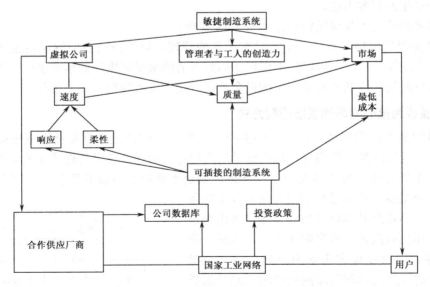

图 5-7　敏捷制造系统的框架

其中，敏捷制造环境里的主体是虚拟企业（Virtual Enterprise），也称动态联盟。它是指某组织经过市场调研后完成某一产品的概念设计并建立相应的项目，然后联合其他在此项目中各有所长的组织（企业）组成动态联盟，快速完成该项目的设计加工，抢占市场，项

目完成后，联盟解散。盟友（各联盟组织）间通过现代通信技术相互联系，由盟主（创立项目的组织）协同工作，实现同地或异地设计制造过程。虚拟企业的特点是：功能的虚拟化、组织的虚拟化和地域的虚拟化。

敏捷制造的核心思想是：要提高企业对市场变化的快速反应能力，满足顾客的要求。除了充分利用企业内部资源外，还可以充分利用其他企业乃至社会的资源来组织生产。

敏捷制造的基本原理为：采用标准化和专业化的计算机网络和信息集成基础结构，以分布式结构联结各类企业，构成虚拟制造环境；以竞争合作为原则在虚拟制造环境内动态选择成员，组成面向任务的虚拟公司进行快速生产；系统运行目标是最大限度地满足客户的需求。

根据上述的基本原理，可将敏捷制造的特点归纳为：

（1）不仅能迅速设计、试制全新的产品，而且还易于吸收实际经验和工艺改革建议，不断改进老产品；

（2）能在整个生命周期中满足用户要求；

（3）生产成本与生产批量无关，其战略着眼点在于长期获取经济效益；

（4）采用多变的动态组织结构，通过所建立的基础结构来实现企业经营目标；

（5）把最大限度地调动和发挥人的作用，作为强大的竞争武器。

（6）建立新型的标准体系，实现技术、管理和人的集成。

综上所述，一个敏捷制造企业就是由敏捷的员工用敏捷的工具，通过敏捷的生产过程制造出敏捷的产品。

5.4.2　AM 的关键技术

敏捷制造的关键技术包括敏捷信息服务技术、敏捷管理技术、敏捷设计技术、敏捷制造技术等，它们都是多种基本技术的综合技术。

1．敏捷信息服务技术

敏捷信息服务技术主要包括信息技术、通信技术、计算机网络技术、信息处理、信息管理、群组工作支持、工业信息网技术与服务等，它是敏捷制造基础结构的主要支持技术。

1）信息技术

主要通过通信网络和对信息的管理机制把已形成的"自动化孤岛"和异种设备及相关的企业群或机构互联起来，实现制造系统中异种数据交换、异构系统的互操作和信息集成。只有在信息技术的支持下，才可能实现企业集成化和企业间动态集成，才能做到将正确的数据、在正确的时间、以正确的形式、传送给正确的人，并帮助决策者做出正确的决策。在敏捷制造中，异构系统之间的信息交换必须有相关的标准或协议支持，主要包括以下几种。

（1）Internet 技术及相关服务：包括 TCP/IP 协议群、相关的协议和服务，具体包括从介于物理接口层与 IP 层之间的 ARP/RARP 开始到应用层的 FTP、SMTP、BOOTP 等；域名服务器 DNS、简单邮件传递协议 SMTP 和超文本传输协议 HTTP，可以保证定位并访问分布在网络上的数据。

（2）基于 CORBA 的分布对象技术：定义对象模型接口描述语言 IDL，并提供传送请求和响应的基本机制。

（3）基于 ISO/STEP 标准的信息技术：该标准包含用于描述产品模型的面向对象的建模语言 EXPRESS，提供一个访问基于 EXPRESS 的制造信息的标准的面向对象的接口，定义一个数据访问接口语言 SDAI，用于支持系统间的信息交换。

（4）工作流管理系统：用于定义工作流、建立工作流实例和管理工作流。为了规范有关工作流管理系统相关的术语、实现不同工作流管理系统之间的互操作性，工作流联盟 WFMC 定义了工作流管理系统参考模型。

2）网络通信技术及数据库技术

建立企业内的计算机网络系统，支持信息集成化；建立与全球的计算机网络的通信联系，如构成和进入 Internet/Intranet 体系等。采用合适的数据库技术，支持企业内和企业间的信息集成。

3）全球或国家工业信息网技术与服务

包括计算机网络和其他的通信基础，特别是能够满足工业需要的宽频带、高传输率的计算机网络系统。

4）信息化服务

主要包括为工业的敏捷化制造而提供的技术服务，如敏捷制造合作伙伴关系的信息提供与合作关系的辅助建立；电子商务；远程咨询、培训、诊断；第三方安全机制等。

5）群组工作支持

群组工作支持要提供对敏捷制造下工作的小组协作、并行设计等重要工作形式的支持，还必须与集成的过程管理相结合。

2．敏捷管理技术

敏捷管理技术主要包括集成的产品与过程管理、决策支持技术、模型与仿真技术、并行工程管理、敏捷组织管理（技术策略联盟、虚拟公司等）、敏捷合作关系的管理（资源、风险/利润管理等）、经营业务过程重组、成组技术等。

1）集成的产品与过程管理

对产品和过程进行管理，为企业管理层的决策提供支持，使企业的订货、生产计划与动态管理、制造和合作伙伴关系的动态建立成为有机的整体。

2）决策支持技术

对于敏捷制造过程，难以实现全自动化决策支持。在 DSS、GDSS（群组决策支持系统）的基础上，要进一步发展具有集成的产品与过程管理能力的 GDSS。

3）模型与仿真技术

敏捷制造系统是离散事件动态系统，同时是大系统，往往是多目标问题，其最优解难以获得，因此模型与仿真技术是重要的决策支持与管理技术。

3．敏捷设计技术

敏捷设计技术不仅仅是纯粹的设计技术，而是包括组织方面、企业业务过程、管理与实施方法等的综合技术，主要内容如下。

1）产品设计开发过程与开发组织的重组

将企业的产品设计开发分成全新产品设计和变型产品设计，采用并行工程思想组织产品开发过程。全新产品设计负责新产品的设计和标准模块的设计，该部分由企业的智能基础结构或该结构的扩展完成，是敏捷制造智能合作的主要内容。相应地，将企业的生产过程分成两个循环，即与全新产品设计开发有关的新产品形成过程和与变型产品有关的产品制造过程。

2）产品结构重组

简化产品结构、产品编码和产品文档的标准化。主要包括：系列产品和组合产品的开发；产品编码的系统化；产品技术文件的系统化。

3）开发过程的信息重组

采用面向敏捷制造的先进的工程数据管理系统及计算机集成工具，建立智能化的产品模型，支持企业产品的智能基础结构及其扩展。

4）敏捷设计的设计方法学

5）敏捷设计技术包括的具体支持技术

主要有：CSCW（计算机支持的合作方式）、计算机辅助技术（CAD/CAPP/CAM/CAE、产品模型与产品设计方法学、虚拟制造技术、快速原型技术等）、并行工程等。

4．敏捷制造技术

可重组和可重用的敏捷制造技术是适应于敏捷制造环境的制造技术的综合技术，主要包括：计算机辅助技术（CAD/CAPP/CAM/CAE、产品模型、虚拟制造技术、快速原型技术等）、数控技术与柔性制造技术、制造单元技术、车间级的设备重组技术、工艺级的工装组合与重用技术、成组技术、机器人技术、智能控制技术等。可重组和可重用的制造技术在敏捷制造中具有一定的重要性，是企业最终增强制造柔性、加强制造核心优势的关键技术。但企业在受技术与财力限制时，也可以通过核心优势的组合（包括与关联企业的合作），形成跨企业的暂时的综合核心优势，达到竞争优势中本企业的核心优势的优化组合，争取竞争获胜。

5.4.3　AM 的基础结构

敏捷企业作为一种新的企业模式，在经营过程、经营方式和管理模式等方面比一般企业要复杂得多，需要计算机技术和网络技术的支持。因此，在建立动态联盟的同时，有必要建立一个基于计算机技术和网络技术的基础结构，能够通过有效的信息存储、处理、通信和接口实现敏捷的分布制造，从而满足地理和组织上分布的联盟的需求。由于企业动态联盟的特点和实际需求，支持联盟整个生命周期的基础结构应该是开放的和基

先进制造技术（第2版）

于标准的，应该能够集成异构与分布的过程、数据和计算环境，突破大小、地理、组织和技术的界限，以使联盟的参与者能够在不同的数据结构、过程和计算环境等条件下进行协作。

敏捷制造基础结构综合了敏捷制造信息服务技术、敏捷管理技术、敏捷设计技术和可重组/可重用的制造技术，为敏捷制造的实施提供了全方位的环境支持、技术支持与工具等，包括信息基础结构、组织基础结构和智能基础结构。

1. 敏捷制造信息基础结构

敏捷制造信息基础结构是指为敏捷制造服务的信息技术、全球或国家信息基础结构/企业信息基础结构、相关的信息服务的综合体。全球或国家信息基础结构 NIIIP 提供全局的信息基础，支持敏捷制造系统建立的信息服务和资源集成，通过信息服务提供金融、安全、法律保障等功能。其实现的一种模式可能如德国的国家工业信息网 GEN，该网是以异步传输方式 ATM 建立的广域网，与 Internet 相连，企业子网直接或通过 Internet 与 GEN 相连。在 GEN 上，有提供企业信息服务的服务系统，如产品信息服务、技术合作、制造合作服务等。敏捷制造信息基础结构的一种模式如图 5-8 所示，以全球信息网或工业信息网连接的企业子网，在信息网上信息服务系统的支持下，形成敏捷制造的信息基础结构。

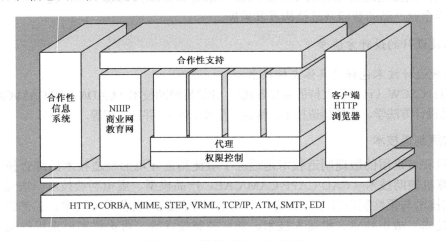

图 5-8　敏捷制造信息基础结构

2. 敏捷制造组织基础结构

敏捷制造的组织基础结构是指企业进行敏捷化制造或企业间敏捷合作的组织基础形式及其管理，该组织基础结构是支持敏捷制造各类功能的组织载体。企业进行敏捷制造的组织基础形式主要指企业内部为适应敏捷制造的组织形式和在敏捷制造环境下的组织重构及组织管理；企业间敏捷合作的组织形式包括企业间合作可能的各种形式，垂直方向企业间合作，如转包加工、供应链、插入兼容合作，水平方向企业间合作，如合资经营、策略联盟、虚拟合作方式等。

敏捷制造组织基础结构存在多种形式，从联系紧密程度上划分，可以分为紧密联合层和松散联合层；从联合方式划分，可以是常规的企业联合，也可以是动态的虚拟合作方式，如动态联盟等；从联合的原因上划分，可以是依据企业的各自核心优势的联合，也可

能是调节生产任务负荷、市场占有和划分妥协、加快上市时间、跨越贸易壁垒等因素的联合。敏捷制造的组织基础结构是敏捷制造的重要基础，必须根据企业的敏捷制造发展战略逐步建立，从常规的合作关系建立和依据计算机网络的企业伙伴选择两条途径进行发展，而不能仅仅依据计算机网络的企业伙伴选择建立敏捷合作关系，特别是不同的行业存在不同的行业特点，必须有针对性地进行敏捷制造组织基础的建立与维护。采用敏捷制造战略的企业，必须根据企业的核心优势、环境约束、战略考虑等，一方面进行核心优势的内聚化，通过资源组合或与其他企业的紧密合作以加强企业的核心优势；另一方面，也可根据战略需要进行核心优势的外延化，根据战略需要，将某些原有的核心优势弱化和扩展到紧密合作企业，以集中企业的人力、资源进行企业具有战略意义的核心优势的强化，因此企业必须在紧密合作层企业中建立合适的组织基础结构。企业为其战略需要，要根据其核心优势与许多关联企业进行优势互补的合作，这是一个过程，根据行业的特点可能需要或长或短的一定的时间，以便企业建立商业信誉和使关联企业进行调整。因此，企业必须在平时与一些企业建立紧密的合作关系，与更多的企业建立潜在的合作关系，即建立虚拟的组织结构，以便在有市场机遇时，能依据计算机网络的企业伙伴选择在紧密层和松散层企业中选择合适的子集进行敏捷合作。

3．敏捷制造智能基础结构

敏捷制造的智能基础结构是指企业在市场营销信息收集与处理、企业战略与决策、企业的产品开发与设计、产品的制造与工艺等方面的智能的组织形式（包括人员、资源）、智能的构成形式与组合（如学科构成等）、对智能的管理，以及上述智能结构的扩展能力。敏捷制造的智能基础机构包括人类专家和计算机智能两个层次。包括人类专家和计算机智能系统（如决策系统和专家系统）的企业的智能体系是敏捷制造智能系统的基础。企业的智能体系的资源是有限的，但可以通过与其他企业、科研单位或专门提供智力服务的组织（如咨询公司、未来可能出现的提供设计的虚拟公司等）合作，扩展企业的智能能力。敏捷制造的智能基础结构，从范围上分类，可分为本企业智能结构和合作智能结构；从敏捷制造的智能基础结构的处理机制上分类，可以分为完成日常或常规事物的有计算机处理的智能结构和处理异常情况或必须由人类专家处理的智能结构两部分。敏捷制造的智能基础结构的工作形式可以是人类专家之间、人类专家与计算机智能系统之间的常规合作，可以是基于群组合作工具的常规合作，也可以是基于群组合作工具的虚拟合作，或者动态合作方式，在该方式下根据需要联合相应的人类专家或其他企业的智能结构共同进行合作，在项目完成后解散该智能体系或保留智能体系的必要部分进行常规运行，在必要的时候进行智能扩展。

5.4.4　AM 的三大支柱

人、管理与技术是支撑敏捷制造的三大支柱。

1．人

1）树立以"人"为中心的思想

人是生产力诸要素中最活跃、最革命性的首要因素。为此需要在更高的层次上发挥人

的主观能动性。充分重视人在企业活动中的地位，以及人的智能、经验、性能及自我价值在生产过程中的作用。

2）人在敏捷制造中应具备的素质

（1）能够充分发挥主动性及创造性，能积极有效地掌握信息和新技术，接收新的思维模式。得到授权后，能自己组织及管理项目，在各个层次上做出适当的决策。

（2）反应迅速灵活，能快速地从一个项目转换到另一个项目。

（3）具备群体团结协作精神，在动态联盟中能与各种人员保持良好的合作关系，具备共赢的思想。

由以上可以看出，为适应 AM 的新模式，对于原先习惯于封闭式工作的职工，需要组织有效培训，特别是思想观念更新上的培训。

2. 管理

为了适应 AM 所带来的新需求，在人员、组织、技术方面要求更加统一协调的管理。敏捷管理强调灵活及快速。

敏捷管理所借鉴的先进管理思想包括：

1）管理技艺

管理技艺包括数据标准、工艺标准、质量标准、全面质量管理、市场分析、用户与员工培训等先进管理基础要素。这也是企业之间进行信息交流所必需的。

2）并行工程

并行工程是指集成地、并行地开发产品及其相关过程的系统化方法与系统化工作模式。并行工程与串行工程不同，它必须组织跨学科、跨部门的开发小组，应用系统思想和全过程质量观念，是敏捷制造的重要手段。它可以大幅度地缩短产品开发的设计周期、降低产品成本，提高产品质量。

3）流程管理

流程管理起源于业务流程重组 BPR 思想。它强调组织的设计与重组必须围绕"业务流程"，特别是核心业务流程来进行。它消除了职能部门及组织的界限，充分发挥员工的自主性，极大地提高了工作质量和加快了流程周转速度。

4）作业管理

作业管理思想认为企业是一个最终满足客户需要而设计的一系列作业或活动的集合体。其主要内容就是将企业管理从产品任务层深入到活动作业层，再与流程管理思想相结合，这样就可以在业务流程的观念上深入细致地考察企业的低效与无益作业，从而缩短作业与流程链，提高工作质量与企业反应能力。

5）准时管理

准时管理来自日本丰田汽车公司。强调以需求来拉动生产，追求零库存，追求一种"无缺点"式的整合企业内外部业务流关系的管理。

6）精益管理

精益管理来自于精益生产思想，以准时生产、成组技术和全面质量管理为支柱，并列入并行工程及整体优化概念。它综合了单件生产与大批量生产的优点，既避免了前者的高成本，又避免了后者的僵硬化。

7）协同管理

协同管理以协同学为理论依据，它给敏捷管理提供了有力的支持。

8）企业资源计划 ERP

ERP 强调自身资源的整合，主要以我为中心，达到最优化；而敏捷管理则更加强调联盟的概念，从整体出发，以灵活快速适应市场为目的。如果企业成功实施了 ERP，就可以说企业为实现 AM 奠定了牢固的内部信息与管理基础。

3．技术

AM 的关键技术包括：敏捷虚拟企业的组织及管理技术、敏捷化产品设计和企业活动的并行运作、基于模型与仿真的拟实制造、可重组/可重用的制造技术、敏捷制造计划与控制、智能闭环加工过程控制、企业间的集成技术、全球化企业网、敏捷后勤与敏捷供应链等。这些技术都是基础技术的综合。

5.5　网络制造 NM

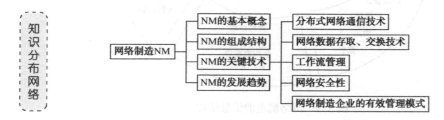

5.5.1　NM 的基本概念

网络制造是指通过采用先进的网络技术、制造技术及其其它相关技术，构建面向企业特定需求的基于网络的制造系统，并在系统的支持下，突破空间对企业生产经营范围和方式的约束，开展覆盖产品整个生命周期全部或部分环节的企业业务活动（如产品设计、制造、销售、采购、管理等），实现企业间的协同和各种社会资源的共享与集成，高速度、高质量、低成本地为市场提供所需的产品和服务。

科技部关于"网络制造"的定义为：按照敏捷制造的思想，采用 Internet 技术，建立灵活有效、互惠互利的动态企业联盟，有效地实现研究、设计、生产和销售各种资源的重组，从而提高企业的市场快速反应和竞争能力的新模式。其实质是通过以计算机网络为平台的生产经营业务活动各个环节的合作实现企业间的资源共享、优化组合和异地制造。

网络制造与传统制造不是对立的，网络制造不是对传统制造的取代。网络只是使信息的传递更快、更准确，使传递的信息更多。网络制造并不能代替传统制造业中的许多功能，如产品的创新设计需要人的创造性劳动，零件的加工和装配需要相应的设备和人员，

产品的销售需要物流系统等。具体地讲，网络制造具有以下三种能力：

（1）快速、并行地组织不同部门或集团成员将新产品从设计转入生产；

（2）快速地将产品制造厂家和零部件供应厂家组合成虚拟企业，形成高效经济的供应链；

（3）在产品实现过程中各参加单位能够就用户需求、计划、设计、模型、生产进度、质量及其他数据进行实时交换和通信。

5.5.2　NM 的组成结构

企业信息涉及有关产品设计、计划、生产资源、组织等类型的数据，不仅数据量大，数据类型和结构复杂，而且数据间存在复杂的语义联系，数据载体也是多介质的。网络制造研究内容包括制造业内部的信息交流和共享，以及制造业的网络应用服务，如图 5-9 所示。

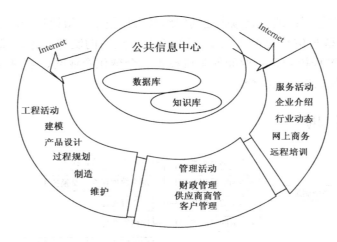

图 5-9　网络制造的信息结构

（1）制造信息共享。制造业中需要共享的信息，可分为两部分：产品制造信息和企业服务信息。其中产品制造信息包括产品信息和工艺信息。

（2）网络应用服务。对制造业企业来说，网络应用服务内容集中在以下几个方面：上网发布企业信息；跟踪行业技术信息，为企业开发适合市场需求的新产品；进行网上信息的交流；开展网上的商务活动；数字化产品模型共享，建立一个虚拟二维产品的"图书馆"。

5.5.3　NM 的关键技术

1．分布式网络通信技术

网络制造的基础是信息的处理、交换、传送和通信。快速、有效和灵活的通信是实现网络制造的必要条件。Internet、Web 等网络技术的发展使异地的网络信息传输、数据访问成为可能。特别是 Web 技术的实现，可以提供一种成本低、用户界面友好的网络访问介质，解决了制造过程中用户访问困难的问题。

2．网络数据存取、交换技术

各种制造企业存在着大量不同的应用系统，都有其各自的数据格式。企业在实施网络制造过程中，要求不同应用系统之间的信息能够准确交换和集成。随着企业需求和技术不断发展，企业同时也要求新建立的应用系统和原有的信息系统之间能够进行信息交换和集成。通过建立一个信息交换标准协议模型，利用各种相应的标准来完成不同应用系统之间的信息交换。

3．工作流管理

工作流管理与 PDM 是产品开发生命周期中的两个组成部分，是从面向任务与面向信息两个不同的角度提出的管理方法。应用工作流管理集成 PDM，是产品开发过程发展的趋势，只有这样才能把数据信息融入到生产的统一流程中，提高生产效率。工作流管理系统的主要组件是工作流应用规划接口和工作流制定服务。前者进行工作流、工作流行为与行为资源的标准化；后者包含执行接口和工作流引擎的执行服务。

4．网络安全性

由于网络制造的各种信息交流通常在 Internet 上进行，因此信息被监听、篡改和丢失的风险不可避免。在信息交互过程中，为了保证信息的安全，必须建立一个值得信赖的网络环境，确保制造企业中及各制造企业间的各种制造信息和数据的安全交换和在 Internet 上安全可靠地传输，确保远程通信的保密性、完整性和不可否认性，确保各制造企业的技术、知识和专利不被非法窃取。

网络信息的机密性、认证和授权、完整性、抗抵赖性是网络制造信息安全面临的四个问题，也是推动网络制造发展的四大障碍。

5．网络制造企业的有效管理模式

网络制造的服务系统涉及不同的企业单位。因此，企业的运作与经营管理成为实现网络制造企业目标的重要因素。如何在一定的时间、一定的空间内，根据各方所能提供的人力与物力，利用计算机网络，进行合理的利益分配，使小组成员共享知识与信息，形成良性循环；同时建立有效的管理机制，避免潜在的不相容性引起的矛盾，是保证系统成功运行的关键所在。

5.5.4　NM 的发展趋势

1．制造硬件的研究

网络制造的发展在很大程度上依赖于硬件技术的发展，其不仅依赖于计算机设备，而且也与制造装备相关的制造硬件的发展密切相关，主要包括制造装备、围绕制造装备的相关监控与检测装置、计算机与网络设备、所形成的制造执行系统等。这些因素是实施网络制造的硬件基础，决定着网络制造的应用层次。

2．智能技术的运用

智能化网络制造为企业提供了智能化公共信息服务，包括基础数据、基本的公共信息、信息自动采集、分类与匹配等服务。其主要内容包括智能化制造网络平台、智能公共信息服务系统、智能化企业数据与资源管理系统、分布式智能协商（冲突消除）处理系统、生产管理知识表示与知识获取技术、智能化企业组织与管理模型、基于多智能主体的群体决策支持系统、基于智能优化方法的企业管理信息系统、智能化生产车间的组织形式与体系结构、智能化车间生产过程重组与配置技术等。

3. CAPP 系统技术

实施网络制造必须获得工艺设计理论及其应用系统的支持，新的制造环境给 CAPP 系统提出了新的要求，因此，研究和开发适用于网络制造环境下的 CAPP 系统是网络制造的重要发展方向之一。

4. 信息交换标准协议的研究

由于网络制造的全球化趋势正在形成，作为网络制造基础之一的信息交换标准协议的重要性日益突出。目前与网络制造相关的部分信息交换协议已经出现，但是整个网络制造标准协议规范还远远不够，并且有些标准还在讨论之中，因此网络制造中的信息交换标准协议还需要深入研究、开发和发展。此外，资源的物流规划与集成、企业的组织模式、信息的共享技术、数据传输和交换的信息安全等方面的研究也会越来越受到重视。

5.6 绿色制造 GM

5.6.1 GM 的基本概念

随着时代的变迁，制造业模式也在改变，逐渐形成以产品为中心的制造、以客户为中心的制造。以产品为中心的制造以产品的批量生产、满足人类生活必需为主要特征；以客户为中心的制造以产品的多样化、满足人类个体个性化生活需要为主要特征。这两种制造模式目前正存在于我们的现实世界，指导着广大企业的生产和经营。现代制造业在将制造资源转变为零件的制造过程中，以及产品的使用和处理过程中，同时也消耗掉了大量人类社会有限的资源并对环境造成了严重污染。由于制造业的量大面广，因而对环境的总体影响很大，即人类生存的问题开始被触及。于是一种新的、考虑人类存在问题的制造业可持续发展模式——绿色制造（也称为可持续制造）被正式提出。制造模式及满足特征变迁如图 5-10 所示。

绿色制造（Green Manufacturing），又称为环境意识制造（Environmentally Conscious Manufacturing）、面向环境的制造 MFE（Manufacturing For Environment）等。

绿色制造（Green Manufacturing）是一种综合考虑环境影响和资源消耗的现代制造模式，其目标是使得产品从设计、制造、包装、运输、使用到报废处理的整个甚至多个生命

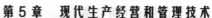

周期中，对环境负面影响极小、资源利用率极高、综合效益最大，使企业经济效益与社会效益得到协调优化。绿色制造实质上是人类社会可持续发展战略在现代制造业中的体现。

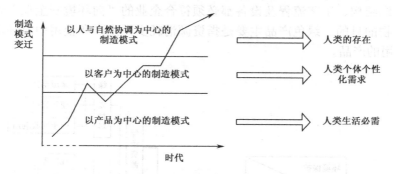

图 5-10　制造模式及满足特征变迁

绿色制造中的"制造"涉及产品整个生命周期，因而是一个"大制造"概念，同计算机集成制造、敏捷制造等概念中的"制造"一样；绿色制造体现了现代制造科学的"大制造、大过程、学科交叉"的特点。

绿色制造涉及的范围非常广泛，包括机械、电子、食品、化工、军工等，几乎覆盖了整个工业领域。

绿色制造涉及的问题领域包括三部分：一是制造问题；二是环境保护问题；三是资源优化利用问题。绿色制造是这三部分内容的交叉和集成。资源问题、环境问题、人口问题是当今人类社会面临的三大主要问题，绿色制造是一种充分考虑前两大问题的一种现代制造模式。从制造系统工程的观点看，绿色制造是一个充分考虑制造业资源和环境问题的复杂的系统工程问题。

5.6.2　GM 的体系结构

绿色制造技术涉及产品整个生命周期，甚至多个生命周期，主要考虑其资源消耗和环境影响问题，并兼顾技术、经济因素，使得企业经济效益和社会效益协调优化。绿色制造的体系结构如图 5-11 所示。

绿色制造包括两个层次的全过程控制、三项具体内容和两个实现目标。

两个层次的全过程控制，一个是指具体的制造过程，即物料转化过程，是充分利用资源、减少环境污染、实现具体绿色制造的过程；另一个是指在构思、设计、制造、装配、包装、运输、销售、售后服务及产品报废后回收整个产品周期中每个环节均充分考虑资源和环境问题，以实现最大限度地优化利用资源和减少环境污染的广义绿色制造过程。

三项内容是从制造系统工程的观点，综合分析产品生命周期从产品材料的生产到产品报废回收处理的全过程的各个环节的环境及资源问题所涉及的主要内容。三项内容包括：绿色资源、绿色生产和绿色产品。绿色资源主要是指绿色原材料和绿色能源。绿色原材料主要是指来源丰富（不影响可持续发展），便于充分利用，便于废弃物和产品报废后回收利用的原材料。绿色能源，应尽可能使用储存丰富、可再生的能源，并且应尽可能不产生环境污染问题。在绿色生产过程中，对一般工艺流程和废弃物，可以采用的措施有：开发使用节能资源和环境友好的生产设备；放弃使用有机溶剂，采用机械技术清理金属表面，利用水基材料代替有毒的有机溶剂为基体的材料；减少制造过程中排放的污水等。开发制造工艺时，其组织结构、工艺流程及设备都必须符合企业的"向环境安全型"转变，以达到大大减少废弃物的目的。绿色产品主要是指资源消耗少，生产和使用中对环境污染小，并且便于回收利用的产品。

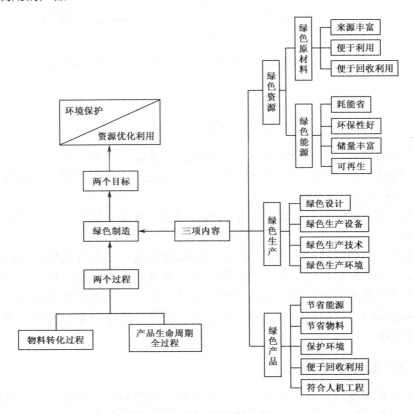

图 5-11　绿色制造的体系结构

5.6.3　GM 的研究内容

对绿色制造面向应用技术的研究主要集中在以下几个方面：

（1）绿色材料的研究。在满足一般功能要求的前提下，材料需具有良好的环境兼容性。

（2）绿色设计的研究。

（3）绿色制造工艺的研究。它是实现绿色制造的重要环节。

（4）绿色包装的研究。主要包括选择绿色包装材料和改进产品结构及包装两方面。

（5）产品使用及其用后处置的研究。主要集中在延长产品的使用周期和减少使用中的能源浪费及环境污染。

5.6.4　GM 技术发展趋势

当前，世界上掀起一股"绿色浪潮"，环境问题已经成为世界各国关注的热点，并列入

世界议事日程，制造业将改变传统制造模式，推行绿色制造技术，发展相关的绿色材料、绿色能源和绿色设计数据库、知识库等基础技术，生产出保护环境、提高资源效率的绿色产品，如绿色汽车、绿色冰箱等，并用法律、法规规范企业行为，随着人们环保意识的增强，那些不推行绿色制造技术和不生产绿色产品的企业，将会在市场竞争中被淘汰，使发展绿色制造技术势在必行。

1. 全球化——绿色制造的研究和应用将愈来愈体现全球化的特征和趋势

绿色制造的全球化特征体现在许多方面，例如：

（1）制造业对环境的影响往往是超越空间的，人类需要团结起来，保护我们共同拥有的唯一的地球。

（2）ISO 14000 系列标准的陆续出台为绿色制造的全球化研究和应用奠定了很好的基础，但一些标准尚需进一步完善，许多标准还有待于研究和制定。

（3）随着近年来全球化市场的形成，绿色产品的市场竞争将是全球化的。

（4）近年来许多国家要求进口产品要进行绿色性认定，要有"绿色标志"。特别是有些国家以保护本国环境为由，制定了极为苛刻的产品环境指标来限制国际产品进入本国市场，即设置"绿色贸易壁垒"。绿色制造将为我国企业提高产品绿色性提供技术手段，从而为我国企业消除国际贸易壁垒进入国际市场提供有力的支撑。这也从另外一个角度说明了全球化的特点。

2. 社会化——绿色制造的社会支撑系统需要形成

绿色制造的研究和实施需要全社会的共同努力和参与，以建立绿色制造所必需的社会支撑系统。绿色制造涉及的社会支撑系统首先是立法和行政规定问题。当前，这方面的法律和行政规定对绿色制造行为还不能形成有利的支持，对相反行为的惩罚力度不够。立法问题现在已愈来愈受到各个国家的重视。

其次，政府可制定经济政策，用市场经济的机制对绿色制造实施导向。例如：制定有效的资源价格政策，利用经济手段对不可再生资源和虽然是可再生资源但开采后会对环境产生影响的资源（如树木）严加控制，使得企业和人们不得不尽可能减少直接使用这类资源，转而寻求开发替代资源。

企业要真正有效地实施绿色制造，必须考虑产品寿命终结后的处理，这就可能导致企业、产品、用户三者之间的新型集成关系的形成。例如：有人就建议，需要回收处理的主要产品，如汽车、冰箱、空调、电视机等，用户只买了其使用权，而企业拥有其所有权，有责任进行产品报废后的回收处理。

无论是绿色制造涉及的立法和行政规定以及需要制定的经济政策，还是绿色制造所需要建立的企业、产品、用户三者之间新型的集成关系，均是十分复杂的问题，其中又包含大量的相关技术问题，均有待于深入研究，以形成绿色制造所需要的社会支撑系统。这些也是绿色制造今后研究内容的重要组成部分。

3. 集成化——将更加注重系统技术和集成技术的研究

绿色制造涉及到产品生命周期全过程，涉及到企业生产经营活动的各个方面，因而是一个复杂的系统工程问题。因此要真正有效地实施绿色制造，必须从系统的角度和集成的

角度来考虑和研究绿色制造中的有关问题。

当前，绿色制造的集成功能目标体系、产品和工艺设计与材料选择系统的集成、用户需求与产品使用的集成、绿色制造的问题领域集成、绿色制造系统中的信息集成、绿色制造的过程集成等集成技术的研究将成为绿色制造的重要研究内容。

绿色集成制造技术和绿色集成制造系统将可能成为今后绿色制造研究的热点。

4．并行化——绿色并行工程将可能成为绿色产品开发的有效模式

绿色设计今后仍将是绿色制造中的关键技术。绿色设计今后的一个重要趋势就是与并行工程的的结合，从而形成一种新的产品设计和开发模式绿色并行工程。

绿色并行工程又称为绿色并行设计，是现代绿色产品设计和开发的新模式。它是一个系统方法，以集成的、并行的方式设计产品及其生命周期全过程，力求使产品开发人员在设计一开始就考虑到产品整个生命周期中从概念形成到产品报废处理的所有因素，包括质量、成本、进度计划、用户要求、环境影响、资源消耗状况等。

5．智能化——人工智能和智能制造技术将在绿色制造研究中发挥重要作用

绿色并行工程涉及一系列关键技术，包括绿色并行工程的协同组织模式、协同支撑平台、绿色设计的数据库和知识库、设计过程的评价技术和方法、绿色并行设计的决策支持系统等。许多技术有待于今后的深入研究。

绿色制造的决策目标体系是现有制造系统 TQCS（即产品上市时间 T、产品质量 Q、产品成本 C 和为用户提供的服务 S ）目标体系与环境影响 E 和资源消耗 R 的集成，即形成了TQCSRE 的决策目标体系。要优化这些目标，是一个难于用一般数学方法处理的十分复杂的多目标优化问题，需要用人工智能方法来支撑处理。另外，在绿色产品评估指标体系及评估专家系统，均需要人工智能和智能制造技术。

基于知识系统、模糊系统和神经网络等的人工智能技术将在绿色制造研究开发中起到重要作用。如：在制造过程中应用专家系统识别和量化产品设计、材料消耗和废弃物产生之间的关系；应用这些关系来比较产品的设计和制造对环境的影响；使用基于知识的原则来选择实用的材料等。

6．产业化——绿色制造的实施将导致一批新兴产业的形成

绿色制造将导致一批新兴产业的形成。除了目前大家已注意到的废弃物回收处理装备制造业和废弃物回收处理的服务产业外，另有两大类产业值得特别注意：

1）绿色产品制造业

制造业不断研究、设计和开发各种绿色产品以取代传统的资源消耗和环境影响较大的产品，将使这方面的产业持续兴旺发展。

2）实施绿色制造的软件产业

企业实施绿色制造，需要大量实施工具和软件产品，如绿色设计的支撑软件（计算机辅助绿色产品设计系统、绿色工艺规划系统、绿色制造的决策系统、产品生命周期评估系统、ISO14000 国际认证的支撑系统等），将会推动一类新兴软件产业的形成。

知识梳理与总结

先进制造技术中的"现代经营和管理技术"指用于设计、管理、控制、评价、改善制造业从市场研究、产品设计、产品制造、质量控制、物流直至销售与用户服务等一系列活动的管理思想、方法和技术的总称。本章在讨论现代生产管理技术发展及其特点的基础上，侧重介绍制造资源计划、企业资源计划、产品数据管理、准时生产、精益生产等先进的生产管理技术。

企业资源计划（ERP）是在 MRP Ⅱ 的基础上发展的企业经营管理模式和技术。ERP 系统集成销售、制造、人力资源、后勤、财务和其他的业务功能，允许所有功能共享一个共同的数据库和业务分析工具。

准时生产方式基本思想可概括为"在需要的时候，按需要的量生产所需的产品"，也就是通过生产的计划和控制及库存管理，追求一种无库存或库存达到最小的生产系统。开发了包括"看板"在内的一系列具体方法，并逐渐形成了一套独具特色的生产经营体系。

精益生产的基本原理是不断改进、消除对资源的浪费、协力工作和沟通。不断改进是精益生产的指导思想，消除浪费是精益生产的目标，协力工作和沟通是实现精益生产的保证。

敏捷制造是不断采用最新的标准化和专业化的网络及专业手段，以高素质、协同良好的工作人员为核心，在信息集成及共享的基础上，以分布式结构动态联合各类组织，构成优化的敏捷制造环境，快速高效地实现企业内外部资源合理集成及生产符合用户要求的产品。

网络制造是指企业利用计算机网络，面对市场机遇，针对某一市场需要，利用以因特网为标志的信息高速公路，灵活而迅速地组织社会制造资源，把分散在不同地区的现有生产设备资源、智力资源和各种核心能力，按资源优势互补的原则，迅速地组合成一种没有围墙的、超越空间约束的、靠电子手段联系的、统一指挥的经营实体——网络联盟企业，以便快速推出高质量、低成本的新产品。

绿色制造是一种综合考虑环境影响和资源消耗的现代制造模式，其目标是使得产品从设计、制造、包装、运输、使用到报废处理的整个甚至多个生命周期中，对环境负面影响极小、资源利用率极高、综合效益最大，使企业经济效益与社会效益得到协调优化。

思考与练习题 5

5-1　ERP 与 MRP Ⅱ 的差别。

5-2　ERP 有哪些功能模块？

5-3　准时生产的基本思想是什么？

5-4　看板的作用是什么？

5-5　试述精益生产的特点和体系结构。

5-6　简述敏捷制造的研究内容。

5-7　网络制造的关键技术是什么？

5-8　绿色制造的研究内容是什么？

附录A　英文缩写词索引

4M	Manufacturing，Modeling，Measurement and Manipulation 制造、建模、测量和操作	
ABC	Activity Based Counting	基于活动的会计
ABM	Activity Based Management	基于活动的管理
AGV	Automatic Guided Vehicle	自动小车
AI	Artificial Intelligence	人工智能
AM	Agile Manufacturing	敏捷制造
AMT	Advanced Manufacturing Technology	先进制造技术
ANN	Artificial Neural Network	人工神经网络
ATP	Advanced Technology Plan	（美国）先进技术计划
CAD	Computer Aided Design	计算机辅助设计
CAE	Computer Aided Engineering	计算机辅助工程
CAFD	Computer Aided Fixture Design	计算机辅助夹具设计
CAGD	Computer Aided Geometry Design	计算机辅助几何设计
CAM	Computer Aided Manufacturing	计算机辅助制造
CAPP	Computer Aided Process Planning	计算机辅助工艺
CAX	Computer Aided X	计算机辅助技术
CBR	Case Based Reasoning	基于实例的推理
CE	Concurrent Engineering	并行工程
CI	Computational Intelligence	计算智能
CIM	Computer Integrated Manufacturing	计算机集成制造
CIMS	Computer Integrated Manufacturing System	计算机集成制造系统
CNC	Computer Numerical Control	计算机数字控制
DBMS	Database Management System	数据库管理系统
DEDS	Discrete Event Dynamic System	离散事件动态系统
DFA	Design For Assembly	面向装配的设计
DFA	Design For Affordability	可负担性设计
DFM	Design For Manufacturability	面向制造的设计
DFX	Design For X	面向各种要求的设计
DNC	Direct Numerical Contr01	直接数控
DPM	Direct Prototyping Manufacturing	直接快速制造
FA	Factory Automation	工厂自动化
FAMT	Fundamental Research on AMT	先进制造技术基础
FDM	Finite Difference Method	有限差分方法
FEM	Finite Element Method	有限元方法

FM（法语）	Fonte Mince	薄壁铁
FMC	Flexible Manufacturing Cell	柔性制造系统单元
FMS	Flexible Manufacturing System	柔性制造系统
FL	Fuzzy Logic	模糊逻辑
GA	Genetic Algorithm	基因算法
GDP	Gross Domestic Production	国内生产总值
GM	Global Manufacturing	全球制造
GT	Group Technology	成组技术
HM	Holonic Manufacturing	全息制造
IHP Forming	Internal Hydraulic Pressure Forming	液压成型
IM	Intelligent Manufacturing	智能制造
IMC	Intelligent Manufacturing Cell	智能制造单元
IMS	Intelligent Manufacturing System	智能制造系统
IMT&IMS	Intelligent Manufacturing Technology and Intelligent Manufacturing System	智能制造技术和智能制造系统
JIT	Just In Time	及时生产（准时生产）
LAF	Lean，Agile，Flexible	精益、敏捷、柔性
LP	Lean Production	精益生产
MIS	Management Information System	管理信息系统
MRP	Manufacturing Resources Planning	制造资源规划
NC	Numerical Control	数字控制
NII	National Infrastructure Instruction	国家基础设施建设
NSF	National Science Foundation	（美国）国家科学基金会
NNSP	Near Net Shape Process	近精确成型工艺
NSP	Net Shape Process	精确成型工艺
PCB	Project Coordination Board	项目协调板
PDES	Product Data Exchange Standard	产品数据交换标准
PDM	Product Data Management	产品数据管理
PM	Powder Metallurgy	粉末冶金
QFD	Quality Function Design	质量功能配（设）置
QFD	Quality Function Deployment	质量功能分配
R&D	Research and Development	研究与开发
RE	Reengineering	再造工程
RMS	Real Manufacturing System	现实制造系统
RP	Rapid Prototyping	快速原型
RPM	Rapid Prototyping Manufacturing	快速原型制造
SA	Simulated Annealing Algorithms	模拟退火算法
SIS	Strategy Information System	战略信息系统
SQC	Statistical Quality Control	统计质量控制

SD	Sustainable Development	可持续发展
TEAM	Technologies Enabling Agile Manufacturing	敏捷制造使能技术
TQM	Total Quality Management	全面质量管理
TQC	Total Quality Control	全面质量控制
TW	Team Work	团队工作
VM	Virtual Manufacturing	虚拟制造
VR	Virtual Reality	虚拟现实

参 考 文 献

[1] 孙大涌．先进制造技术[M]．北京：机械工业出版社，2000．

[2] 姚福生 等．先进制造技术[M]．北京：清华大学出版社，2002．

[3] 王隆太．现代制造技术[M]．北京：机械工业出版社，2003．

[4] 王润孝．先进制造技术导论[M]．北京：科学出版社，2004．

[5] 吉卫喜．现代制造技术与装备[M]．北京：高等教育出版社，2005．

[6] 国家自然科学基金委员会．先进制造技术基础[M]．北京：高等教育出版社，2005．

[7] 隋秀凛．现代制造技术[M]．北京：高等教育出版社，2003．

[8] 罗阳 等．现代制造系统概论[M]．北京：邮电大学出版社，2004．

[9] 蔡建国 等．现代制造技术导论[M]．上海：上海交通大学出版社，2000．

[10] 唐一平．先进制造技术（英文版）[M]．北京：科学出版社，2003．

[11] 张世昌．先进制造技术[M]．天津：天津大学出版社，2004．

[12] 李瑾．典型液压元件 CAD_CAPP_CAM 一体化研究[D]．华北电力大学，2006（12）．

[13] 张昆．CAD/CAM 在机载雷达制造中的应用[D]．电子科技大学，2007（3）．

[14] 陆蔚华．商业服务机器人产品设计研究[D]．南京航空航天大学，2007．

[15] 张兰芳．我国计算机集成制造系统 CIMS 的发展[J]．计算机与信息技术，2007，2：42．

[16] 夏伯雄．数控机床的产生发展及其趋势[J]．精密制造与自动化，2008，1：6-9．

[17] 张继红．智能制造技术与系统研究[D]．电子科技大学，2005（10）．

[18] 王安敏，崔伟，王辛立．智能制造系统应用前景研究[D]．青岛科技大学，2007．

[19] 郑晓峰．加工中心数控化改造工程研究[D]．合肥工业大学，2005（5）．

[20] 张强．数控加工中心辅助编程系统的开发[D]．哈尔滨工程大学，2003（1）．

[21] 刘飞，张旭梅，但斌．制造自动化技术的回顾与展望（上）[J]．机械工艺师，1999，9：4-6．

[22] 周文．发动机缸体高速加工工艺设计与研究[D]．燕山大学，2005（10）．

[23] 王少衡．高速高精密主轴回转误差在线动态测试技术研究[D]．广东工业大学，2006（5）．

[24] 陈树海．超精密加工的关键技术及发展趋势[J]．汽车工艺与材料，2008，3：57-59．

[25] 袁哲俊．国内外精密加工技术最新进展[J]．工具技术，2008，42（10）：5-13．

[26] 袁巨龙，王志伟，文东辉，吕冰海，戴勇．超精密加工现状综述[J]．机械工程学报，2007，43（1）：35-48．

[27] 蔡光起，修世超．超高速磨削加工的关键技术及其装备开发[J]．产品与技术，2007，6（3）：95-99．

[28] 陆名彰，曾湘黔，胡忠举，宋昭祥，刘平．超高速铣削及其在高硬度钢加工中的应用[J]．机械设计与制造，2006，10（10）：84-86．

[29] 郭力，李波，刘大任，伍毅刚．超高速加工机床及刀具技术新发展[J]．精密制造与自动化，2001，3：18-20．

[30] 张纹，蒋维波．特种加工技术的应用及发展趋势[J]．农业装备技术，2006（6）．

[31] 李满华，陆华才，符永宏．激光加工技术在机械工业中的应用[J]．农机化研究，2004（9）．

[32] 金冈优，付长德．最新的激光加工技术[J]．金属加工，2007，3：40-44.

[33] 张继成，唐永建，吴卫东．聚焦离子束系统在微米/纳米加工技术中的应用[J]．材料导报，2006（11）．

[34] 李春红，李风，张永俊，梁校永．超声加工技术的发展及其应用[J]．电加工与模具，2008，5：7-12.

[35] 张文峰，朱荻．电子束加工技术及其在表面工程中的应用[J]．新技术新工艺，2003，8：40-43.

[36] 黄春峰，赖传兴，陈树全．现代特种加工技术的发展[J]．航空精密制造技术，2001，37（1）：31-35.

[37] 汪明波．粉末压制成形的研究[D]．吉林大学，2007（6）．

[38] 王庆兵．精密铸造工艺在生产中的应用[J]．中国科技信息，2007，23.

[39] 陈青果，刘超颖，张君彩，韦玉堂．快速成型技术的应用及热点分析[J]．河北工业科技，2008，7：191-192.

[40] 夏鹏，王丞，马明亮．快速成型技术应用现状及发展趋势[D]．九江学院学报，2008（3）．

[41] 王冰．快速成型技术发展新趋势[J]．科技论坛，2005，9：43.

[42] 周焱．微细加工技术研究进展[J]．机械工程师，2006，11：29-31.

[43] 张海燕．MRP_JIT 集成式中小型企业生产管理系统的应用研究[D]．四川大学，2005.

[44] 刘洁．中小印刷企业 MRP 的开发与应用研究[D]．大连海事大学，2006.

[45] 唐维俊．网络化制造环境下 ERP 系统的过程集成与重构技术研究[D]．东南大学，2004.

[46] 黄丽洁．BRP 实施问题研究——以 CXHF 公司为例[D]．昆明理工大学，2006.

[47] 郭安民．面向设计部门的 PDM 系统开发及关键技术研究[D]．南京理工大学，2007.

[48] 蔡莉霞．PDM 中 BOM 多视图的研究与实现[D]．上海交通大学，2008.

[49] 吴严．汽车零部件企业面向准时供货的生产管理模式研究[D]．重庆大学机械工程学院，2007.

[50] 李敬东．基于 MRPⅡ/JIT 的企业生产物流管理模式研究[D]．辽宁科技大学，2008.

[51] 何彦．面向绿色制造的机械加工系统任务优化调度方法研究[D]．重庆大学，2007.

[52] 张春华．精益生产理伦在供应镀库存管理中的应用[D]．苏州大学，2007.

[53] 郑会永，肖田元，韩向利，郑力．基于使能技术的敏捷制造基础结构研究[D]．北京清华大学国家 CIMS 工程技术研究中心.

[54] 宋之杰．先进制造技术项目投资评价研究[D]．燕山大学（D），2006（5）．

[55] 何为红．先进制造技术在机械制造中的应用[J].江西煤田地质局普查综合大队.

[56] 石琴．基于现代设计理论的车身结构设计方法研究[D]．合肥工业大学，2006（1）．

[57] 郑利铭．球铁曲轴沉割槽有限元分析及优化设计[D]．大连理工大学，2006（6）．

[58] 孙艳鹏．载重汽车车架有限元分析及优化[D]．重庆交通大学，2008（4）．

[59] 韩京海．面向产品并行设计的综合评价系统研究[D]．西安理工大学，2005（3）．

[60] 皮永华. 反求工程中基于 CMM 测量的若干关键技术的研究[D]. 吉林大学，2007（3）.

[61] 上官建林. 快速原型制造中反求工程关键技术的研究[D]. 郑州大学，2007（5）.

[62] 王惠军. 基于现代设计方法的滤水器的设计与研究[D]. 湖南大学，2005（10）.

[63] 吕义. 基于实例推理的机电产品绿色设计方法研究[D]. 合肥工业大学，2006（5）.

[64] 高洋. 基于多目标决策的绿色产品设计方案生成方法研究[D]. 合肥工业大学，2008（4）.

[65] 王志良，王粉花，《物联网工程概论》[M]，机械工业出版社，2011.04

[66] 孙其博，等. 物联网：概念、架构与关键技术研究综述[J]. 北京邮电大学学报，2010.

[67] 王巍，刘雅轩，李爽根据美国《国家先进制造战略规划》（《A NATIONAL STRATEGIC PLAN FOR ADVANCED MANUFACTURING》http://www.whiteh-ouse.gov/sites/default/files/microsites/ostp/iam_advance-dmanufacturing_strategicplan_012.pdf）摘译

[68] 刘斌，彭满华. 模具多轴加工技术的现状与发展[J]. 模具制造，2010，（12）：77-81.

[69] 宋放之. 数控机床多轴加工技术实用教程[M]. 北京：清华大学出版社，2010.

[70] 许香穗，蔡建国. 成组技术（第2版）[M]. 北京：机械工业出版社，2003.

反侵权盗版声明

电子工业出版社依法对本作品享有专有出版权。任何未经权利人书面许可，复制、销售或通过信息网络传播本作品的行为，歪曲、篡改、剽窃本作品的行为，均违反《中华人民共和国著作权法》，其行为人应承担相应的民事责任和行政责任，构成犯罪的，将被依法追究刑事责任。

为了维护市场秩序，保护权利人的合法权益，我社将依法查处和打击侵权盗版的单位和个人。欢迎社会各界人士积极举报侵权盗版行为，本社将奖励举报有功人员，并保证举报人的信息不被泄露。

举报电话：（010）88254396；（010）88258888

传　　真：（010）88254397

E-mail：　dbqq@phei.com.cn

通信地址：北京市海淀区万寿路 173 信箱
　　　　　电子工业出版社总编办公室

邮　　编：100036